编审委员会

"十四五"职业教育国家规划教材

"十四五"职业教育广东省规划教材

固体废物处理处置

钟真宜　兰永辉　主编

王丽娜　副主编

化学工业出版社

·北　京·

内 容 提 要

全书分为四个项目，包括固体废物的产生与污染控制、城市生活垃圾利用处置、厨余垃圾利用处置、危险废物处理处置。本教材为校企合作项目化教材，教材突出任务引领、实践导向，将固体废物利用处置技术和管理的措施融入项目内容和任务实施中。

本教材为高职院校环境类专业师生的教材及参考书，也可作为政府、企业及相关培训机构的培训教材，以及相关专业工作人员的参考用书。

图书在版编目（CIP）数据

固体废物处理处置/钟真宜，兰永辉主编. —北京：
化学工业出版社，2020.9 （2025.1重印）
高职高专规划教材
ISBN 978-7-122-37139-3

Ⅰ.①固…　Ⅱ.①钟…②兰…　Ⅲ.①固体废物处理-高等职业教育-教材②固体废物利用-高等职业教育-教材
Ⅳ.①X705

中国版本图书馆 CIP 数据核字（2020）第 091531 号

责任编辑：王文峡　　　　　　　　　　　文字编辑：林　丹　丁海蓉
责任校对：刘　颖　　　　　　　　　　　装帧设计：史利平

出版发行：化学工业出版社（北京市东城区青年湖南街 13 号　邮政编码 100011）
印　　装：河北延风印务有限公司
787mm×1092mm　1/16　印张 15½　字数 376 千字　2025 年 1 月北京第 1 版第 6 次印刷

购书咨询：010-64518888　　　　　　　售后服务：010-64518899
网　　址：http://www.cip.com.cn
凡购买本书，如有缺损质量问题，本社销售中心负责调换。

定　　价：42.00 元

前言

　　我国深入实施大气、水、土壤污染防治行动计划，对全面禁止洋垃圾入境，开展"无废城市"建设试点等工作作了重要部署，固体废物污染防治工作迈出坚实步伐。我国固体废物产生量大、利用不充分，非法转移倾倒事件仍呈高发频发态势，既污染环境，又浪费资源，与人民日益增长的优美生态环境需要还有较大差距。推进固体废物"减量化、资源化、无害化"，特别是生活垃圾减量化资源化水平全面提升，危险废物全面安全管控，非法转移倾倒固体废物事件零发生，既是改善生态环境质量的客观要求，又是深化生态环境工作的重要内容，更是建设生态文明的现实需要。

　　本教材为高等职业教育"环境工程技术"专业及其它环境类专业教材，是广东省教育厅"环境工程技术专业中高衔接专业教学标准和课程标准研制"项目课程内容开发成果之一，也是广东省高等职业教育一类品牌专业"环境工程技术"建设配套教材之一。本教材为校企合作教材，邀请行业骨干企业成立校企双方参与的教材编写小组，整合各方优势资源开发紧密结合生产实际的教材，是校企合作项目化教材，非常符合职业教育特点。

　　本教材编写突出任务引领、实践导向，采用岗位典型工作任务（项目）驱动的模式，选择具有代表性的岗位典型工作任务进行系统化加工，以企业典型固体废物利用处置项目工作任务、企业利用处置工艺设计案例、岗位操作规程和运营管理规范等组织教材内容，在不同任务中融入相应知识点及技能要求，通过对项目及任务的描述、各子任务的实施过程控制及实施方法引导，实施"教、学、做"一体，更加注重学生技术技能的形成过程。教材知识点的难易程度与职业类学生学习能力相对应，教材内容充分体现先进性、通用性、实用性，及时将新技术、新工艺、新标准等内容纳入教材中。同时为满足高职学生就业或升学的需要，教材对相关知识及项目进行拓展。学生在完成学习任务的过程中，融入法规政策、设计规范、操作规程、安全环保等专业能力，锻炼学生吃苦耐劳、踏实肯干、团队协作、创新意识、自主学习、独立分析和解决问题等职业素养。

　　本教材分为4个项目，项目1为固体废物的产生与污染控制（包括固体废物的产生、污染及对环境的影响分析，固体废物的鉴别与区分，固体废物的管理3个子任务），项目2为城市生活垃圾利用处置（包括城市生活垃圾收集与分类，压实、破碎与分选，城市生活垃圾焚烧工艺选择与运行管理，城市生活垃圾卫生填埋工艺选择与运行管理4个子任务），项目3为厨余垃圾利用处置（包括认识厨余垃圾，厨余垃圾好氧堆肥工艺选择与运行管理，厨余垃圾厌氧消化工艺选择与运行管理3个子任务），项目4为危险废物利用处置（包括危险废物规范化管理，典型危险废物利用处置工艺选择与运行管理，危险废物焚烧工艺选择与运行管理，危险废物安全填埋工艺选择与运行管理4个子任务）。

　　本教材可作为高职院校环境类专业师生的教材及参考书，也可作为政府、企业及相关培训机构的培训教材，以及相关专业工作人员的参考用书。

　　本教材由广东环境保护工程职业学院钟真宜和东江环保技术有限公司兰永辉任主编，广东环境保护工程职业学院王丽娜任副主编，钟真宜对全书进行统稿，做了全面系统的修改、完善和文字修饰，还收集编写本教材的"案例导入""任务导入""知识拓展"等内容。 项目1中任务1由王丽娜编写，任务2与任务3由钟真宜编写。 项目2中任务1~任务3由钟真宜编写，任务4由叶茂友、叶平和钟真宜编写，其中佛山市南海绿电再生资源有限公司王川东提供焚烧相关实际工艺和运行管理案例。 项目3中任务1由王丽娜编写，任务2与任务3由王丽娜和钟真宜编写，其中佛山市南海绿电再生资源有限公司谭毅良提供厌氧消化相关实际工艺和运行管理。 项目4由钟真宜编写，由东江环保股份有限公司兰永辉审定，其中：东江环保股份有限公司苏丹敏参加编写任务1，并提供了多个生产基地的管理案例；深圳市宝安东江环保技术有限公司余雅旋参加编写任务2，并提供了多个生产基地的实际工艺和运行管理案例；珠海市斗门区永兴盛环保工业废弃物回收综合处理有限公司彭韬参加编写任务3，并提供了该公司危险废物焚烧实际工艺和运行管理案例；深圳市龙岗区东江工业废物处置有限公司陈浩参加编写任务4，并提供了该公司危险废物安全填埋实际工艺和运行管理案例。

　　本教材的编写得到了东江环保股份有限公司、佛山市南海绿电再生资源有限公司的大力支持，在此表示衷心的感谢！ 出版得到了化学工业出版社的重视和大力支持，责任编辑和其他相关工作人员为此书的出版付出了辛勤的劳动，在此深表谢意！

　　由于本教材主要依据职业教育的课程标准编写，加之编者水平有限，不足和疏漏之处在所难免，敬请广大读者批评指正。 由于本教材参考案例和资料来源广泛，如在文献及资料归纳、整理的过程中出现疏忽遗漏的地方，也敬请有关单位和作者原谅。

编者

2020 年 2 月

目录

项目1 固体废物的产生与污染控制   **1**

项目描述 ………………………………………………………………………… 1

1.1 ▶ 固体废物的产生、污染及对环境的影响分析 …………………………… 1

任务目标 ………………………………………………………………………… 1

素质目标 ………………………………………………………………………… 1

1.1.1　固体废物的来源与产生 ………………………………………………… 1

1.1.2　固体废物的污染特性 …………………………………………………… 6

1.1.3　固体废物对环境的影响 ………………………………………………… 7

1.1.4　调查城市生活垃圾产生及污染情况 …………………………………… 9

知识拓展 ………………………………………………………………………… 9

1.2 ▶ 固体废物的鉴别与区分 …………………………………………………… 11

任务目标 ………………………………………………………………………… 11

素质目标 ………………………………………………………………………… 11

1.2.1　固体废物的定义与分类 ………………………………………………… 12

1.2.2　固体废物的鉴别 ………………………………………………………… 14

1.2.3　固体废物的性质 ………………………………………………………… 17

1.2.4　固体废物鉴别实验 ……………………………………………………… 18

知识拓展 ………………………………………………………………………… 19

1.3 ▶ 固体废物的管理 …………………………………………………………… 21

任务目标 ………………………………………………………………………… 21

素质目标 ………………………………………………………………………… 21

1.3.1　认识固体废物管理原则与管理体系 …………………………………… 23

1.3.2　查阅和运用固体废物管理法律法规及标准 …………………………… 25

1.3.3　坚持用最严格的制度最严密的法治保护生态环境 …………………… 32

1.3.4　"双碳"目标下固体废物污染防治新要求 …………………………… 33

1.3.5　调查分析国内外固体废物管理制度 …………………………………… 34

1.3.6　分析固废处理处置违法案例 …………………………………………… 35

知识拓展 ………………………………………………………………………… 35

课后训练 ………………………………………………………………………… 36

项目描述 ……………………………………………………………………………………………… 37
2.1 ▶ 城市生活垃圾收集与分类 ……………………………………………………………… 37
　任务目标 ………………………………………………………………………………………… 37
　素质目标 ………………………………………………………………………………………… 37
　2.1.1　城市生活垃圾收集方法 …………………………………………………………… 38
　2.1.2　城市生活垃圾分类管理 …………………………………………………………… 39
　2.1.3　坚持建设美丽中国全民行动 ……………………………………………………… 45
　2.1.4　设计校园生活垃圾分类方案 ……………………………………………………… 46
　　知识拓展 ……………………………………………………………………………………… 46
2.2 ▶ 压实、破碎与分选 …………………………………………………………………… 47
　任务目标 ………………………………………………………………………………………… 47
　素质目标 ………………………………………………………………………………………… 47
　2.2.1　压实 …………………………………………………………………………………… 48
　2.2.2　破碎 …………………………………………………………………………………… 49
　2.2.3　分选 …………………………………………………………………………………… 51
　　知识拓展 ……………………………………………………………………………………… 56
2.3 ▶ 城市生活垃圾焚烧工艺选择与运行管理 ………………………………………… 56
　任务目标 ………………………………………………………………………………………… 56
　素质目标 ………………………………………………………………………………………… 57
　2.3.1　焚烧过程控制与管理 ……………………………………………………………… 58
　2.3.2　焚烧工艺及焚烧系统 ……………………………………………………………… 60
　2.3.3　焚烧二次污染的控制与管理 ……………………………………………………… 73
　2.3.4　生活垃圾焚烧厂运行管理 ………………………………………………………… 85
　2.3.5　开展垃圾焚烧发电行业达标排放专项行动 ……………………………………… 100
　2.3.6　创新治理模式有效破解"邻避"困境 …………………………………………… 101
　2.3.7　参观城市生活垃圾焚烧发电厂 …………………………………………………… 102
　2.3.8　城市生活垃圾焚烧厂工艺流程绘制 ……………………………………………… 102
　2.3.9　城市生活垃圾焚烧仿真工厂运营管理操作 ……………………………………… 102
　　知识拓展 ……………………………………………………………………………………… 103
2.4 ▶ 城市生活垃圾卫生填埋工艺选择与运行管理 …………………………………… 104
　任务目标 ………………………………………………………………………………………… 104
　素质目标 ………………………………………………………………………………………… 104
　2.4.1　卫生填埋场的功能及选址 ………………………………………………………… 105
　2.4.2　卫生填埋场的填埋工艺流程 ……………………………………………………… 113
　2.4.3　卫生填埋场防渗系统 ……………………………………………………………… 118
　2.4.4　卫生填埋场二次污染控制与管理 ………………………………………………… 123
　2.4.5　填埋作业与运行管理 ……………………………………………………………… 129
　2.4.6　"碳中和"目标下城市生活垃圾填埋气的利用 ………………………………… 134

2.4.7 编制卫生填埋场运行管理方案 ················· 134

2.4.8 分析现场工程师岗位的主要职责和需要具备的素养 ········· 135

知识拓展 ······························· 135

课后训练 ····························· 136

项目3 **厨余垃圾利用处置** **138**

项目描述 ····························· 138

3.1 ▶ 认识厨余垃圾 ······················ 138

任务目标 ····························· 138

素质目标 ····························· 138

3.1.1 厨余垃圾的特点及适用性 ··············· 139

3.1.2 厨余垃圾的收集与分类 ················ 140

3.1.3 校园厨余垃圾调研 ·················· 140

知识拓展 ····························· 140

3.2 ▶ 厨余垃圾好氧堆肥工艺选择与运行管理 ········· 141

任务目标 ····························· 141

素质目标 ····························· 141

3.2.1 好氧堆肥过程控制与管理 ·············· 142

3.2.2 好氧堆肥工艺 ···················· 146

3.2.3 好氧堆肥系统的运行管理 ·············· 149

3.2.4 厨余垃圾好氧堆肥仿真实训 ············· 150

知识拓展 ····························· 150

3.3 ▶ 厨余垃圾厌氧消化工艺选择与运行管理 ········· 153

任务目标 ····························· 153

素质目标 ····························· 153

3.3.1 厌氧消化过程控制与管理 ·············· 154

3.3.2 设计厌氧消化工艺流程 ················ 157

3.3.3 厌氧消化系统的运行管理 ·············· 160

3.3.4 厨余垃圾厌氧消化工艺流程图绘制 ·········· 163

知识拓展 ····························· 163

课后训练 ····························· 164

项目4 **危险废物利用处置** **166**

项目描述 ····························· 166

4.1 ▶ 危险废物规范化管理 ·········· 166

任务目标 ·········· 166

素质目标 ·········· 166

4.1.1 危险废物特性与鉴别 ·········· 167

4.1.2 危险废物的收集、运输与贮存 ·········· 183

4.1.3 危险废物法律法规与规范化管理 ·········· 185

4.1.4 危险废物安全与风险管理 ·········· 193

4.1.5 强化危险废物监管和利用处置能力改革 ·········· 193

4.1.6 打击危险废物环境违法犯罪专项行动 ·········· 194

4.1.7 填写危险废物转移联单 ·········· 195

知识拓展 ·········· 196

小链接 ·········· 197

4.2 ▶ 典型危险废物利用处置工艺选择与运行管理 ·········· 198

任务目标 ·········· 198

素质目标 ·········· 198

4.2.1 含铜蚀刻液利用处置工艺选择与管理 ·········· 199

4.2.2 有机溶剂利用处置工艺选择与管理 ·········· 204

4.2.3 高浓度废液利用处置工艺选择与管理 ·········· 205

知识拓展 ·········· 211

4.3 ▶ 危险废物焚烧工艺选择与运行管理 ·········· 214

任务目标 ·········· 214

素质目标 ·········· 214

4.3.1 危险废物焚烧工艺流程选择 ·········· 214

4.3.2 危险废物焚烧系统运行管理 ·········· 217

4.3.3 危险废物焚烧污染控制 ·········· 219

4.3.4 医疗废物管理和处置情况调研 ·········· 221

知识拓展 ·········· 221

4.4 ▶ 危险废物安全填埋工艺选择与运行管理 ·········· 223

任务目标 ·········· 223

素质目标 ·········· 223

4.4.1 稳定化/固化技术选择与运用 ·········· 224

4.4.2 危险废物安全填埋工艺 ·········· 226

4.4.3 危险废物安全填埋场防渗处理 ·········· 227

4.4.4 危险废物安全填埋场运行管理 ·········· 229

4.4.5 危险废物固化实验 ·········· 233

知识拓展 ·········· 233

课后训练 ·········· 234

参考文献 ·········· 235

序号	二维码名称	文档类型	放置页
1	1-1 固体废物的产生与来源	AVI	1
2	1-2 固体废物的鉴别与区分	AVI	11
3	1-3《中华人民共和国固体废物污染环境防治法》	word	25
4	2-1 高层建筑垃圾通道	AVI	38
5	2-2 高层住宅垃圾压实器	AVI	38
6	2-3 三向联合式压实器	AVI	48
7	2-4 水平压实器	AVI	48
8	2-5 回转式压实器	AVI	49
9	2-6 城市垃圾压缩处理工艺流程	AVI	49
10	2-7 简摆颚式破碎机	AVI	50
11	2-8 Hammer Mills 型锤式破碎机	AVI	51
12	2-9 Universa 型冲击式破碎机	AVI	51
13	2-10 Linclemann 型剪切式破碎机-剪切机	AVI	51
14	2-11 球磨机	AVI	51
15	2-12 滚筒筛	AVI	51
16	2-13 惯性振动筛原理	AVI	52
17	2-14 共振筛原理	AVI	52
18	2-15 隔膜跳汰分选机	AVI	53
19	2-16 卧式风力分选机	AVI	53
20	2-17 城市垃圾两级风选流程	AVI	53
21	2-18 磁选过程示意图	AVI	54
22	2-19 电选分离过程	AVI	55
23	2-20 机械搅拌式浮选机	AVI	55
24	2-21 加料系统	AVI	63
25	2-22 炉排	AVI	67
26	2-23 流化床焚烧炉	AVI	71
27	2-24 流化床流程	AVI	72
28	2-25 立式炉热分解法系统流程	AVI	72

序号	二维码名称	文档类型	放置页
29	2-26 卫生填埋场	AVI	105
30	2-27 填埋场典型布置图	AVI	110
31	2-28 填埋操作	AVI	114
32	2-29 沟壑法填埋	AVI	115
33	2-30 平面法填埋	AVI	115
34	2-31 斜坡法填埋	AVI	115
35	2-32 阻挡层排气系统	AVI	127
36	3-1 立式多层圆筒式堆肥发酵塔	AVI	149
37	3-2 立式多层板闭合式堆肥发酵塔	AVI	149
38	3-3 发酵系统流程	AVI	157
39	3-4 发酵仓	AVI	158
40	3-5 卧式回转圆筒形发酵仓	AVI	163
41	4-1《国家危险废物名录》(2021 年版)	Word	167
42	4-2《危险废物鉴别标准 通则》	Word	182
43	4-3 危险废物管理计划和管理台账制定技术导则	Word	187
44	4-4 电镀污泥水泥固化处理工艺流程	AVI	224
45	4-5 安全土地填埋场	AVI	226
46	4-6 人造托盘式土地填埋	AVI	227
47	4-7 天然洼地式土地填埋	AVI	227

项目1 固体废物的产生与污染控制

项目描述

本项目主要介绍固体废物是什么、如何产生及污染、如何进行管理等问题，主要包括固体废物的产生、污染及对环境的影响，固体废物法规定义、分类、鉴别、性质及特性，固体废物及危险废物法律法规及管理政策等内容，共分为3个任务、8个子任务和3个任务实施。

1.1 固体废物的产生、污染及对环境的影响分析

任务目标

知识目标	能力目标
（1）掌握固体废物的来源及产生； （2）熟悉其污染现状、污染特点及对环境的影响。	（1）能够认清目前固体废物污染的现状； （2）能实事求是地分析固体废物污染问题及对环境的影响。

素质目标

（1）学习贯彻习近平生态文明思想，增强"无废城市"建设的思想自觉和行动自觉；
（2）具有一定的学科视野，能够针对问题主动研究国内外发展现状。

案例导入

某环保公司主营业务为污水处理及其再生利用，收集、贮存、处理、处置生活污泥，主要承接、处置所在城市城镇污水处理污泥。经暗查，该公司存在非法倾倒污泥问题。该公司擅自减少无害化处置工序，将污泥集中运至建筑工地、相关陆地或水域进行倾倒、填埋，造成严重环境污染。

任务导入：案例中的污泥来自哪里，会产生怎样的污染？

1.1.1 固体废物的来源与产生

1.1.1.1 固体废物的产生现状

据《2019年全国大、中城市固体废物污染环境防治年报》发布的信息

1-1 固体废物的产生与来源

情况，此次发布信息的大、中城市一般工业固体废物产生量为 15.5 亿吨，工业危险废物产生量为 4643.0 万吨，医疗废物产生量为 81.7 万吨，生活垃圾产生量为 21147.3 万吨。

（1）一般工业固体废物

2018 年，200 个大、中城市一般工业固体废物产生量达 15.5 亿吨，综合利用量 8.6 亿吨，处置量 3.9 亿吨，贮存量 8.1 亿吨，倾倒丢弃量 4.6 万吨。一般工业固体废物综合利用量占利用处置总量的 41.7%，处置和贮存分别占比 18.9% 和 39.3%，综合利用仍然是处理一般工业固体废物的主要途径，部分城市对历史堆存的固体废物进行了有效的利用和处置。一般工业固体废物利用、处置等情况见图 1-1。

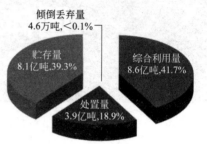

图 1-1　一般工业固体废物利用、处置等情况

2018 年各省（区、市）大、中城市发布的一般工业固体废物产生情况见图 1-2。一般工业固体废物产生量排在前三位的是内蒙古、辽宁、山东。

200 个大、中城市中，一般工业固体废物产生量排名前 10 位的城市见表 1-1。前 10 位城市产生的一般工业固体废物总量约为 4.6 亿吨，占全部信息发布城市产生总量的 29.7%。

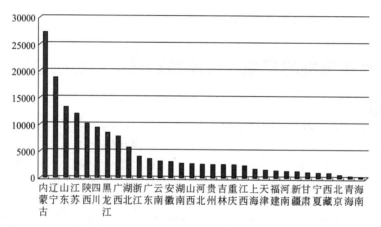

图 1-2　2018 年各省（区、市）一般工业固体废物产生情况（单位：万吨）

表 1-1　2018 年一般工业固体废物产生量排名前 10 位的城市

序号	城市名称	产生量/万吨
1	内蒙古自治区鄂尔多斯市	7516.6
2	辽宁省鞍山市	5820.2
3	四川省攀枝花市	5613.7
4	辽宁省辽阳市	4833.9
5	内蒙古自治区包头市	4453.3
6	广西壮族自治区百色市	4086.3
7	内蒙古自治区呼伦贝尔市	3547.9
8	陕西省榆林市	3477.8
9	陕西省渭南市	3404.4
10	云南省昆明市	3153.4
总计		45907.5

（2）工业危险废物

2018 年，200 个大、中城市工业危险废物产生量达 4643.0 万吨，综合利用量 2367.3 万吨，处置量 2482.5 万吨，贮存量 562.4 万吨。工业危险废物综合利用量占利用处置总量的 43.7％，处置、贮存分别占比 45.9％和 10.4％，有效利用和处置是处理工业危险废物的主要途径，部分城市对历史堆存的危险废物进行了有效的利用和处置。工业危险废物利用、处置等情况见图 1-3。

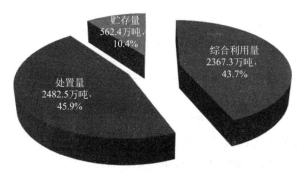

图 1-3　工业危险废物利用、处置等情况

2018 年各省（区、市）大、中城市发布的工业危险废物产生情况见图 1-4。工业危险废物产生量排在前三位的省（区、市）是江苏、内蒙古、山东。

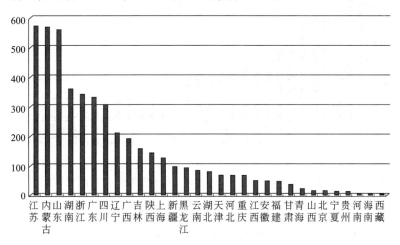

图 1-4　2018 年各省（区、市）大、中城市工业危险废物产生情况（单位：万吨）

200 个大、中城市中，工业危险废物产生量居前 10 位的城市见表 1-2。前 10 名城市产生的工业危险废物总量为 1437.2 万吨，占全部信息发布城市产生总量的 30.9％。

表 1-2　2018 年工业危险废物产生量排名前 10 位的城市

序号	城市名称	产生量/万吨
1	山东省烟台市	260.1
2	江苏省苏州市	156.4
3	四川省攀枝花市	152.1
4	吉林省吉林市	145.9

序号	城市名称	产生量/万吨
5	内蒙古自治区赤峰市	140.2
6	内蒙古自治区包头市	139.9
7	湖南省岳阳市	127.5
8	上海市	123.7
9	浙江省宁波市	103.9
10	广西壮族自治区梧州市	87.5
总计		1437.2

（3）医疗废物

2018年，200个大、中城市医疗废物产生量81.7万吨，处置量81.6万吨，大部分城市的医疗废物都得到了及时妥善的处置。各省（区、市）发布的大、中城市医疗废物产生情况见图1-5。医疗废物产生量排在前三位的省是广东、浙江、江苏。

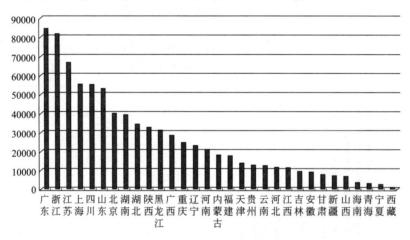

图 1-5　2018 年各省（区、市）大、中城市医疗废物产生情况（单位：吨）

200个大、中城市中，医疗废物产生量居前10位的城市见表1-3。医疗废物产生量最大的是上海市，产生量为5.5万吨，其次是北京、杭州、广州和重庆，产生量分别为4.0万吨、3.0万吨、2.7万吨和2.4万吨。前10位城市产生的医疗废物总量为26.8万吨，占全部信息发布城市产生总量的32.9%。

表 1-3　2018 年医疗废物产生量排名前 10 位的城市

序号	城市名称	医疗废物产生量/万吨
1	上海市	5.5
2	北京市	4.0
3	浙江省杭州市	3.0
4	广东省广州市	2.7
5	重庆市	2.4

续表

序号	城市名称	医疗废物产生量/万吨
6	四川省成都市	2.4
7	河南省郑州市	2.1
8	湖北省武汉市	1.7
9	黑龙江省哈尔滨市	1.5
10	广东省深圳市	1.5
总计		26.8

（4）城市生活垃圾

2018年，200个大、中城市生活垃圾产生量21147.3万吨，处置量21028.9万吨，处置率达99.4%。各省（区、市）发布的大、中城市生活垃圾产生情况见图1-6。

200个大、中城市中，城市生活垃圾产生量居前10位的城市见表1-4。城市生活垃圾产生量最大的是上海市，产生量为984.3万吨，其次是北京、广州、重庆和成都。前10位城市产生的城市生活垃圾总量为6256.0万吨，占全部信息发布城市产生总量的29.6%。

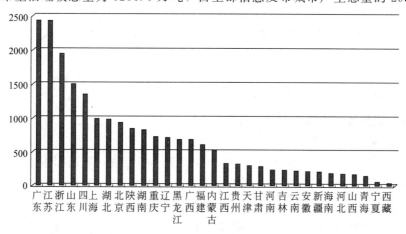

图1-6　2018年各省（区、市）大、中城市生活垃圾产生情况（单位：万吨）

表1-4　2018年大、中城市生活垃圾产生量排名前10位的城市

序号	城市名称	城市生活垃圾产生量/万吨
1	上海市	984.3
2	北京市	929.4
3	广东省广州市	745.3
4	重庆市	717.0
5	四川省成都市	623.1
6	江苏省苏州市	550.0
7	广东省东莞市	462.9
8	浙江省杭州市	420.5
9	陕西省西安市	416.8
10	湖北省武汉市	406.7
总计		6256.0

1.1.1.2　固体废物的来源

固体废物来自人类活动的许多环节，主要包括生产过程和生活过程的一些环节。大致可以分为两类：一类是生产过程中产生的固体废物，称为生产废物；另一类是生活过程中产生的固体废物，称为生活废物。

生产过程是生产废物的产生源，生产过程起始于原料获取，原料的两个基本来源是农产品和矿产品。农产品的生产属性属于农业生产过程，其固体废物来源于种植业和畜牧业这两个农业的基本组成行业。种植业产生以作物秸秆为代表的植物性残余，畜牧业产生以畜、禽、鱼等的排泄物（粪便）为主的废物。矿产品的开采则属于工业生产过程的一部分，其采集对象包括金属、能源和建筑用岩石等，其中又以金属尾矿、煤矸石等为主。在生产过程的末端，产生的是消费类产品，相当部分的产品在销售前需进行包装，包装过程同样会成为固体废物的来源。消费过程同样是固体废物的产生源。农业消费产品在食用前的再加工过程会产生厨余废物，包装的工业消费产品在使用前即产生包装废物。即使是所谓的耐用的消费品，如家用电器和交通工具等，超过消费使用期的此类物品亦成为固体废物。即便是人类的精神类消费品，如纸质的报刊、书籍、光碟等，这些物品废弃后同样是消费过程固体废物的重要来源。

因此，可以说现代社会的存在就是固体废物的来源，固体废物来自人类生产和生活的每一个角落。

1.1.2　固体废物的污染特性

1.1.2.1　固体废物的污染现状

（1）垃圾产生量持续增长

随着人民生活水平的逐渐提高，相应资源消耗量不断增加，我国固体废物产生量长期居高不下，并以每年近10％的速度迅速增长。在生活垃圾和工业固体废物方面，城市生活垃圾清运量由2004年的1.55×10^8 t增长到了2017年的2.02×10^9 t，工业固体废物产生量增加更为显著，从2004年的1.20×10^9 t增加到了2017年的1.31×10^{10} t。随着人们生活消费方式的改变，非传统的固体废物产生量也迅猛增长（如电子垃圾），其已成为我国现阶段固体废物的重要构成部分。据《2018年全国大、中城市固体废物污染环境防治年报》，2017年，我国共拆解处理废弃电器电子产品7994.7万台（套），同比增长0.8％。2017年，处理企业拆解处理的废弃电器电子产品中：电视机4207.3万台，占比52.6％，占比较上年下降2.5％；电冰箱803.7万台，占比10.1％，占比较上年增加2.4％；洗衣机1359.4万台，占比17.0％，占比较上年增加1.1％；房间空调器397.8万套，占比5.0％，占比较上年增加2.3％；微型计算机1226.5万套，占比15.3％，占比较上年下降3.3％。2017年废弃电器电子产品拆解处理总重量约为198.6万吨，拆解处理产物约为192.4万吨。主要拆解处理产物为：彩色电视机CRT屏玻璃约45.8万吨，占比23.8％；CRT锥玻璃（含铅玻璃）约24.4万吨，占比12.7％；塑料约40.3万吨，占比20.9％；铁及其合金约38.7万吨，占比20.1％；压缩机约11.2万吨，占比5.8％；印制电路板约7.3万吨，占比3.8％；电动机约7.2万吨，占比3.7％；保温层材料约7.1万吨，占比3.7％；铜及其合金约2.9万吨，占比1.5％。除了我国自身产生的电子垃圾外，还面临着"洋电子垃圾"的入侵。与西方发达国家不同，我国对电子垃圾回收并没有成熟的产业链和管理体系，通常采用的方法是简单分解处理后与生活垃圾一同进行填埋处理，从而带来严重的环境隐患。

（2）无害化处理不足

固体废物本身虽然可以被看作放错地点的资源，但如果不采取适当的方法防治，将对土壤、水体、大气和人体造成比较严重的危害。如果工业固体废物长期露天存放，有害物质会在地表径流和雨水的淋溶、渗透作用下通过土壤空隙向四周纵深的土壤迁移，导致土壤结构和成分的改变，并间接危害生长在土壤上的植物。20世纪70年代发生在美国的有名的Love Canal（拉夫运河）污染事件，就是因为有化学公司利用运河废弃河谷填埋有机氯农药、塑料等有毒有害的废物。根据有关规定，产生固体废物的单位和个人，应当按照所产生固体废物的种类、特性、数量等情况，采取相应的污染防治措施，防治或者减少固体废物对环境造成污染。比如，产生的固体废物属于公益固体废物的，那么有关部门就应该进行综合利用，暂时不利用的或者不能利用的，应该按规定建设贮存场所以贮存或者进行无害化处置。

截至2018年，我国县级以上城市生活垃圾无害化处理率为99.0%，但在建筑垃圾和电子垃圾回收方面存在显著短板。工业固体废物、电子垃圾、建筑垃圾、废旧金属、农林剩余物、生活垃圾与废物处理厂污泥等大宗废物，综合利用率平均不到40%，堆存量巨大，造成巨大的环境负担。

（3）资源化利用率偏低

我国建筑垃圾年产生量达数十亿吨，建筑垃圾综合利用、资源化利用却很低，同时电子垃圾回收利用率较低。联合国环境规划署发布的报告称，中国手机的产量大，回收率却不足1%，中国再生资源回收利用协会副会长表示，1t废手机，经过加工提炼后，能产生300~400g的黄金，500g左右的白银。因此，我国回收利用率低使得资源浪费严重。

1.1.2.2　固体废物的污染特点

特殊性——是污染因子，不是环境介质。

分散性——产生源分布广泛。

危害性——对生态环境和人体健康危害很大。

复杂性——种类繁多，性质复杂。

错位性——"废"与"不废"是相对的。

无主性——被抛弃后不易找到所有者。

时间性——科学技术的发展，昨日的废物必将成为明日的资源。

空间性——某一过程的废弃物也可能是另一过程的原料。

1.1.3　固体废物对环境的影响

1.1.3.1　固体废物的污染途径

（1）化学物质型污染

主要是工矿业固体废物，如废酸、废碱、氰化物、重金属污染，常导致水俣病、痛痛病等（见图1-7）。

（2）病原体型污染

主要是生活垃圾（如粪便），导致洪水过后瘟疫暴行；食品加工行业废物（如屠宰场的固体废物），导致非典、肝炎、流脑等（见图1-8）。

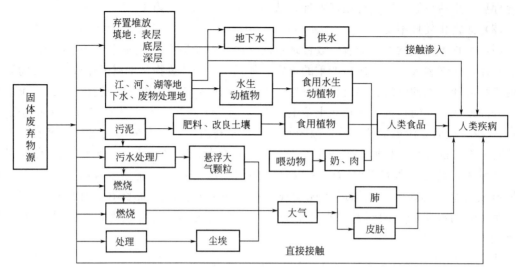

图 1-7　化学物质型固体废物致病的途径

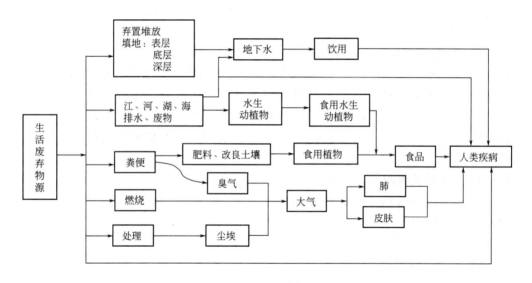

图 1-8　病原体型固体废物导致传统疾病的途径

1.1.3.2 固体废物对环境的影响

（1）侵占土地

垃圾成山，大量侵占土地。目前我国的垃圾处置方法主要是填埋法，也大量侵占土地。我国"垃圾围城"的形势日趋严峻，约 2/3 的城市处于垃圾包围之中，其中 1/4 的城市已无填埋堆放场地；全国至今垃圾填埋场已消耗土地 75 万亩（1 亩≈666.7m²），约为绵阳市建成区面积的 4 倍；每年经济损失高达 300 亿元。

（2）污染土壤

固体废物长期露天堆存，其中有害成分经过风化、雨淋、地表径流的侵蚀很容易渗入土壤之中。土壤是许多细菌、真菌等微生物聚居的场所。这些微生物与其周围环境构成生态系统，在大自然的物质循环中担负着碳循环和氮循环的一部分重要任务。由于有害物质进入土壤，能杀死土壤中的微生物，破坏土壤的腐解能力，导致草木不生。日本和我国有一些稻田受到镉的污染，稻米含镉超标，无法食用，究其原因，与含镉废渣掺入土壤有直接关系。

（3）污染大气

固体废物一般通过以下途径使大气受到污染：在适宜的温度下，由废物本身的蒸发——升华及有机固体废物被微生物分解而释出有害气体污染大气；废物中的细粒、粉末随风力飘逸，扩散到很远的地方，加重大气的粉尘污染；废物中各种成分发生化学反应，释放出有害气体，如垃圾池的臭气。

（4）污染水体

废物随天然降水、径流流入江、河、湖、海，污染地表水；废物中的有害物质随渗沥水浸出渗入土壤，污染地下水；较小颗粒随风飘迁，落入地表水，使其污染；将固体废物直接排入江、河、湖、海，使之造成更大的污染。

（5）影响人类健康

固体废物在堆存、处理、处置和利用过程中，一些有害成分会通过水、大气、食物等多种途径被人类吸收而危害人体健康。

1.1.4　调查城市生活垃圾产生及污染情况

来做一做

任务要求：调查某城市（或某校园、某社区、某乡镇等）生活垃圾产生及污染情况，包括对产生量、排放量、垃圾组成、垃圾性质、分布状况、去向及处理处置等要素的调查。

实施过程：调查可分组完成，调查前查阅相关资料，设计调查方案，小组讨论决策，编制调查问卷。各组开展调查，查阅资料，分析数据，小组讨论，并编写调查报告。

成果提交：任务完成后，提交调查方案、调查问卷及调查报告。

知识拓展

无废城市

加强固体废物治理是生态文明建设的重要内容，是实现美丽中国目标的应有之义。党中央、国务院高度重视固体废物污染防治工作。习近平总书记先后多次作出有关重要指示批示，主持召开会议专题研究部署固体废物进口管理制度改革、"无废城市"建设、生活垃圾分类、塑料污染治理等工作，亲自推动有关改革进程。

开展"无废城市"建设，是深入贯彻落实习近平生态文明思想的重要举措，是深入打好污染防治攻坚战和实现碳达峰碳中和的内在要求，是推动城市绿色低碳发展的有效载体。党中央、国务院高度重视"无废城市"建设工作。

为探索建立固体废物产生强度低、循环利用水平高、填埋处置量少、环境风险小的长效体制机制，推进固体废物领域治理体系和治理能力现代化，2018年初，中央深改委将"无废城市"建设试点工作列入年度工作要点。

2018年12月，国务院办公厅印发《"无废城市"建设试点工作方案》，"无废城市"建设试点工作正式启动。"无废城市"是以创新、协调、绿色、开放、共享的新发展理念为引领，通过推动形成绿色发展方式和生活方式，持续推进固体废物源头减量和资源化利用，最大限度减少填埋量，将固体废物环境影响降至最低的城市发展模式。"无废城市"并不是没有固体废物产生，也不意味着固体废物能完全资源化利用，而是一种先进的城市管理理念，旨在最终实现整个城市固体废物产生量最小、资源化利用充分、处置安全的目标，需要长期探索与实践。"无废城市"建设主要任务包括：一是强化顶层设计引领，发挥政府宏观指导作用；二是实施工业绿色生产，推动大宗工业固体废物贮存处置总量趋零增长；三是推行农业绿色生产，促进主要农业废弃物全量利用；四是践行绿色生活方式，推动生活垃圾源头减量和资源化利用；五是提升风险防控能力，强化危险废物全面安全管控；六是激发市场主体活力，培育产业发展新模式。

为科学指导试点城市编制"无废城市"建设试点实施方案，充分发挥指标体系的导向性、引领性，2019年5月生态环境部印发了《"无废城市"建设试点实施方案编制指南》和《"无废城市"建设指标体系（试行）》。

试点工作启动以来，深圳、包头、铜陵、威海、重庆、绍兴、三亚、许昌、徐州、盘锦、西宁等11个城市和雄安新区、北京经济技术开发区、中新天津生态城、福建省光泽县、江西省瑞金市等5个特殊地区，扎实推进各项改革任务，主要取得了以下成效：一是实现生态环境、社会和经济效益共赢。试点城市通过统筹经济社会发展与固体废物管理，提升了固体废物利用处置能力和监管水平，有效防范生态环境风险；加快历史遗留固体废物环境问题解决，推进了城乡基础设施补短板工作进程；带动投资固体废物源头减量、资源化利用、最终处置工程项目562项、1200亿元，取得较好的生态环境效益、社会效益和经济效益。二是"无废"理念逐步得到各方认同。试点城市通过开展形式多样的宣传教育活动，推进节约型机关、绿色饭店、绿色学校等"无废细胞"建设，营造了良好的文化氛围，"无废"理念不断深入人心。三是示范带动作用明显。浙江率先在全省域开展"无废城市"建设。广东省提出粤港澳大湾区九城同建"无废湾区"。成渝地区双城经济圈合作建设"无废城市"。与此同时，通过"无废城市"建设试点，构建了一套指标体系，解决一批短板弱项问题，形成一批可复制推广模式，为在全国范围内深入开展"无废城市"建设积累了经验，探索了路径。试点实践表明，开展"无废城市"建设，有助于加快推进城市绿色低碳转型，以高水平保护推动城市高质量发展、创造高品质生活。

2021年11月，《中共中央 国务院关于深入打好污染防治攻坚战的意见》印发实施，明确提出要稳步推进"无废城市"建设，健全"无废城市"建设相关制度、技术、市场、监管体系，推进城市固体废物精细化管理。"十四五"时期，推进100个左右地级及以上城市开展"无废城市"建设，鼓励有条件的省份全域推进"无废城市"建设。《中共中央 国务院关于深入打好污染防治攻坚战的意见》进一步提出要稳步推进"无废城市"建设，就是贯彻落实习近平总书记重要指示批示精神的全面展开和深化，是习近平生态文明思想的具体实践，是落实党中央、国务院关于加强固体废物污染防治决策部署的具体行动。进入新阶段，"无废城市"建设承载着更重要的使命，将在减污减碳协同增效、助力城市绿色低碳发展上发挥更好更大的作用。

2021年12月，生态环境部、国家发展和改革委员会、工业和信息化部等18个部门和单位联合印发了《"十四五"时期"无废城市"建设工作方案》。"十四五"时期，拓展和深化"无废城市"建设的总体思路和目标是：深入贯彻习近平生态文明思想，立足新发展阶段、贯彻新发展理念、构建新发展格局、推动高质量发展，统筹城市发展与固体废物管理，坚持"三化"原则、聚焦减污降碳协同增效，推动 100 个左右地级及以上城市开展"无废城市"建设。到 2025 年，"无废城市"固体废物产生强度较快下降，综合利用水平显著提升，无害化处置能力有效保障，减污降碳协同增效作用充分发挥，基本实现固体废物管理信息"一张网"，"无废"理念得到广泛认同，固体废物治理体系和治理能力得到明显提升。围绕固体废物污染防治的重点领域和关键环节，主要明确了七个方面的任务，包括：科学编制实施方案，强化顶层设计引领；加快工业绿色低碳发展，降低工业固体废物处置压力；促进农业农村绿色低碳发展，提升主要农业固体废物综合利用水平；推动形成绿色低碳生活方式，促进生活源固体废物减量化、资源化；加强全过程管理，推进建筑垃圾综合利用；强化监管和利用处置能力，切实防控危险废物环境风险；加强制度、技术、市场和监管体系建设，全面提升保障能力。

1.2　固体废物的鉴别与区分

任务目标

知识目标

(1) 掌握固体废物法规定义、分类；

(2) 掌握固体废物性质的计算方法及特性；

(3) 掌握固体废物的鉴别方法及标准。

能力目标

(1) 能对固体废物进行正确分类；

(2) 掌握固体废物水分、挥发分、灰分和固定碳的计算方法；

(3) 能鉴别固体废物，区分固体废物与废水、废气，区分一般固体废物与危险废物。

素质目标

(1) 具备资源循环理念；

(2) 能够发扬精益求精、勇于创新、严谨专注的工匠精神。

案例导入

某家生产水性漆（水性丙烯酸及水性环氧漆）的企业，生产过程中会产生洗缸废水，废水的有毒有害物质检测结果均没达到危废标准。该公司生产过程中产生的洗缸废水究竟应该当废水、一般固体废物还是危险废物处理呢？

1-2　固体废物的鉴别与区分

在处理一起涉嫌环境污染犯罪的案件中，某企业把产生的液态废物倾倒在地下水道，遂对犯罪嫌疑人以"倾倒危险废物三吨以上"为由实施了刑事拘留。但当事人提出，"固体废物包括危险废物，我倾倒的是液体，液体不是固体废物，所以我倾倒的不是危险废物，所以你们抓我是错误的！"这家企业产生的液态废物是固体废物吗？是危险废物吗？

对于液态废物，如能满足《固体废物鉴别标准　通则》（GB 34330—2017）第 7 条有关规定，可不作为液态废物进行管理，不属于固体废物；如不能满足《固体废物鉴别标准　通则》（GB 34330—2017）第 7 条有关规定，则作为液态废物进行管理，属于固体废物，并根据《国家危险废物名录》或者国家规定的危险废物鉴别标准和鉴别方法认定是否属于危险废物。

任务导入：为什么会有上述案例中的疑惑？应该怎么做？

1.2.1 固体废物的定义与分类

1.2.1.1 固体废物的定义

（1）一般定义

固体废物是指人类在生产建设、日常生活和其它活动中产生的，在一定时间和地点无法利用而被丢弃的污染环境的固体、半固态废弃物。按物质的形态划分，固体废物包括固态、半固态、液态和气态废物。

（2）法律定义

《中华人民共和国固体废物污染环境防治法》第一百二十四条规定：固体废物，是指在生产、生活和其他活动中产生的丧失原有利用价值或者虽未丧失利用价值但被抛弃或者放弃的固态、半固态和置于容器中的气态的物品、物质以及法律、行政法规规定纳入固体废物管理的物品、物质。经无害化加工处理，并且符合强制性国家产品质量标准，不会危害公众健康和生态安全，或者根据固体废物鉴别标准和鉴别程序认定为不属于固体废物的除外。

《中华人民共和国固体废物污染环境防治法》第一百二十五条规定：液态废物的污染防治，适用本法；但是，排入水体的废水的污染防治适用有关法律，不适用本法。

其定义包含了以下几个方面的内容：第一，从产生来源来看，固体废物的主要来源是生产过程、生活过程和其它活动。第二，从性质来看，既包括"废"物，即丧失原有利用价值的物品、物质，还包括"弃"物，即虽未丧失利用价值但被抛弃或者放弃的物品、物质。第三，从物质的形态来看，固体废物包括固态的、半固态的废物，液态的废物（不包括排入水体的废水）和置于容器中的气态的废物，而不仅仅只有"固态"的。第四，从固体废物的二重性来看，固体废物具有鲜明的时间性和空间性。从时间上来讲，它仅仅是相对于目前的科学技术和经济条件，随着科学技术的快速发展，今天的废物可能是明天的资源。从空间上来看，废物仅仅是对某一过程或某一方面没有价值，某一过程的废物，可能是另一个过程的原料或资源。第五，从管理的完整性来看，它把在管理过程中存在的可能没办法鉴别但根据实际工作需要确定的废物，及时纳入固体废物管理过程的物质也纳入进来。

1.2.1.2 固体废物的分类

（1）一般分类

固体废物来源广泛，种类繁多，组成复杂，从不同的角度出发，可有不同的分类方法（表1-5）。按其化学组成来分，可分为有机固体废物和无机固体废物；按其危害性来分，可分为有害固体废物和一般固体废物；按其来源来分，又可分为工业固体废物（包括冶金固体废物、矿山固体废物、化工固体废物、轻工固体废物等）、农业固体废物、城市生活固体废物（城市生活垃圾）等三类。

表 1-5　固体废物的一般分类

按化学组成分	有机固体废物和无机固体废物
按危害性分	一般固体废物和有害固体废物
按来源分	工业固体废物、农业固体废物和城市生活固体废物
按形态分	固态废物、半固态废物、液态废物和气态废物

（2）法律分类

根据《中华人民共和国固体废物污染环境防治法》的规定，将固体废物分为生活垃圾、工业固体废物、建筑垃圾、农业固体废物和危险废物三类。

① 生活垃圾 生活垃圾是指在日常生活中或者为日常生活提供服务的活动中产生的固体废物以及法律、行政法规规定视为生活垃圾的固体废物。主要包括厨余垃圾、废纸、废塑料、废织物、废金属、废玻璃、陶瓷碎片、砖瓦渣土、粪便，以及废旧家具、废旧电器、庭园废物等。生活垃圾主要产自城市居民家庭、城市商业、餐饮业、旅馆业、服务业、市政环卫业、交通运输业、文教卫生业和行政事业单位等，其主要特点是成分复杂、有机物含量高，受居民生活水平、生活习惯、季节、气候等因素的影响。

② 工业固体废物 工业固体废物是指在工业生产活动中产生的固体废物。主要来自冶金工业、矿业、石油化学工业、轻工业、机械电子工业、建筑业、交通业和其它工业行业等，典型的工业固体废物有煤矸石、粉煤灰、炉渣、矿渣、尾矿、金属、塑料、橡胶、化学试剂、陶瓷、沥青等，可按工业类型、产废的工艺、废弃物种类和成分来进行细分。一般工业固体废物包括冶炼废渣、粉煤灰、炉渣、煤矸石、尾矿、脱硫石膏、污泥、赤泥、磷石膏等。按照国家《大宗工业固体废物综合利用"十二五"规划》，大宗工业固体废物是指我国各工业领域在生产活动中年产生量1000万吨以上、对环境和安全影响较大的固体废物，主要包括尾矿、煤矸石、粉煤灰、冶炼渣、工业副产石膏、赤泥和电石渣。

一般工业固体废物的主要分类如表1-6所示，由于一般工业固废种类繁多，涉及的处理处置技术整体上以资源回收利用为主，对于无法资源综合利用的，则相应采取填埋、焚烧等处理方式。

表 1-6 一般工业固体废物分类表

废物种类	废物描述
冶炼废渣	黑色金属冶炼、有色金属冶炼、贵金属冶炼等产生的固体废物(不含赤泥)，包括炼铁产生的高炉渣、炼钢产生的钢渣、电解锰产生的锰渣等
粉煤灰	从燃煤过程产生烟气中收捕下来的细微固体颗粒物，不包括从燃煤设施炉膛排出的灰渣，主要来自火力发电和其他使用燃煤设施的行业
炉渣	燃烧设备从炉膛排出的灰渣(不含冶炼废渣)，不包括燃料燃烧过程中产生的烟尘
煤矸石	煤炭开采、洗选产生的矸石以及煤泥等固体废物
尾矿	金属、非金属矿山开采出的矿石，经选矿厂选出有价值的精矿后产生的固体废物，包括铁矿、铜矿、铅矿、铅锌矿、金矿(涉氰或浮选)、钨钼矿、硫铁矿、萤石矿、石墨矿等矿石选矿后产生的尾矿
脱硫石膏	废气脱硫的湿式石灰石/石膏法工艺中，吸收剂与烟气中SO_2等反应后生成的副产物
污泥	各类污水处理产生的固体沉淀物
赤泥	从铝土矿中提炼氧化铝后排出的污染性废渣，一般含氧化铁量大，外观与赤色泥土相似
磷石膏	在磷酸生产中用硫酸分解磷矿时产生的二水硫酸钙，酸不溶物，未分解磷矿及其他杂质的混合物。主要来自磷肥制造业
工业副产石膏	工业生产活动中产生的以硫酸钙为主要成分的石膏类废物，包括氟石膏、硼石膏、钛石膏、芒硝石膏、盐石膏、柠檬酸石膏等，不含脱硫石膏、磷石膏
钻井岩屑	石油、天然气开采活动以及其他采矿业产生的钻井岩屑等矿业固体废物，不包括煤矸石、尾矿
食品残渣	农副食品加工、食品制造等产生的有机类固体废物，包括各类农作物、牧畜、水产品加工残余物等
纺织皮革业废物	纺织、皮革、服装等行业产生的固体废物，包括丝、麻、棉边角废料等
造纸印刷业废物	造纸业、印刷业产生的固体废物，包括造纸白泥等
化工废物	石油煤炭加工、化工行业、医药制造业产生的固体废物，包括气化炉渣、电石渣等
可再生类废物	工业生产加工活动中产生的废钢铁、废有色金属、废纸、废塑料、废玻璃、废橡胶、废木材等
其他工业固体废物	除上述种类以外的其他工业固体废物

③ 建筑垃圾　建筑垃圾，是指建设单位、施工单位新建、改建、扩建和拆除各类建筑物、构筑物、管网等，以及居民装饰装修房屋过程中产生的弃土、弃料和其他固体废物。

建筑垃圾主要来自建设项目建设和拆除过程中产生的与建筑相关的各类废料。比如建筑物拆除下来可利用的部分，包括砖、砂浆、混凝土、钢筋、塑料、木材、石头等；建筑物建造施工过程中产生的废弃物，主要是未用完的建筑材料，包括砂浆、碎石、混凝土、钢筋、塑料制品、小五金等；建筑物建造施工过程或道路翻修产生的各种废料，包括开挖基础的基坑土，边坡石或碎石等；家庭装修过程中产生的各种废料等。

④ 农业固体废物　农业固体废物，是指在农业生产活动中产生的固体废物。主要来自植物种植业、动物养殖业及农用塑料残膜等。农业植物性废物，指农作物在种植、收割、交易、加工利用和食用等过程中产生的源自作物本身的固体废物，主要包括作物秸秆、瓜果等加工后的残渣。畜禽养殖废物，指畜禽养殖过程中产生的畜禽粪便、畜禽舍垫料、脱落毛羽等固体废物。农用薄膜：指用于农作物栽培目的，具有透光性和保温性特点的塑料薄膜，使用后废弃的薄膜。

⑤ 危险废物　危险废物是指列入《国家危险废物名录》或者根据国家规定的危险废物鉴别标准和鉴别方法认定的具有危险特性的废物。危险废物主要来自石油化工、金属冶炼、医疗和科研单位等，危险废物的特性包括易燃性、腐蚀性、反应性、感染性和毒性。

1.2.2　固体废物的鉴别

1.2.2.1　产生源鉴别

下列物质属于固体废物。

（1）丧失原有使用价值的物质

① 在生产过程中产生的因为不符合国家、地方制定或行业通行的产品标准（规范），或者因为质量原因，而不能在市场上出售、流通或者不能按照原用途使用的物质，如不合格品、残次品、废品等。但符合国家、地方制定或行业通行的产品标准中等外品级的物质以及在生产企业内进行返工（返修）的物质除外。

② 因为超过质量保证期，而不能在市场出售、流通或者不能按照原用途使用的物质。

③ 因为沾染、掺入、混杂无用或有害物质使其质量无法满足使用要求，而不能在市场出售、流通或者不能按照原用途使用的物质。

④ 在消费或使用过程中产生的，因为使用寿命到期而不能按照原用途使用的物质。

⑤ 执法机关查处没收的需报废、销毁等无害化处理的物质，包括（但不限于）假冒伪劣产品、侵犯知识产权产品、毒品等禁用品。

⑥ 以处置废物为目的的生产的，不存在市场需求或不能在市场上出售、流通的物质。

⑦ 由自然灾害、不可抗力因素和人为灾难因素造成损坏而无法继续按照原用途使用的物质。

⑧ 因丧失原有功能而无法继续使用的物质。

⑨ 由于其它原因而不能在市场上出售、流通或者不能按照原用途使用的物质。

（2）生产过程中产生的副产物

① 产品加工和制造过程中产生的下脚料、边角料、残余物质等。

② 在物质提取、提纯、电解、电积、净化、改性、表面处理以及其它处理过程中产生的残余物质，包括（但不限于）以下物质：在黑色金属冶炼或加工过程中产生的高炉渣、钢渣、轧钢氧化皮、铁合金渣、锰渣；在有色金属冶炼或加工过程中产生的铜渣、铅渣、锡

渣、铝灰（渣）等火法冶炼渣，以及赤泥、电解阳极泥、电解铝阳极炭块残极、电积槽渣、酸（碱）浸出渣、净化渣等湿法冶炼渣；在金属表面处理过程中产生的电镀槽渣、打磨粉尘。

③ 在物质合成、裂解、分馏、蒸馏、溶解、沉淀以及其它过程中产生的残余物质，包括（但不限于）以下物质：在石油炼制过程中产生的废酸液、废碱液、白土渣、油页岩渣；在有机化工生产过程中产生的酸渣、废母液、蒸馏釜底残渣、电石渣；在无机化工生产过程中产生的磷石膏、氨碱白泥、铬渣、硫铁矿渣、盐泥。

④ 金属矿、非金属矿和煤炭开采、选矿过程中产生的废石、尾矿、煤矸石等。

⑤ 石油、天然气、地热开采过程中产生的钻井泥浆、废压裂液、油泥或油泥砂、油脚和油田溅溢物等。

⑥ 火力发电厂、其它工业和民用锅炉、工业窑炉等热能或燃烧设施中，染料燃烧产生的燃煤炉渣等残余物质。

⑦ 建筑垃圾。建筑垃圾，是指建设单位、施工单位新建、改建、扩建和拆除各类建筑物、构筑物、管网等，以及居民装饰装修房屋过程中产生的弃土、弃料和其他固体废物。按照来源分类，建筑垃圾可分为土地开挖、道路开挖、旧建筑物拆除、建筑施工和建材生产垃圾五类，主要由渣土、碎石块、废砂浆、砖瓦碎块、混凝土块、沥青块、废塑料、废金属料、废竹木等组成。

⑧ 农业固体废物。农业固体废物，是指在农业生产活动中产生的固体废物。主要包括农林生产过程中产生的物残余类废物、牧渔业生产过程中产生的动物残余废弃物、农业加工过程中产生的加工类残余废弃物和农村生活垃圾等。按其来源可分为畜禽养殖废弃物、农作物秸秆、农用塑料残膜、农村生活垃圾。

⑨ 在设施设备维护和检修过程中，从炉窑、反应釜、反应槽、管道、容器以及其它设施设备中清理出的残余物质和损毁物质。

⑩ 在物质破碎、粉碎、筛分、碾磨、切割、包装等加工处理过程中产生的不能直接作为产品或原材料或作为现场返料的回收粉尘、粉末。

⑪ 在建筑、工程等施工和作业过程中产生的报废料、残余物质等建筑废物。

⑫ 畜禽和水产养殖过程中产生的动物粪便、病害动物尸体等。

⑬ 农业生产过程中产生的作物秸秆、植物枝叶等农业废物。

⑭ 教学、科研、生产、医疗等试验过程中产生的动物尸体等实验室废弃物质。

⑮ 其它生产过程中产生的副产物。

（3）环境治理和污染控制过程汇总产生的物质

① 烟气和废气净化、除尘处理过程中收集的烟尘、粉尘，包括煤粉灰。

② 烟气脱硫产生的脱硫石膏和烟气脱硝产生的废脱硝催化剂。

③ 煤气净化产生的煤焦油。

④ 烟气净化过程中产生的副产硫酸或盐酸。

⑤ 水净化和废水处理产生的污泥及其它废弃物质。

⑥ 废水或废液（包括固体废物填埋场产生的渗滤液）处理产生的浓缩液。

⑦ 化粪池污泥、厕所粪便。

⑧ 固体废物焚烧炉产生的飞灰、底渣等灰渣。

⑨ 堆肥生产过程中产生的残余物质。

⑩ 绿化和园林管理中清理产生的植物枝叶。

⑪ 河道、沟渠、湖泊、航道、浴场等水体环境中清理出的漂浮物和疏浚污泥。

⑫ 烟气、臭气和废水净化过程中产生的废活性炭、过滤器滤膜等过滤介质。

⑬ 在污染地块修复、处理过程中，采用下列任何一种方式处置或利用的污染土壤：填埋；焚烧；水泥窑协同处置；生产砖、瓦、筑路材料等其它建筑材料。

⑭ 在其它环境治理和污染修复过程中产生的各类物质。

（4）其它

① 法律禁止使用的物质。

② 国务院环境保护行政主管部门认定为固体废物的物质。

1.2.2.2　过程鉴别

（1）在任何条件下，固体废物按照以下任何方式利用或处置时，仍然作为固体废物管理［但包含在鉴别办法 1.2.2.3（1）中的除外］：

① 以土壤改良、地块改造、地块修复和其它土地利用方式直接施用于土地或生产施用于土地的物质（包括堆肥），以及生产筑路材料；

② 焚烧处置（包括获取热能的焚烧和垃圾衍生燃料的焚烧），或用于生产燃料，或包含于燃料中；

③ 填埋处置；

④ 倾倒、堆置；

⑤ 国务院环境保护行政主管部门认定的其它处置方式。

（2）利用固体废物产生的产物同时满足下述条件的，不作为固体废物管理，按照相应的产品管理（按上条进行利用或处置的除外）：

① 符合国家、地方制定或行业通行的被替代原料生产的产品质量标准。

② 符合相关国家污染物排放（控制）标准或技术规范要求，包括该产物生产过程中排放到环境中的有害物质限值和该产物中有害物质的含量限值。当没有国家污染控制标准或技术规范时，该产物中所含有害成分含量不高于利用被替代原料生产的产品中的有害成分含量，并且在该产物生产过程中，排放到环境中的有害物质浓度不高于利用所替代原料生产产品过程中排放到环境中的有害物质浓度。当没有被替代原料时，不考虑该条件。

③ 有稳定、合理的市场需求。

1.2.2.3　排除法鉴别

（1）不作为固体废物管理的物质

① 以下物置不作为固体废物管理：任何不需要修复和加工即可用于其原始用途的物质，或者在产生点经过修复和加工后满足国家、地方制定或行业通行的产品质量标准并且用于其原始用途的物质；不经过贮存或堆积过程，而在现场直接返回到原生产过程或返回其产生过程的物质；修复后作为土壤用途使用的污染土壤；供实验室化验分析用或科学研究用固体废物样品。

② 按照以下方式进行处置后的物质，不作为固体废物管理：金属矿、非金属矿和煤炭采选过程中直接留在或返回到采空区的符合 GB 18599 中的第Ⅰ类一般工业固体废物要求的采矿废石、尾矿和煤前石，但是带入除采矿废石、尾矿和煤前石以外的其它污染物质的除外；工程施工过程中产生的按照法规要求或国家标准要求就地处置的物质。

③ 国务院环境保护行政主管部门认定不作为固体废物管理的物质。

（2）不作为液态废物管理的物质

① 满足相关法规和排放标准要求可排入环境水体或者市政污水管网和处理设施的废水、污水。

② 经过物理处理、化学处理、物理化学处理和生物处理等废水处理工艺处理后，可以

满足向环境水体或市政污水管网和处理设施排放的相关法规和排放要求的废水、污水。

③ 废酸、废碱中和处理后产生的满足上述①和②条要求的废水。

1.2.3 固体废物的性质

1.2.3.1 固体废物的物理性质

（1）粒径

对于固体废物的前处理，其粒径大小决定了使用设备的规格和容量，尤其是对于可回收资源化利用的固体废物而言，往往是个重要参数。通常粒径以粒径分布表示，因固体废物组成复杂且大小不等，且形状也不一样，因此，只能通过筛网的网"目"表示。

粒径用粒径分布来表示，采用筛分试验（图1-9）来获得：取一定量的固体废物样品，准备一组筛孔尺寸覆盖整个粒径范围的标准筛子，将样品按次序以不同筛孔的筛面进行筛分，记录每一个筛面上的样品质量，此质量除以样品总质量即是固体废物粒径位于前、后两个筛面孔径之间的质量分数，试验获得的各个粒径范围的质量分数即描述了固体废物的粒径分布——采用累积质量分布图表示。

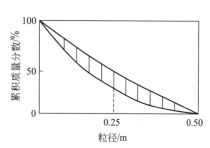

图1-9 筛分试验

（2）含水率

含水率是指固体废物在（105±1）℃下烘干至恒重后所失去的水分量，此值常以单位质量的样品所含水的质量分数来表示，即：

含水率(%)＝(初始质量－烘干至恒重时质量)×100%/初始质量

固体废物的含水率对固体废物的处理影响很大。

（3）容积密度

容积密度又称为容重，指一定体积空间中所容纳的废物质量，单位 kg/m³。在固体废物的运输或贮存过程中起重要作用，由于废物的组成成分复杂，其求法都是以各组分的平均数来计算。典型废物的容积密度见表1-7。

表1-7 典型废物的容积密度

成分	容积密度/(kg/m³)		成分	容积密度/(kg/m³)	
	范围	典型		范围	典型
食品废物	130~480	300	泥土、灰烬、石砖	320~1000	480
纸张	30~130	80	都市垃圾（未压缩）	90~180	130
塑料	30~130	60	都市垃圾（已压缩）	180~450	300
木材	130~320	160	污泥	1000~1200	1050
金属罐头瓶（盒）	50~160	90	废酸碱液	1000	1000

1.2.3.2　固体废物的化学性质

固体废物的组成主要包括水分、挥发分、固定碳和灰分。其中水分指固体废物的含水率，前面已经讲过了，下面主要针对固体废物的其它性质进行介绍。

（1）挥发分

挥发分指样品干物质中，在还原性气氛中加热，能转化为气态物质的部分。具体的实验过程是：称取某固体废物干燥样品，放在带盖的瓷坩埚中，在 $600℃±20℃$ 温度下，隔绝空气恒温加热一段时间所散失的量。

（2）灰分

灰分指样品干物质中，无法由燃烧反应转化为气态物质的残余物。具体的实验过程是：称取某固体废物干燥样品，将干燥后的样品放入电炉中，在 $800℃$ 下灼烧 2h，冷却后在 $105℃±5℃$ 下干燥 2h，冷却后的质量。

（3）固定碳

固定碳是指除去水分、挥发分及灰分后的可燃物。

其表示方法为：

$$\omega_{固定碳}(\%)=100\%-(\omega_{灰分}+\omega_{水分}+\omega_{挥发分})$$

（4）灰熔点

废物燃烧后产生的灰渣，在加热至某一温度时，会因熔融和烧结过程而转化为熔渣，此熔渣形成温度即称为灰熔点。

一般城市生活垃圾灰分的灰熔点是 $1100\sim1200℃$，可避免破坏焚烧设备。

（5）热值

热值为固体废物燃烧时所放出的热量，用以考虑计算焚烧炉的能量平衡及估算辅助燃料所需量。垃圾的热值与有机物含量、成分等关系密切，通常，有机物含量越高，热值越高；含水率越高，热值越低。典型废物的热值如表 1-8 所示。

表 1-8　典型废物的热值

成分	单位热值/(kcal/kg)	成分	单位热值/(kcal/kg)
食品废物	1100	纺织品	4200
纸张	4000	皮革	4200
塑料	7800	橡皮	5600
木材	4500	庭院修剪物	1600
金属罐头瓶（盒）	200	泥土、灰烬、石砖	—

注：1cal≈4.18J。

1.2.3.3　固体废物的生物性质

固体废物的生物性质的主要参数包括病毒、细菌、原生及后生动物、寄生虫卵等生物性污染物质的组成、含量，有机组成的生物降解能力，污染物质的生物转化能力等。

固体废物的生物性质主要影响污染物的生物转化过程及无害化处理方式，如甲基汞污染、医疗废物的消毒处理等。

1.2.4　固体废物鉴别实验

来做一做

任务要求：做"遇水放气实验"。

实施过程：按照实验指导书的实验内容及操作步骤完成。

成果提交：任务完成后，提交实验报告。

遇水放气实验指导书

一、实验目的

通过物质与水发生反应是否放出气体，判定物质适用的运输包装类别。

二、实验原理

遇水放气试验仪用于确定物质与水发生反应是否放出危险数量的、可能燃烧的气体，根据物质的相对危险性，自动判定物质适用的运输包装类别。

三、仪器、试剂及其它耗材、软件等

遇水放气试验仪、维生素C泡腾片、集气袋、锥形瓶、水、氮气。

四、实验内容及操作步骤

1. 防护措施：本测试为化学危险品试验，具有一定的危险性。测试过程中，仪器周围请勿站人，请操作人员严格遵守本手册进行相关测试并在进行操作前做好防护措施。

2. 试验流程及试样添加：在环境温度（20℃）下，使用抽屉中的器皿对商业形式下的物质分别进行入水试验、停留试验和滴水试验。如在试验的任何阶段放出的气体燃烧，就无需进一步试验，并且应该将物质划为危险品（第4类 4.3项 遇水放出易燃气体的物质）。若没有出现放出的气体自燃的现象，则继续试验，以确定易燃气体的释放速率。根据试验结果提出建议，若属于4.3项的遇水放出易燃气体的物质，则应根据其气体释放速率划为Ⅰ类、Ⅱ类或Ⅲ类包装。向锥形瓶中加入适量待测物质，将装有管路的瓶塞装到锥形瓶上拧紧，使其密封。用夹子夹住锥形瓶瓶口，使其固定在试验平台上，然后向蓄水瓶中加入足量的水。

3. 参数设置：点击主界面中"参数设置"，进入参数设置界面，根据试验要求进行各项试验参数设置，将对话框中的试验信息、样品信息、运行参数填写完整。填写方式分为软键盘输入和下拉框选择输入，根据需要选择不同的填写方式。

4. 进入试验：进入试验前先将排气管接到集气袋进气管上，再将集气袋进气管上的阀门打开，然后关上试验平台门。

五、数据记录和处理

1. 查看报表：点击主界面中"查看报表"，出现查看报表界面。日志列表中点击"试验编号""试验时间""试验人员""试验类型"可对报表进行排序。点击任意一条报表记录，并点击"打开报表"可以直接打开浏览报表内容，在服务器已连接的情况下点击"文件上传"按钮可将报表文件上传到服务器。点击"退出"按钮可以关闭日志列表，返回主界面。

2. 数据拷贝：电控箱背面装有USB接口，U盘、键盘和鼠标共用。报表、试验数据、曲线图以及环境参数都保存在"我的电脑＼Storage Card＼LOG＿ZRWZ＼"文件夹中。用U盘从该文件夹中拷贝到电脑上打开即可。

知识拓展

固体废物鉴别的意义

一、开展固体废物以及危险废物鉴别是新形势下解决日益复杂的危险废物污染问题，打好污染防治攻坚战的必然要求

2018年5月18至19日，全国生态环境保护大会胜利召开，正式确立生态文明思想，对全面加强生态环境保护、坚决打好污染防治攻坚战作出重大部署和安排。深入贯彻落实生

态文明思想尤其是关于固体废物污染环境防治的重要指示精神，打好污染防治攻坚战，必须将固体废物作为环境风险管控的重要内容和生态环境质量改善的重要保障。加强固体废物污染防治是打好污染防治攻坚战的重要内容，是生态环境保护工作的重要任务。尤其危险废物污染防治工作是防范环境风险，保障环境安全和人民群众健康，全力打好污染防治攻坚战不可或缺的重要抓手。

毋庸讳言，随着经济社会进入新的发展时期，固体废物特别是危险废物产生量日益增多，成分（特别是有毒有害成分）更加复杂，处置不当直接引发以及通过向水体、大气、土壤转移带来的环境问题凸显，防范危险废物环境风险形势严峻。为此，在对危险废物进行科学、准确鉴别的基础上针对性地提出防治和管理措施，防范环境风险，从根本上解决日益突出的危险废物污染问题，整体推进生态文明建设意义重大，而作为实现危险废物科学、准确鉴别这一基础保障的危险废物鉴别中心的建设势在必行。

二、加强固体废物以及危险废物鉴别是进一步加强固体废物环境监管能力建设，实施规范化管理的基本保障

必须正视的是，在固体废物及危险废物污染防治过程中一方面面临行业来源广、种类多、产生量大的问题；另一方面面临因技术层面上对危险废物具有的各种毒害性、爆炸性、腐蚀性、传染性、反应性、累积性等危险特性识别能力不足而带来的无害化利用或处理处置方法不当、能力不强、监督管理滞后等问题，使危险废物污染防治工作成为环境保护的一个相对薄弱环节。

危险废物的污染防治和规范化管理是一项专业性和技术性都很强的工作，长期以来存在的对危险废物特性认识不足、底数不清的问题严重制约了危险废物监管能力的提高以及规范化管理进程。究其原因，主要是无法科学、及时、准确地对危险废物实施鉴别造成的，伴随而来的就是不适当的收集、运输、贮存，非法排放、倾倒和处置所造成的不断产生的环境污染事故。同时危险废物鉴别缺乏统一管理，鉴别程序和鉴别机构不够规范，危险废物鉴别难、取证成本高。特别是最高人民法院、最高人民检察院《关于办理环境污染刑事案件适用法律若干问题的解释》实施后，各地生态环境部门移交司法机关的环境污染案件呈井喷之势，其中大部分案件涉及危险废物。

同时，近几年各级环保督察工作持续发力，对企业环境管理的要求越来越规范。固体废物管理问题成为企业环保的突出问题，主要原因之一是固体废物属性不明确，在部分企业建设项目环境影响评价文件及环保验收中对固体废物的属性缺乏判断，有相当一部分甚至出现定性不准确或错误的情况，导致后续相关方对固体废物的属性存在争议，亟须通过危险废物鉴别确定固体废物属性。

三、加强建设固体废物及危险废物鉴别中心是解决固体废物及危险废物鉴别机构数量不足、能力不强，适应污染防治及环境监管要求的需要

目前，我国各省普遍存在危险废物鉴别机构少、技术人员缺口大的问题。随着一些新型产业的崛起，危险废物的范畴不断延伸，对于一些产生来源和过程不清，成分复杂，介于产品、原料、副产物、废料之间的物品不经过专门专业的鉴别是很难判定是否属于危险废物的。但是国家和各省具有能够全面、专业执行危险废物相关法规和标准，从事危险废物鉴别、监测的机构寥寥可数，远不能适应形势发展的需要。为了加强进口固体废物的环境管理，国家环保总局、海关总署、质检总局在2008年公布了中国环境科学研究院固体废物污染控制技术研究所、中国海关化验室、深圳出入境检验检疫局工业品检测技术中心再生原料

检验鉴定实验室仅三家固体废物属性鉴别机构。2017年，环境保护部、海关总署、质检总局又联合发文共推荐了中国环境科学研究院固体废物污染控制技术研究所、环境保护部南京环境科学研究所、环境保护部华南环境科学研究所等20家固体废物属性鉴别机构。如广东省，目前有环境保护部华南环境科学研究所、深圳出入境检验检疫局工业品检测技术中心再生原料检验鉴定实验室、广东出入境检验检疫局检验检疫技术中心作为进口固体废物的鉴别机构外，尚未有其它专门的经过认定的具有公信力的危险废物鉴别机构。

同时，除鉴别机构数量不足的问题外，鉴别技术能力的不足也严重制约着危险废物污染防治工作。我国目前形成了《国家危险废物名录》《危险废物鉴别标准》（1个通则和6种鉴别标准）及配套的一系列检测方法，并进行了修改和完善，出台了《危险废物鉴别技术规范》，形成了较完整的以名录鉴别为主，特性鉴别为辅，检测标准为依据，专家鉴定为补充的新体系，实现了废物鉴别技术的突破。但也应看到，名录鉴别法只针对名录中所列出的46个大类中的479种危险废物，鉴别的主要是毒性和腐蚀性。可以认为，名录所列的危险废物主要是各种行业不同生产工序产生的有毒或腐蚀性的各种废物，废物中的化学物质的成分、含量并不确定。仅靠名录鉴别法远不能满足难以计数的废物鉴别的需要。为此，固体废物及危险废物鉴别中心的建设，在一定程度上能够集中技术、资金、管理优势，为发展、完善危险废物鉴别的标准、方法、体系提供有力的支撑，解决因能力不足带来的问题。

1.3　固体废物的管理

任务目标

知识目标

（1）熟悉固体废物管理"三化"和全过程管理原则；

（2）了解固体废物管理法律法规框架；

（3）掌握《中华人民共和国固体废物污染环境防治法》的管理范畴及相关条款；

（4）掌握标准的分类及适用范围，熟悉与固体废物相关的技术、经济政策和规划；

（5）熟悉国内外固体废物管理的技术、经济手段，了解国内外固体废物管理模式。

能力目标

（1）能够运用固体废物管理原则和管理制度管理固体废物；

（2）能够自觉遵守固体废物管理相关法律法规；

（3）熟练查阅、运用和分析固体废物标准和政策，做到依法管理、处理、处置和利用。

素质目标

（1）学习贯彻习近平生态文明思想和习近平法治思想，坚持用最严格的制度最严密的法治保护生态环境；

（2）能够利用科学的研究方法，实事求是解决具体问题；

（3）能够运用法治思维和法治方式开展工作和维护自身权益。

案例导入

我国高度重视固体废物环境管理工作。1995年颁布了《中华人民共和国固体废物污染环境防治法》（以下简称《固废法》），于 2004 年、2013 年、2015 年、2016 年、2020 年，分别进行修订，是当前固体废物环境管理领域的基础性法律。

我国建立健全固体废物管理制度。一是出台配套法规标准。国务院出台《医疗废物管理条例》《危险废物经营许可证管理办法》《废弃电器电子产品回收处理管理条例》等多部法规，生态环境部牵头制定《危险废物转移联单管理办法》《固体废物进口管理办法》等部门规章，发布危险废物、工业固体废物、生活垃圾、进口固体废物、固体废物环境监测等方面技术标准和规范 120 多项，固体废物管理的法规标准体系基本形成。二是健全管理制度体系。通过制定实施配套文件，建立危险废物鉴别、申报登记、转移联单、经营许可等 8 项管理制度，形成危险废物产生、贮存、收集、利用、处置全过程管理体系；建立基于生产者责任延伸制的废弃电器电子产品处理名录、规划、拆解许可和基金补贴等 4 项管理制度；建立固体废物进口"目录管理、许可审查、检验检疫、通关查验、后续监管、信息共享"全链条管理体系；深化生活垃圾分类制度改革；将固体废物产生量较大以及涉危险废物的企业，纳入环境污染责任保险试点范围；制定《中华人民共和国环境保护税法》，利用税收手段促进固体废物全过程管理。

我国不断落实政府企业在固体废物污染防治方面的责任。一是督促地方政府履行责任。开展中央环保督察，督促相关省（区、市）认真整改突出固体废物污染环境问题，推动地方党委政府和部门提升认识、强化监管。制定《大中城市固体废物污染环境防治信息发布导则》，各地环保部门规范信息发布工作。二是规范企业环境管理行为。两次修订《国家危险废物名录》，推动危险废物科学化和精细化管理。制定《危险废物经营单位审查和许可指南》等技术文件，危险废物产生和经营单位落实法律责任。持续开展危险废物规范化管理督查考核，督促企业落实法律责任。

但是有一些管理制度尚需修改完善。一是部分固体废物管理亟待加强。农作物秸秆、畜禽粪便等农业固体废物产生量巨大。污水处理行业"重水轻泥"，各地非法倾倒污泥现象时有发生。再生资源回收利用行业普遍"小散乱"，部分再生资源集散地成为"洋垃圾"藏身之地。二是利用过程和利用产品缺乏标准规范。现行标准体系缺少固体废物利用过程和利用产品的控制标准，部分企业以"资源化"名义开展非法加工利用，严重影响人民群众健康。三是危险废物管理制度亟待完善。现有法律在立法时主要考虑对工业源危险废物进行规范，对点多、面广、量小的非工业源危险废物管理不适用。

从以下几个方面不断提高固体废物管理能力和水平。一是加强危险废物环境管理。修订危险废物经营许可证、转移联单管理办法，动态修订《国家危险废物名录》等。严厉打击涉及危险废物环境违法行为，加快淘汰"小散乱"企业。优化利用处置能力配置，把危险废物集中处置设施纳入当地公共基础设施建设。强化环境风险防控，基本摸清全国重点行业危险废物产生、贮存、利用和处置状况。加快建立危险废物技术体系，全面推行电子转移联单制度。二是深化进口管理制度改革。大幅减少固体废物进口种类及数量。坚决禁止"洋垃圾"入境。三是推动生活垃圾无害化处理处置。推进生活垃圾分类。严格生活垃圾处理环境监管。实施垃圾焚烧厂全面达标排放计划，严查垃圾处理企业超标排污行为。加强科普宣传。开展向公众开放垃圾处理设施活动，消除公众对垃圾处理的疑虑。深入推进农村环境综合整治，推进农村生活垃圾处理设施建设。

任务导入：从案例中可以看出我国实行哪些固体废物管理制度？应该如何提高固体废物管理能力和水平？

1.3.1　认识固体废物管理原则与管理体系

1.3.1.1　固体废物的"三化"管理原则

就环境管理和污染控制而言，固体废物相比废水、废气具有自己的特点。废水或废气治理后最终产物是固体废物，其浓集了多种污染成分，在目前无法利用的情况下，为了避免二次污染，就必须进行安全处置。固体废物在产生—收集—贮存—运输—利用—处理—处置等各个环节，都可能造成环境污染，也可能直接危害人体健康。因此，要对固体废物进行全过程管理。固体废物必须建立与水、大气完全不同的管理体制。

固体废物管理是环境管理体系的一个重要组成部分。《中华人民共和国固体废物污染环境防治法》确立了固体废物管理"三化"基本原则和对固体废物进行全过程管理的原则，其中第三条规定：国家对固体废物污染环境的防治，实行减少固体废物的产生量和危害性、充分合理利用固体废物和无害化处置固体废物的原则，促进清洁生产和循环经济发展。

我国固体废物污染控制工作起步较晚，技术力量及经济力量有限。在20世纪80年代中期提出"减量化""资源化""无害化"作为控制固体废物污染的技术政策，并确定今后较长一段时间内以"无害化"为主。由于技术经济原因，我国固体废物处理利用的发展趋势必然是从"无害化"走向"资源化"，"资源化"是以"无害化"为前提的，"无害化"和"减量化"应以"资源化"为条件。从中可以看出，我国固体废物的管理原则是减量化、资源化和无害化原则，即"三化"原则。

（1）减量化

减量化指通过采用合适的管理和技术手段减少固体废物的产生量和排放量。包括两方面的内容：首先，从源头上解决问题，就是"源削减"；其次，对产生的废物进行有效的处理和最大限度的回收利用，以减少固体废物的最终处置量。

（2）资源化

资源化指采取管理和工艺措施，从固体废物中回收物质和能源，并加以充分利用，创造经济价值。包括三个范畴：①物质回收，即从处理的废物中回收某些物质如纸张、玻璃、金属等；②物质转换，即利用废物制取新形态的物质，如利用炉渣生产水泥和其它建筑材料；③能量转换，即从废物处理过程中回收能量，以生产热能或电能，如垃圾焚烧回收热量进行发电，利用垃圾厌氧消化产生沼气等。

（3）无害化

无害化是指对已产生又无法或暂时不能利用的固体废物，尽可能采用物理、化学或生物手段，加以无害或低危害的安全处理、处置，达到消毒、解毒或稳定化的目的，以防止并减少固体废物对环境的污染影响。

1.3.1.2　固体废物的全过程管理原则

全过程管理亦即通常所讲的"从摇篮到坟墓"的管理。固体废物必须实行从产生到最终处置的全过程管理体制，即将产生、运输、综合利用、处理、贮存、处置等所有废物运动过程所涉及的各环节都作为污染源进行管理。固体废物管理可以从人类物质利用过程生态化分析中获得其应遵循的原则，即产生源控制优先、废物产生后资源化、有害废物的分流、最终处置无遗漏。

以危险废物的全过程管理为例，固体废物从产生、贮存、收集运输、处理利用到处置可分为5个连续或不连续的环节进行控制。其中，采用有效的清洁生产工艺是第一个阶段，在第二阶段，通过改变原材料、改进生产工艺和更换产品等，来控制减少或避免固体废物的产生。在此基础上，对生产过程中产生的固体废物，进来进行系统内的回收利用，这是管理体系的。当然，在各种生产和生活活动中不可避免地要产生的固体废物，建立和健全与之相适应的处理处置体系也是必不可少的。对于已产生的固体废物，则通过第三阶段系统外的回收利用（如废物交换等）、第四阶段的无害化/稳定化处理、第五阶段处置/管理来实现其安全处置。在最终处置/管理阶段还包括浓缩、压实等减容减量的处理。

经历了许多事故与教训之后，人们越来越意识到对固体废物实行源头控制的重要性。由于固体废物本身往往是污染的"源头"，故需对其产生—收集—运输—综合利用—处理—贮存—处置实行全过程管理，在每一环节都将其作为污染源进行严格的控制。因此，解决固体废物污染控制问题的基本对策是避免产生（clean）、综合利用（cycle）、妥善处置（control）的所谓"3C 原则"。另外，随着循环经济、生态工业园及清洁生产理论和实践的发展，有人提出了"3R"原则，即通过对固体废物实施减少产生（reduce）、再利用（reuse）、再循环（recycle）策略实现节约资源、降低环境污染及资源永续利用的目的。

在固体废物的全过程管理原则中，对于源头生产，尤其是工业生产的生产工艺（包括原材料和产品结构等）进行改革更新、尽量采用"清洁生产工艺"显得更为重要。

1.3.1.3 循环经济理念下的固体废物的管理原则

循环经济本质上是一种生态经济，要求应用生态学规律来指导人类社会的经济活动。其是一种新型的、先进的经济形态，是集经济、技术和社会于一体的系统工程。2004 年修订的《固废法》将循环经济的理念融入相关政府对固体废物的管理中，指出"实施循环经济战略，是实现固体废物减量化、资源化、无害化的根本出路"。

循环经济要求社会经济活动以"3R"原则为基本原则。循环经济是在生产、流通和消费等过程中进行的减量化、再利用、资源化活动的总称。减量化（reduce）是指在生产、流通和消费等过程中减少资源消耗和废物产生，属于产品加工输入端的控制方法，意在减少进入每一个生产工序和消费过程中的物质和能量流量，从源头节约资源，提高资源利用效率；再利用（reuse）是指将废物直接作为产品或者经修复、翻新、再制造后继续作为产品使用，或者将废物的全部或者部分作为其它产品的部件予以使用，属于产品消费过程性控制方法，意在提高产品初始形式的利用频率和延长服务时间，减少一次性用品造成的浪费；再循环、资源化（recycle），指将废物直接作为原料进行利用或者对废物进行再生利用，属于产品加工输出端控制方法，既要求实现产品在完成其初级使用功能后再生资源化，又要求实现产品副产物的资源化，将废弃物最大限度地转化为资源，变废为宝，既可减少自然资源的消耗，又可减少污染物的排放。

因此，循环经济是一种运用生态学规律指导人类社会经济活动的发展理念，该体系下要求所有物质和能源能够不断地通过经济循环体系得到合理的利用，从而将人类经济活动对自然的影响尽可能降低到最低限度。循环经济倡导建立人与自然和谐的经济发展模式，以低开采、高利用、低排放为特征，要求人类经济活动形成"资源—产品—再生资源"的正反馈。发展循环经济，是建设资源节约型、环境友好型社会和实现可持续发展的重要途径。坚持开发节约并重、节约优先，按照减量化、再利用、资源化的原则，大力推进节能、节水、节地、节材，加强资源综合利用，完善再生资源回收利用体系，全面推行清洁生产，形成低投入、低消耗、低排放和高效率的节约型增长方式。

1.3.1.4 固体废物的管理体系

我国固体废物管理是运用环境管理的理论和方法，通过法律、经济、技术、宣传教育和行政等手段，鼓励废物资源化利用和控制固体废物污染环境，促进经济和环境的可持续发展。我国固体废物的管理体系是以环境保护主管部门为主，结合有关的工业主管部门以及城市建设主管部门，共同对固体废物实行全过程管理。为实现固体废物的"三化"原则及资源的可持续利用，各主管部门在所辖的职责范围内，建立相应的管理体系和管理制度。

《中华人民共和国固体废物污染环境防治法》第九条规定，国务院生态环境主管部门对全国固体废物污染环境防治工作实施统一监督管理。国务院发展改革、工业和信息化、自然资源、住房城乡建设、交通运输、农业农村、商务、卫生健康、海关等主管部门在各自职责范围内负责固体废物污染环境防治的监督管理工作。

地方人民政府生态环境主管部门对本行政区域固体废物污染环境防治工作实施统一监督管理。地方人民政府发展改革、工业和信息化、自然资源、住房城乡建设、交通运输、农业农村、商务、卫生健康等主管部门在各自职责范围内负责固体废物污染环境防治的监督管理工作。

1.3.2 查阅和运用固体废物管理法律法规及标准

1.3.2.1 固体废物管理法律法规

（1）法律法规

我国在国家层面和地方层面都制定了固体废物管理法律，如《中华人民共和国固体废物污染环境防治法》《医疗废物管理条例》《废弃电器电子产品回收处理管理条例》等。环境保护部门制定了部门规章对固体废物进行规范化管理，如《危险废物转移联单管理办法》《城市生活垃圾管理办法》等。

（2）国际公约

我国已签署的有关固体废物的国际公约有：《控制危险废物越境转移及其处置巴塞尔公约》及其修正案（1991年加入）、《鹿特丹公约》（适用于禁用或者严格限用的化学品和极为危险的农药制剂，2004年加入）、《关于持久性有机污染物的斯德哥尔摩公约》（减少或消除持久性有机污染物的排放和释放，2004年加入）。

1-3 《中华人民共和国固体废物污染环境防治法》

1.3.2.2 我国的固体废物管理制度

（1）分类管理体制

固体废物具有量多面广、成分复杂的特点，需对城市生活垃圾、工业固体废物和危险废物分别管理。《中华人民共和国固体废物污染环境防治法》第八十一条规定：收集、贮存危险废物，应当按照危险废物特性分类进行。禁止混合收集、贮存、运输、处置性质不相容而未经安全性处置的危险废物。贮存危险废物应当采取符合国家环境保护标准的防护措施。禁止将危险废物混入非危险废物中贮存。

（2）工业固体废物申报登记制度

为了使环境保护部门掌握工业固体废物和危险废物的种类、产生量、流向以及对环境的影响等情况，进而进行有效的固体废物全过程管理，《中华人民共和国固体废物污染环境防治法》要求实施工业固体废物和危险废物申报登记制度。

（3）固体废物污染环境影响评价制度及其防治设施的"三同时"制度

环境影响评价制度和"三同时"制度是我国环境保护的基本制度，《中华人民共和国固体废物污染环境防治法》第十八条重申了这一制度，《中华人民共和国固体废物污染环境防治法》第十八条规定：建设项目的环境影响评价文件确定需要配套建设的固体废物污染环境防治设施，应当与主体工程同时设计、同时施工、同时投入使用。建设项目的初步设计，应当按照环境保护设计规范的要求，将固体废物污染环境防治内容纳入环境影响评价文件，落实防治固体废物污染环境和破坏生态的措施以及固体废物污染环境防治设施投资概算。

（4）排污许可制度

《中华人民共和国固体废物污染环境防治法》第三十九条规定，产生工业固体废物的单位应当取得排污许可证。排污许可的具体办法和实施步骤由国务院规定。

产生工业固体废物的单位应当向所在地生态环境主管部门提供工业固体废物的种类、数量、流向、贮存、利用、处置等有关资料，以及减少工业固体废物产生、促进综合利用的具体措施，并执行排污许可管理制度的相关规定。

（5）限期治理或淘汰制度

为了解决重点污染源污染环境问题，对没有建设工业固体废物贮存或处理处置设施、场所或已建设施、场所不符合环境保护规定的企业和责任者，实施限期治理、限期建成或改造。限期内不达标的，可采取经济手段甚至停产的手段。

《中华人民共和国固体废物污染环境防治法》第三十三条规定，国务院工业和信息化主管部门应当会同国务院有关部门组织研究开发、推广减少工业固体废物产生量和降低工业固体废物危害性的生产工艺和设备，公布限期淘汰产生严重污染环境的工业固体废物的落后生产工艺、设备的名录。

生产者、销售者、进口者、使用者应当在国务院工业和信息化主管部门会同国务院有关部门规定的期限内分别停止生产、销售、进口或者使用列入前款规定名录中的设备。生产工艺的采用者应当在国务院工业和信息化主管部门会同国务院有关部门规定的期限内停止采用列入前款规定名录中的工艺。

列入限期淘汰名录被淘汰的设备，不得转让给他人使用。

（6）进口废物审批制度

《中华人民共和国固体废物污染环境防治法》第二十三条规定：禁止中华人民共和国境外的固体废物进境倾倒、堆放、处置和第八十九条规定：禁止经中华人民共和国过境转移危险废物。"国家禁止进口不能用作原料的废物、限制进口可以用作原料的废物"。为贯彻这些规定，国家外经贸、国家工商、海关总署和国家商检局于1996年联合颁布《废物进口环境保护管理暂行规定》以及《国家限制进口的可用作原料的废物名录》，规定了废物进口的三级审批制度、风险评价制度和加工利用单位定点制度等。在这些规定的补充规定中，又规定了废物进口的装运前检验制度。

（7）危险废物经营许可证制度

危险废物的危险特性决定了并非任何单位和个人都可以从事危险废物的收集、贮存、处理、处置等经营活动。必须由具备达到一定设施、设备、人才和专业技术能力并通过资质审查获得经营许可证的单位进行危险废物的收集、贮存、处理、处置等经营活动。《中华人民共和国固体废物污染环境防治法》第八十条规定：从事收集、贮存、利用、处置危险废物经营活动的单位，应当按照国家有关规定申请取得许可证。许可证的具体管理办法由国务院制定。

禁止无许可证或者未按照许可证规定从事危险废物收集、贮存、利用、处置的经营活动。

禁止将危险废物提供或者委托给无许可证的单位或者其他生产经营者从事收集、贮存、利用、处置活动。

（8）危险废物转移联单制度

这一制度是为了控制危险废物的流向，掌握危险废物的动态变化，保证运输安全，防止非法转移和处置，保证危险废物的安全监控，防止危险废物污染的扩散和污染事故的发生。《中华人民共和国固体废物污染环境防治法》第八十二条规定：转移危险废物的，应当按照国家有关规定填写、运行危险废物电子或者纸质转移联单。

1.3.2.3 我国固体废物管理的技术标准

（1）固体废物污染控制标准

这类标准是对固体废物污染环境进行控制的标准，是进行环境影响评价、环境治理、排污收费等管理的基础，是固体废物标准中最重要的标准。固体废物污染控制标准分为两大类：一是废物处理处置控制标准，即对某废物的处理处置提出的控制标准和要求，如《农用粉煤灰污染物控制标准》《含多氯联苯废物污染控制标准》《城镇垃圾农用控制标准》《进口可用作原料的固体废物环境保护控制标准 废塑料》等；二是废物处理处置设施的控制标准，如《一般工业固体废物贮存、处置场污染控制标准》《生活垃圾填埋场污染控制标准》《危险废物填埋污染控制标准》《水泥窑协同处置固体废物污染控制标准》《生活垃圾焚烧污染控制标准》等。

（2）固体废物监测方法标准

主要用于对固体废物环境污染进行监测，包括固体废物的样品采制、样品处理，以及样品分析标准等，如《固体废物浸出毒性浸出方法》（有翻转法、硫酸硝酸法、醋酸缓冲溶液法、水平振荡法等）、《固体废物挥发性有机物的测定顶空/气相色谱—质谱法》等。

（3）危险废物鉴别方法标准

主要用于危险废物危险特性的鉴别，包括《危险废物鉴别技术规范》《危险废物鉴别标准 通则》《危险废物鉴别标准 毒性物质含量鉴别》《危险废物鉴别标准 反应性鉴别》《危险废物鉴别标准 易燃性鉴别》《危险废物鉴别标准 浸出毒性鉴别》《危险废物鉴别标准 急性毒性初筛》《危险废物鉴别标准 腐蚀性鉴别》。

（4）固体废物管理技术政策

技术政策是指政府通过向广大公众、企业等推荐使用有利于固体废物污染控制和管理的技术、工艺及设施方式引导产业发展、调整产业结构、从源头上减少污染的柔性管理方法，如《固体废物处理处置工程技术导则》《危险废物（含医疗废物）焚烧处置设施性能测试技术规范》《水泥窑协同处置固体废物环境保护技术规范》《废塑料回收与再生利用污染控制技术规范（试行）》《危险废物集中焚烧处置工程建设技术规范》《医疗废物集中焚烧处置工程技术规范》等。

我国固体废物污染防治的相关法律、制度、标准汇总表见表1-9。

表1-9 我国固体废物污染防治的相关法律、制度、标准汇总表

类别	政策法规名称	文号
法律	中华人民共和国固体废物污染环境防治法	中华人民共和国主席令第57号（2020.4.29第二次修订版）
危险废物管理	国家危险废物名录（2021年版）	生态环境部令〔2021〕第15号
	危险废物经营许可证管理办法（2016年版）	国务院令〔2016〕第408号
	危险废物出口核准管理办法	生态环境部令〔2021〕第23号
	危险废物转移联单管理办法	环保总局令〔1999〕第5号
	关于发布《危险废物污染防治技术政策》的通知	环发〔2001〕199号
	医疗废物管理条例	国务院令〔2003〕第380号（2011修订）
	医疗卫生机构医疗废物管理办法	卫生部令〔2003〕第36号
	医疗废物分类目录	卫医发〔2003〕287号
	医疗废物管理行政处罚办法	环保总局令〔2004〕第21号

类别	政策法规名称	文号
危险废物管理	全国危险废物和医疗废物处置设施建设规划	环发〔2004〕16 号
	关于印发《"十三五"全国危险废物规范化管理督查考核工作方案》的通知	环办土壤函〔2017〕662 号
	《关于进一步规范医疗废物管理工作的通知》	国卫办医发〔2017〕32 号
	危险废物规范化管理指标体系	环办〔2015〕99 号
	危险废物经营单位编制应急预案指南	环保总局公告 2007 年第 48 号
	灾后废墟清理及废物管理指南（试行）	环保部公告 2008 年第 15 号
	危险废物经营单位记录和报告经营情况指南	环保部公告 2009 年第 55 号
危险废物鉴别	危险废物鉴别技术规范	HJ 298—2019
	危险废物鉴别标准 通则	GB 5085.7—2019
	危险废物鉴别标准 毒性物质含量鉴别	GB 5085.6—2007
	危险废物鉴别标准 反应性鉴别	GB 5085.5—2007
	危险废物鉴别标准 易燃性鉴别	GB 5085.4—2007
	危险废物鉴别标准 浸出毒性鉴别	GB 5085.3—2007
	危险废物鉴别标准 急性毒性初筛	GB 5085.2—2007
	危险废物鉴别标准 腐蚀性鉴别	GB 5085.1—2007
危险废物处置	危险废物贮存污染控制标准	GB 18597—2001
	危险废物填埋污染控制标准	GB 18598—2019
	危险废物焚烧污染控制标准	GB 18484—2020
	危险废物（含医疗废物）焚烧处置设施性能测试技术规范	HJ 561—2010
	危险废物（含医疗废物）焚烧处置设施二噁英排放监测技术规范	HJ/T 365—2007
	危险废物集中焚烧处置工程建设技术规范	HJ/T 176—2005
	关于发布《危险废物集中焚烧处置工程建设技术规范》(HJ/T 176—2005)修改方案的公告	公告 2012 年第 33 号
医疗废物处置	医疗废物集中处置技术规范（试行）	环发〔2003〕206 号
	医疗废物高温蒸汽集中处理工程技术规范	HJ/T 276—2006
	医疗废物化学消毒集中处理工程技术规范	HJ/T 228—2006
	医疗废物微波消毒集中处理工程技术规范	HJ/T 229—2006
	医疗废物集中焚烧处置工程建设技术规范	HJ/T 177—2005
	医疗废物转运车技术要求（试行）	GB 19217—2003
	医疗废物焚烧炉技术要求（试行）	GB 19218—2003
	医疗废物专用包装物、容器和警示标志标准	HJ 421—2008
固体废物管理	固体废物鉴别标准 通则	GB 34330—2017
	粉煤灰综合利用管理办法	国家发改委令第 19 号
	煤矸石综合利用管理办法	国家发改委令第 18 号
	工业固体废物综合利用先进适用技术目录（第一批）	工业和信息化部 2013 年 18 号
	工业和信息化部关于工业副产品石膏综合利用的指导意见	工信部节〔2011〕73 号
	关于促进生产过程协同资源化处理城市及产业废弃物工作的意见	发改环资〔2014〕884 号
	黄金行业氰渣污染控制技术规范	HJ 943—2018
	工业固体废物采样制样技术规范	HJ/T 20—1998

续表

类别	政策法规名称	文号
固体废物进口管理	固体废物进口管理办法	环保部令第 12 号
	《固体废物进口管理办法(修订草案)》(征求意见稿)	环办土壤函〔2016〕2289 号
	限制进口类可用作原料的固体废物环境保护管理规定	国环规土壤〔2017〕6 号
	关于发布《进口废物管理目录》(2017 年)的公告	环保部公告 2017 年第 39 号
	2018 年 12 月 31 日起调整为限制进口的固体废物目录	公告 2018 年　第 6 号
	2019 年 7 月 1 日起调整为限制进口的固体废物目录	公告 2018 年　第 68 号
	2019 年 12 月 31 日起调整为限制进口的固体废物目录	公告 2018 年　第 6 号
	关于发布进口货物的固体废物属性鉴别程序的公告	公告 2018 年　第 70 号
	关于进口货物是否是固体废物的再次鉴定咨询的回复	
	进口可用作原料的固体废物环境保护控制标准-废汽车压件	GB 16487.13—2017
	进口可用作原料的固体废物环境保护控制标准-废塑料	GB 16487.12—2017
	进口可用作原料的固体废物环境保护控制标准-供拆卸的船舶及其他浮动结构体	GB 16487.11—2017
	进口可用作原料的固体废物环境保护控制标准-废五金电器	GB 16487.10—2017
	进口可用作原料的固体废物环境保护控制标准-废电线电缆	GB 16487.9—2017
	进口可用作原料的固体废物环境保护控制标准-废电机	GB 16487.8—2017
	进口可用作原料的固体废物环境保护控制标准-废有色金属	GB 16487.7—2017
	进口可用作原料的固体废物环境保护控制标准-废钢铁	GB 16487.6—2017
	进口可用作原料的固体废物环境保护控制标准-废纸或纸板	GB 16487.4—2017
	进口可用作原料的固体废物环境保护控制标准-木、木制品废料	GB 16487.3—2017
	进口可用作原料的固体废物环境保护控制标准-冶炼渣	GB 16487.2—2017
	进口废纸环境保护管理规定	
固体废物处置	固体废物处理处置工程技术导则	HJ 2035—2013
	一般工业固体废物贮存、处置场污染控制标准	GB 18599—2001
	水泥窑协同处置固体废物污染控制标准	GB 30485—2013
	水泥窑协同处置工业废物设计规范	GB 50634—2010(2015 版)
	水泥窑协同处置固体废物环境保护技术规范	HJ 662—2013
	建筑垃圾再生骨料实心砖	JG/T 505—2016
	城镇污水处理厂污泥处理 稳定标准	CJ/T 510—2017
	农用污泥污染物控制标准	GB 4284—2018
固体废物测定方法	固体废物 氟的测定 碱熔-离子选择电极法	HJ 999—2018
	固体废物 苯系物的测定 顶空-气相色谱法	HJ 975—2018
	固体废物 苯系物的测定 顶空/气相色谱-质谱法	HJ 976—2018
	固体废物 有机磷类和拟除虫菊酯类等 47 种农药的测定 气相色谱-质谱法	HJ 963—2018
	固体废物 半挥发性有机物的测定 气相色谱-质谱法	HJ 951—2018
	固体废物 多环芳烃的测定 气相色谱-质谱法	HJ 950—2018
	固体废物 有机氯农药的测定 气相色谱-质谱法	HJ 912—2017

类别	政策法规名称	文号
固体废物测定方法	固体废物 多环芳烃的测定 高效液相色谱法	HJ 892—2017
	固体废物 多氯联苯的测定 气相色谱-质谱法	HJ 891—2017
	固体废物 丙烯醛、丙烯腈和乙腈的测定 顶空-气相色谱法	HJ 874—2017
	固体废物 铅和镉的测定 石墨炉原子吸收分光光度法	HJ 787—2016
	固体废物 铅、锌和镉的测定 火焰原子吸收分光光度法	HJ 786—2016
	固体废物 有机物的提取 加压流体萃取法	HJ 782—2016
	煤中全硫的测定 艾士卡-离子色谱法	HJ 769—2015
	固体废物 有机物的提取 微波萃取法	HJ 765—2015
	固体废物 金属元素的测定 电感耦合等离子体质谱法	HJ 766—2015
	固体废物 钡的测定 石墨炉原子吸收分光光度法	HJ 767—2015
	固体废物 有机磷农药的测定 气相色谱法	HJ 768—2015
	固体废物 挥发性有机物的测定 顶空-气相色谱法	HJ 760—2015
	固体废物 铍 镍 铜和钼的测定 石墨炉原子吸收分光光度法	HJ 752—2015
	固体废物 镍和铜的测定 火焰原子吸收分光光度法	HJ 751—2015
	固体废物 总铬的测定 石墨炉原子吸收分光光度法	HJ 750—2015
	固体废物 总铬的测定 火焰原子吸收分光光度法	HJ 749—2015
	固体废物 挥发性卤代烃的测定 顶空/气相色谱-质谱法	HJ 714—2014
	固体废物 挥发性卤代烃的测定 吹扫捕集/气相色谱-质谱法	HJ 713—2014
	固体废物 总磷的测定 偏钼酸铵分光光度法	HJ 712—2014
	固体废物 酚类化合物的测定 气相色谱法	HJ 711—2014
	固体废物 汞、砷、硒、铋、锑的测定 微波消解/原子荧光法	HJ 702—2014
	固体废物 六价铬的测定 碱消解/火焰原子吸收分光光度法	HJ 687—2014
	固体废物 挥发性有机物的测定 顶空/气相色谱-质谱法	HJ 643—2013
	固体废物 浸出毒性浸出方法 水平振荡法	HJ 557—2010
	固体废物 二噁英类的测定 同位素稀释高分辨气相色谱-高分辨质谱法	HJ 77.3—2008
	固体废物 浸出毒性浸出方法 醋酸缓冲溶液法	HJ/T 300—2007
	固体废物 浸出毒性浸出方法 硫酸硝酸法	HJ/T 299—2007
	固体废物 浸出毒性浸出方法 翻转法	GB 5086.1—1997
	固体废物 总汞的测定 冷原子吸收分光光度法	GB/T 15555.1—1995
	固体废物 砷的测定 二乙基二硫代氨基甲酸银分光光度法	GB/T 15555.3—1995
	固体废物 六价铬的测定 二苯碳酰二肼分光光度法	GB/T 15555.4—1995
	固体废物 总铬的测定 二苯碳酰二肼分光光度法	GB/T 15555.5—1995
	固体废物 总铬的测定 火焰原子吸收分光光度法	HJ 749—2015
	固体废物 六价铬的测定 硫酸亚铁铵滴定法	GB/T 15555.7—1995
	固体废物 总铬的测定 硫酸亚铁铵滴定法	GB/T 15555.8—1995
	固体废物 镍的测定 丁二酮肟分光光度法	GB/T 15555.10—1995
	固体废物 氟化物的测定 离子选择性电极法	GB/T 15555.11—1995
	固体废物 腐蚀性测定 玻璃电极法	GB/T 15555.12—1995

续表

类别	政策法规名称	文号
固体废物相关标准	低、中水平放射性固体废物包安全标准	GB 12711—2018
	低、中水平放射性废物高完整性容器—交联高密度聚乙烯容器	GB 36900.3—2018
	低、中水平放射性废物高完整性容器—混凝土容器	GB 36900.2—2018
	低、中水平放射性固体废物近地表处置安全规定	GB 9132—2018
	含多氯联苯废物污染控制标准	GB 13015—2017
	生活垃圾焚烧污染控制标准	GB 18485—2014
生活垃圾及污泥管理	城镇排水与污水处理条例	国务院令第641号
	关于加强城镇污水处理厂污泥污染防治工作的通知	环办〔2010〕157号
	国务院批转住房城乡建设部等部门关于进一步加强城市生活垃圾处理工作意见的通知	国发〔2011〕9号
	关于加强地沟油整治和餐厨废弃物管理的意见	国办发〔2010〕36号
	"十三五"全国城镇生活垃圾无害化处理设施建设规划	发改环资〔2016〕2851号
	城镇污水处理厂污泥处理处置及污染防治技术政策	建城〔2009〕23号
	关于全面推进农村垃圾治理的指导意见	建村〔2015〕170号
生活垃圾及污泥	生活垃圾焚烧污染控制标准	GB 18485—2014
	生活垃圾填埋场污染控制标准	GB 16889—2008
	生活垃圾卫生填埋场运行监管标准	CJJ/T 213—2016
	生活垃圾生产量计算及预测方法	CJ/T 106—2016
	生活垃圾转运站技术规范	CJJ/T 47—2016
	生活垃圾焚烧厂检修规程	CJJ 231—2015
	生活垃圾卫生填埋场封场技术规范	GB 51220—2017
	生活垃圾焚烧厂标识标志标准	CJJ/T 270—2017
	生活垃圾堆肥处理技术规范	CJJ 52—2014
	生活垃圾堆肥处理厂运行维护技术规程	CJJ 86—2014
	生活垃圾焚烧厂运行监管标准	CJJ/T 212—2015
	埋地式垃圾收集装置	CJ/T 483—2015
	垃圾专用集装箱	CJ/T 496—2016
其它	关于进一步做好固体废物领域审批审核管理工作的通知	环发〔2015〕47号
	大中城市固体废物污染环境防治信息发布导则	
	关于加强农作物秸秆综合利用和禁烧工作的通知	发改环资〔2013〕930号
	关于促进生产过程协同资源化处理城市及产业废弃物工作的意见	发改环资〔2014〕884号
	《废塑料综合利用行业规范条件》及《废塑料综合利用行业规范条件公告管理暂行办法》	
	2019年全国大中城市固体废物污染环境防治年报	
	2018年全国大中城市固体废物污染环境防治年报	
	2017年全国大中城市固体废物污染环境防治年报	
	2016年全国大中城市固体废物污染环境防治年报	
	2015年全国大中城市固体废物污染环境防治年报	

续表

类别	政策法规名称	文号
其它	2014 年全国大中城市固体废物污染环境防治年报	
	国家先进污染防治技术目录(固体废物处理处置、环境噪声与振动控制领域)	公告 2018 年　第 5 号
	中国严格限制的有毒化学品名录(2018 年版)	公告 2017 年　第 74 号
	新化学物质申报类名编制导则	HJ/T 420—2008
	废塑料回收与再生利用污染控制技术规范(试行)	HJ/T 364—2007
	铬渣污染治理环境保护技术规范(暂行)	HJ/T 301—2007
	报废机动车拆解环境保护技术规范	HJ 348—2007
	废弃机电产品集中拆解利用处置区 环境保护技术规范(试行)	HJ/T 181—2005
	化学品测试合格实验室导则	HJ/T 155—2004
	新化学物质危害评估导则	HJ/T 154—2004
	化学品测试导则	HJ/T 153—2004
	环境镉污染健康危害区判定标准	GB/T 17221—1998
	环境保护图形标志 固体废物贮存(处置)场	GB 15562.2—1995

1.3.3　坚持用最严格的制度最严密的法治保护生态环境

建设生态文明，重在建章立制。保护生态环境必须依靠制度、依靠法治。必须按照源头严防、过程严管、后果严惩的思路，构建产权清晰、多元参与、激励约束并重、系统完整的生态文明制度体系，建立有效约束开发行为和促进绿色发展、循环发展、低碳发展的生态文明法律体系，发挥制度和法制的引导、规制功能，让制度成为刚性的约束和不可触碰的高压线，为建设美丽中国提供法治保障。

我国在固体废物领域已经出台一系列的法律、法规、制度和改革举措。《中华人民共和国固体废物污染环境防治法》(以下简称《固废法》)是生态环保领域的一部重要法律，自1995 年制定实施以来经历过 5 次修改，特别是 2020 年的全面修订，为防治固体废物污染提供了强有力的法律支撑，是用最严格的制度最严密的法治保护生态环境的重要举措。《固废法》于 2020 年经全国人大常委会全面修订，自 2020 年 9 月 1 日起施行。这次修订，将习近平生态文明思想、党中央决策部署要求写进法律，进一步完善监管制度、严格责任追究。

《固废法》对各类违法行为规定了相应罚则，增加了按日连续处罚的规定和拘留的处罚措施，极大增强了法律的威慑力。在修订的《固废法》实施第一年中，全国各级生态环境部门立案查处 8728 起案件，罚款金额约 9.6 亿元。各级检察机关批准逮捕污染环境罪 1840 件3425 人，起诉 2306 件 5738 人，有力震慑环境违法犯罪行为。

由于危险废物带来长期的环境污染和潜在的环境影响，《固废法》对危险废物监管制度进行了完善，主要体现在建立信息化监管体系、动态调整国家危险废物名录、强化危险废物处置设施建设、规范危险废物贮存、加强危废跨省转移管理等。生态环境部印发《全国危险废物专项整治三年行动实施方案》，全面排查整治危险废物环境风险隐患，2020 年发现环境风险隐患问题 2.5 万个，连续 3 年对长江经济带固体废物和危险废物非法转移倾倒问题进行全面检查。

修订后的《固废法》，贯彻落实习近平总书记重要指示精神，顺应人民群众对美好生活的向往，增设了生活垃圾专章，建立了覆盖城乡，贯穿投放、收集、运输、处理全链条的生活垃圾分类制度，明确了政府、单位、家庭、个人等各方面的权利、义务和责任。《固废法》为生活垃圾分类管理提供了法治保障，并进一步引导公众从源头对垃圾进行分类。

全面禁止洋垃圾入境，是以习近平同志为核心的党中央着眼全局和长远作出的重大决策。为此，《固废法》明确要求实现洋垃圾"零进口"。国务院有关部门根据法律规定发布公告，自2021年1月1日起，我国禁止以任何方式进口固体废物，禁止境外的固体废物进境倾倒、堆放、处置。落实法律要求，我国18个固体废物进口口岸已经全部取消。国务院相关部门连续4年开展"国门利剑"专项行动和打击进口固体废物环境违法行为专项行动，有效切断洋垃圾走私供需利益链。

针对新冠肺炎疫情暴露出的短板，《固废法》增加了医疗废物按照国家危险废物名录管理、实行集中处置、加强监督管理等规定。落实《固废法》要求，各地在疫情突发、高发期做到医疗废物"日产日清"，确保公众健康和环境安全。

为解决固体废物污染突出环境问题，国家开展了落实《禁止洋垃圾入境推进固体废物进口管理制度改革实施方案》、打击固体废物及危险废物非法转移和倾倒、垃圾焚烧发电行业达标排放等三大专项督查行动，作为打好污染防治攻坚战的有力抓手。

固体废物污染防治是生态文明建设的重要内容，也是深入打好污染防治攻坚战的重要任务。全面深入实施《固废法》，对于污染防治、减排降碳都有十分重要的作用。虽然《固废法》实施以来，我国固体废物污染防治工作取得长足进步，但固体废物增量和存量居高不下，做好固体废物污染防治工作仍任重道远。按照《固废法》确立的减量化、资源化、无害化原则抓好固体废物污染防治工作，持续推动在法治轨道上深入打好污染防治攻坚战，为我国如期实现碳达峰、碳中和目标任务贡献力量。

人不负青山，青山定不负人。以习近平生态文明思想和习近平法治思想为引领，常抓不懈，久久为功，在法治轨道上治理污染、用最严格制度最严密法治保护生态环境将会取得更加显著成效，祖国大地将会变得更加美丽。

1.3.4 "双碳"目标下固体废物污染防治新要求

"十四五"时期，我国生态文明建设进入以降碳为重点战略方向、推动减污降碳协同增效、促进经济社会发展全面绿色转型、实现生态环境质量由量变到质变的关键时期。

固体废物与废气、废水在污染环境及其治理之间存在着"三重耦合"关系。首先，未经处理的固体废物因雨淋、蒸发、风蚀、自燃、化学变化等作用而污染大气、水体、土壤和生物。其次，在废气、废水的处理过程中，一部分有害物质被转化成无害或稳定状态，大部分污染物则被转移到固相并以固体废物的形式进入环境，例如脱硫后的石膏、污水处理后的污泥等。再次，在固体废物处理处置过程中，同样存在污染大气、水体、土壤的风险；处理的最终形态还是固体废物，例如固体废物利用、填埋和焚烧过程及最终产物。因此，固体废物污染防治是环境管理的重要内容和需要管好的最终环节。因此，固体废物污染防治本身是深入打好污染防治攻坚战的重要组成部分。全面加强固体废物污染治理也是污染防治攻坚战由"坚决打好"向"深入打好"转变的重要体现，促进攻坚战拓宽治理的广度、延伸治理的深度，既协同推进水、气、土污染治理，又有助于解决这些领域治理后最终污染物的利用和无害化处置。

同时，固体废物污染防治"一头连着减污，一头连着降碳"。国内外的实践表明，加强固体废物管理对降碳也有明显作用。巴塞尔公约亚太区域中心对全球 45 个国家和区域的固体废物管理碳减排潜力相关数据分析显示，通过提升城市、工业、农业和建筑等 4 类固体废物的全过程管理水平，可以实现相应国家碳排放减量的 13.7%～45.2%（平均 27.6%）。中国循环经济协会测算，"十三五"期间发展循环经济对我国碳减排的贡献率约为 25%。

2021 年 9 月《中共中央 国务院关于完整准确全面贯彻新发展理念做好碳达峰碳中和工作的意见》提出了构建绿色低碳循环发展经济体系等目标。聚焦 2030 年前碳达峰目标，2021 年 10 月国务院印发《2030 年前碳达峰行动方案》，提出重点实施"循环经济助力降碳行动"，抓住资源利用这个源头，大力发展循环经济，全面提高资源利用效率，充分发挥减少资源消耗和降碳的协同作用，提出以下与固体废物相关的行动措施：

加强大宗固废综合利用。提高矿产资源综合开发利用水平和综合利用率，以煤矸石、粉煤灰、尾矿、共伴生矿、冶炼渣、工业副产石膏、建筑垃圾、农作物秸秆等大宗固废为重点，支持大掺量、规模化、高值化利用，鼓励应用于替代原生非金属矿、砂石等资源。在确保安全环保前提下，探索将磷石膏应用于土壤改良、井下充填、路基修筑等。推动建筑垃圾资源化利用，推广废弃路面材料原地再生利用。加快推进秸秆高值化利用，完善收储运体系，严格禁烧管控。加快大宗固废综合利用示范建设。到 2025 年，大宗固废年利用量达到 40 亿吨左右；到 2030 年，年利用量达到 45 亿吨左右。

健全资源循环利用体系。完善废旧物资回收网络，推行"互联网＋"回收模式，实现再生资源应收尽收。加强再生资源综合利用行业规范管理，促进产业集聚发展。高水平建设现代化"城市矿产"基地，推动再生资源规范化、规模化、清洁化利用。推进退役动力电池、光伏组件、风电机组叶片等新兴产业废物循环利用。促进汽车零部件、工程机械、文办设备等再制造产业高质量发展。加强资源再生产品和再制造产品推广应用。到 2025 年，废钢铁、废铜、废铝、废铅、废锌、废纸、废塑料、废橡胶、废玻璃等 9 种主要再生资源循环利用量达到 4.5 亿吨，到 2030 年达到 5.1 亿吨。

大力推进生活垃圾减量化资源化。扎实推进生活垃圾分类，加快建立覆盖全社会的生活垃圾收运处置体系，全面实现分类投放、分类收集、分类运输、分类处理。加强塑料污染全链条治理，整治过度包装，推动生活垃圾源头减量。推进生活垃圾焚烧处理，降低填埋比例，探索适合我国厨余垃圾特性的资源化利用技术。推进污水资源化利用。到 2025 年，城市生活垃圾分类体系基本健全，生活垃圾资源化利用比例提升至 60% 左右。到 2030 年，城市生活垃圾分类实现全覆盖，生活垃圾资源化利用比例提升至 65%。

固体废物量大面广、利用前景广阔，是资源综合利用的核心领域，推进固体废物综合利用是实现"双碳"目标的重要抓手。

1.3.5　调查分析国内外固体废物管理制度

来做一做

任务要求：调查国内外固体废物管理制度并分析差异。

实施过程：调查可分组完成，各组开展调查，查阅资料，分析对比，小组讨论，并编写调查分析报告。

成果提交：任务完成后，提交调查分析报告。

1.3.6　分析固废处理处置违法案例

来做一做

　　任务目的：增强环保法律意识，养成良好的遵法守法习惯，让法治精神在潜移默化中形成，以后从事相关工作时，仍然"心中有法"，有效预防知法犯法事件。

　　任务要求：明确在固废处理处置过程中，哪些行为是"高压线"不可触碰。

　　实施过程：解读《固废法》，掌握处罚种类和罚款额度，并在网上搜索相关的违法案例。

　　成果提交：固废处理处置违法案例分析报告

知识拓展

国外固体废物管理经济政策

　　一、"生产者延伸责任制"政策

　　为了避免"排污收费"政策在执行过程中效率较低的问题，一些国家制定了"生产者延伸责任制"政策。它规定产品的生产者（或销售者）对其产品被消费后所产生的废弃物的处理处置负有责任。例如，对包装类废物，规定生产者必须对其商品所用包装的数量或质量进行限制，尽量减少包装材料的用量；家电生产企业，必须负责报废家电的回收；美国加利福尼亚州（简称加州，下同）对汽车蓄电池也采取了这种政策，要求顾客在购买新的汽车电池时，必须把旧的汽车电池同时返还到汽配商店，汽配商店才可以向顾客出售新的汽车电池。

　　二、"押金返还"制度

　　消费者在购买产品时，除需要支付产品本身的价格外，还需要支付一定数量的押金。产品被消费后，其产生的废物返回到指定地点时，可赎回已支付的押金。例如，美国加州对易拉罐饮料就采取了这种制度，它要求顾客在购买易拉罐可口可乐饮料时，需额外支付每罐5美分的押金。顾客消费后把易拉罐送回回收中心时，可把这5美分的押金收回。

　　三、"税收、信贷优惠"政策

　　通过税收的减免和信贷的优惠，支持从事固体废物管理的企业。由于对固体废物管理带来的更多的是社会效益和环境效益，经济效益相对较低，甚至完全没有，因此，就需要政府在税收和信贷等方面给予政策优惠，以支持相关企业和鼓励更多企业从事这方面的工作。例如，对回收废物和资源化产品的企业减免增值税，对垃圾的清运、处理、处置、已封闭垃圾处置场地的地产开发商实行政策补贴，对固体废物处置项目给予低息或无息贷款等。

　　四、"垃圾填埋费"政策

　　对进入卫生填埋场进行最终处置的垃圾再次收费，其目的是鼓励废物的回收利用，提高废物的综合利用率，以减少废物的最终处置量，同时也是为了解决填埋土地紧张的问题。这种政策在欧洲国家使用较为普遍。例如，荷兰在1995年颁布了一项法令，规定29种垃圾不允许直接进行填埋处理；奥地利禁止填埋含有5％以上有机物质的垃圾；欧共体垃圾填埋起草委员会要求限制可被微生物分解的有机物垃圾的填埋，在2010年以前，这些垃圾的填埋量应当逐渐地降低，垃圾的填埋量不应超过1993年垃圾量的20％。

课后训练

1. 固体废物的污染特点有哪些？与废水、废气有什么不同？

2. 固体废物污染对环境有哪些危害？对固体废物应该采取什么样的控制原则和方法？

3. 固体废物鉴别方法有哪些？如何开展鉴别？

4. 对不作为液态废物管理的物质有哪些规定？对案例中的企业的疑惑，你怎样给企业解惑？

5. 污染的土壤是固体废物吗？说出你的理由。

6. 某企业认为生产过程中产生的边角料能利用，能卖钱，不是废物，不用纳入固体废物调查统计数据中。你觉得对吗？应该怎样跟企业解释清楚？

7. 你认为固体废物怎样分类比较科学合理？

8. 固体废物具有什么样的性质？这些性质跟利用处置方法有什么关系？

9. 简述我国固体废物处理的"三化"原则。

10. 我国固体废物管理制度有哪些？

项目2 城市生活垃圾利用处置 ▶▶

项目描述

本项目主要解决城市生活垃圾收集与分类和预处理、焚烧、填埋等利用处置技术问题，主要包括城市生活垃圾收集与分类，压实、破碎与分选等预处理技术，焚烧工艺选择与运行管理，卫生填埋工艺选择与运行管理等内容，共分为4个任务14个子任务和5个任务实施。

2.1 城市生活垃圾收集与分类

任务目标

知识目标	能力目标
（1）掌握城市生活垃圾分类和收集原则； （2）熟悉城市生活垃圾分类和收集的方法。	（1）能够对城市生活垃圾进行分类管理； （2）能设计城市生活垃圾分类方案。

素质目标

（1）学习贯彻习近平生态文明思想，坚持建设美丽中国全民行动，培养垃圾分类好习惯；

（2）具备深入社会、关注现实、关注社会、服务社会的家国情怀；

（3）具备探索精神、实践能力、合作能力和创新能力。

案例导入

在生活垃圾收集转运体系上，某公司首创了多站点、集约化、大数据统筹的生活垃圾集中控制运营管理信息化系统。

在中转站调度中心，通过调度管理系统，可以看到全区 1000km² 范围内的 10 个垃圾转运站和近百辆垃圾转运车的运行情况，各项数据实时采集、分析、共享，实现了区内生活垃圾收集转运的统一规划、统一建设、统一配置、统一调度和统一运营管理。

每一辆垃圾转运车上都配有GPS定位系统，司机还配有手持终端系统，后台数据库可以实时观察到车辆线路，且信息实时传输给监管部门。

生活垃圾收集转运流程见图 2-1。

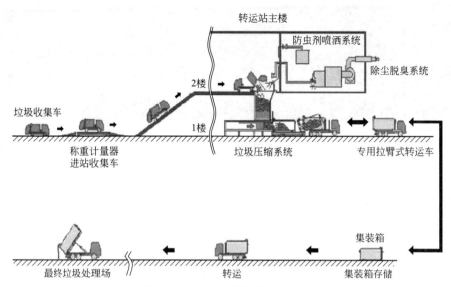

图 2-1 生活垃圾收集转运流程图

任务导入：案例中的生活垃圾收集转运系统具有怎样的特点？

2.1.1 城市生活垃圾收集方法

2.1.1.1 固体废物收集总的原则

固体废物收集总的原则是：收集方法应有利于固体废物的后期处理，同时兼顾收集方法的可行性。

提倡固体废物分类收集：危险废物与一般废物分开；工业废物与生活垃圾分开；可回收的与不可回收的分开；可燃的与不可燃的分开；泥态的与固态的分开；液态的与固态的分开；性质不相容的分开；处理处置方法不同的分开。

根据处理、处置或利用的要求，采取具体的相应的收集措施，需要包装或盛放的废物，要根据运输要求和废物的特性，选择合适的容器与包装设备，同时附以确切明显的标记。

2.1.1.2 生活垃圾收集方法

（1）按收集物的存放形式来分，收集方法可分为混合收集与分类收集。

混合收集只适合于某些种类单一、稳定、性质明确的废物，如某些行业工业废物、矿业废物、某些农业废弃物。

分类收集，是根据废物的性质、后期处理方法的不同，将不同的废物分开收集存放。

（2）从收集时间来分，收集方法可分为定期收集与随时收集。

如果固体废物处置设施太小，固体废物产生地点距处置设施较远，或本身没有处置设施的地区，为便于收集管理，可设立中间贮存站。

2.1.1.3 生活垃圾收运系统

垃圾收运主要包括三个阶段：第一阶段是搬运和贮运，是由产生垃圾的住户或单位将垃圾送至贮存处的运输过程；第二阶段是收集和清运，主要是垃圾的近距离运输，用清运车辆沿一定路线收集清运容器或其它贮存设施中的垃圾并运至垃圾中转站；第三阶段是转运，在城市垃圾中转站通常经分

2-1 高层建筑垃圾通道

2-2 高层住宅垃圾压实器

拣、压缩等处理后，再将垃圾转运至大容量运输车上，运往垃圾处理场。在规模较小的城镇可以不设中转站，可即收即运，直接用垃圾收集车或压缩式垃圾收运车运往垃圾处理场。

国内外生活垃圾中转站形式多种多样，有直接转运式、推入装箱式和压实装箱式等。垃圾中转站一般应设置垃圾压实设备，还包括垃圾称量装置、杀虫灭害装置、除尘除臭装置、操作控制室、洗车台、检修车间、办公设施、生活设施和其它辅助设施等。

依中转站的规模，可将中转站分为小型、中型和大型三种。转运量小于 150t/d 的为小型；转运量为 150～450t/d 的为中型；转运量大于 450t/d 的为大型。中转站规模的大小，应根据垃圾转运量确定。

2.1.2　城市生活垃圾分类管理

2.1.2.1　国家对生活垃圾分类的要求

垃圾分类是指按一定的标准对日常生活垃圾进行分类投放、分类收集、分类运输、分类处置，从而实现日常生活垃圾源头减量、资源利用、减少环境污染等一系列活动的总称。

（1）指导思想

全面贯彻党的十八大和十八届三中、四中、五中、六中全会精神，深入贯彻会议系列重要讲话精神和治国理政新理念、新思想、新战略，统筹推进"五位一体"总体布局和协调推进"四个全面"战略布局，牢固树立和贯彻落实创新、协调、绿色、开放、共享的发展理念，加快建立分类投放、分类收集、分类运输、分类处理的垃圾处理系统，形成以法治为基础、政府推动、全民参与、城乡统筹、因地制宜的垃圾分类制度，努力提高垃圾分类制度覆盖范围，将生活垃圾分类作为推进绿色发展的重要举措，不断完善城市管理和服务，创造优良的人居环境。

（2）基本原则

政府推动，全民参与。落实城市人民政府主体责任，强化公共机构和企业示范带头作用，引导居民逐步养成主动分类的习惯，形成全社会共同参与垃圾分类的良好氛围。

因地制宜，循序渐进。综合考虑各地气候特征、发展水平、生活习惯、垃圾成分等方面的实际情况，合理确定实施路径，有序推进生活垃圾分类。

完善机制，创新发展。充分发挥市场作用，形成有效的激励约束机制。完善相关法律法规标准，加强技术创新，利用信息化手段提高垃圾分类效率。

协同推进，有效衔接。加强垃圾分类收集、运输、资源化利用和终端处置等环节的衔接，形成统一完整、能力适应、协同高效的全过程运行系统。

（3）主要目标

到 2020 年底，基本建立垃圾分类相关法律法规和标准体系，形成可复制、可推广的生活垃圾分类模式，在实施生活垃圾强制分类的城市，生活垃圾回收利用率达到 35％以上。

垃圾分类是一个城市文明程度的重要标志，是一项长期的系统工程。每一个公民都应当遵守垃圾分类相关法律法规，配合实施垃圾分类工作，按照规定对生活垃圾进行分类放置，减少日常生活对环境造成的损害。近年来，我国加速推行垃圾分类制度，全国垃圾分类工作由点到面、逐步启动、成效初显，46 个重点城市先行先试，推进垃圾分类取得积极进展。2019 年起，全国地级及以上城市全面启动生活垃圾分类工作，到 2020 年底 46 个重点城市将基本建成垃圾分类处理系统，2025 年底前全国地级及以上城市将基本建成垃圾分类处理系统。

2.1.2.2 生活垃圾分类种类

生活垃圾分类是指按照生活垃圾的组成、利用价值以及环境影响程度等因素，并根据不同处理方式的要求，实施分类投放、分类收集、分类运输和分类处置的行为。

（1）国家强制分类要求

国家《生活垃圾分类制度实施方案》对有害垃圾、易腐垃圾、可回收物分类提出了要求。

① 有害垃圾　有害垃圾包括废电池（镉镍电池、氧化汞电池、铅蓄电池等），废荧光灯管（日光灯管、节能灯等），废温度计，废血压计，废药品及其包装物，废油漆、溶剂及其包装物，废杀虫剂、消毒剂及其包装物，废胶片及废相纸等。有害垃圾要按照便利、快捷、安全原则，设立专门场所或容器，对不同品种的有害垃圾进行分类投放、收集、暂存，并在醒目位置设置有害垃圾标志。对列入《国家危险废物名录》的品种，应按要求设置临时贮存场所。根据有害垃圾的品种和产生数量，合理确定或约定收运频率。危险废物运输、处置应符合国家有关规定。鼓励骨干环保企业全过程统筹实施垃圾分类、收集、运输和处置；尚无终端处置设施的城市，应尽快建设完善。

② 易腐垃圾　易腐垃圾主要包括相关单位食堂、宾馆、饭店等产生的餐厨垃圾，农贸市场、农产品批发市场产生的蔬菜瓜果垃圾、腐肉、肉碎骨、蛋壳、畜禽产品内脏等。易腐垃圾设置专门容器单独投放，除农贸市场、农产品批发市场可设置敞开式容器外，其它场所原则上应采用密闭容器存放。餐厨垃圾可由专人清理，避免混入废餐具、塑料、饮料瓶罐、废纸等不利于后续处理的杂质，并做到"日产日清"。按规定建立台账制度（农贸市场、农产品批发市场除外），记录易腐垃圾的种类、数量、去向等。易腐垃圾应采用密闭专用车辆运送至专业单位处理，运输过程中应加强对泄漏、遗撒和臭气的控制。相关部门要加强对餐厨垃圾运输、处理的监控。

③ 可回收物　可回收物主要包括废纸、废塑料、废金属、废包装物、废旧纺织物、废弃电器电子产品、废玻璃、废纸塑铝复合包装等。根据可回收物的产生数量，设置容器或临时存储空间，实现单独分类、定点投放，必要时可设专人分拣打包。可回收物产生主体可自行运送，也可联系再生资源回收利用企业上门收集，进行资源化处理。

（2）广州强制分类要求

根据近五年生活垃圾成分调查分析，广州市生活垃圾的主要成分是厨余垃圾（剩菜剩饭、菜皮、果皮等），约占垃圾总产量的 50% 以上，剩余的 30%~40% 为塑料、纸类、织物、玻璃等可回收物（图 2-2）。

广州市执行"能卖拿去卖、有害单独放、干湿要分开"的垃圾分类基本原则。根据《广州市生活垃圾分类管理条例》规定，居民家庭生活垃圾分为可回收物、餐厨垃圾、有害垃圾、其它垃圾四类。分类后的生活垃圾应当分类投放至对应的收集容器内。

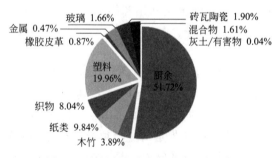

图 2-2　广州市生活垃圾成分基本比例

① 可回收物　居民家庭可回收物是指生活中产生的适宜回收和可循环再利用的物品。可回收物主要类别包括废纸类、废塑料、废玻璃、废金属、废织物、废旧木材

等（表2-1）。

表2-1　可回收物分类

类别	小类	内容
可回收物	废纸类	旧书本、报纸杂志、纸箱、挂历、台历、信封、纸袋、卷纸芯、传单广告纸、包装纸、包装盒等未被沾污的纸类制品
	废塑料	饮料瓶、矿泉水瓶、洗发沐浴塑料瓶、食用油桶、奶瓶、塑料碗盆、泡沫塑料等塑料制品
	废玻璃	调料瓶、酒瓶、花瓶、玻璃盘、玻璃杯、门窗玻璃、茶几玻璃、玻璃工艺品、碎玻璃等各种玻璃制品
	废金属	易拉罐、金属制奶粉罐、金属制包装盒(罐)、锅、水壶、不锈钢餐具、铁钉、旋具、刀具刀片、废旧电线、金属元件、金属衣架等金属制品
	废织物	衣物、窗帘等纺织制品
	废旧木材	废旧木材
不归入可回收物的种类		胶纸、贴纸、蜡纸、传真纸、沾污的纸张纸盒、纸尿裤、妇女卫生用品、厕所用纸、保鲜膜、胶软管、塑料吸管、污损塑料袋等,按其它垃圾投放

废纸类指未被沾污的纸类制品，如旧书本、报纸杂志、纸箱、挂历、台历、信封、纸袋、卷纸芯、传单广告纸、包装纸、包装盒等。

废塑料指不含其它杂质的塑料制品，如饮料瓶、矿泉水瓶、洗发沐浴瓶、食用油桶、奶瓶、塑料碗盆、泡沫塑料等。

废玻璃指不含其它杂质的玻璃制品，如调料瓶、酒瓶、花瓶、玻璃盘、玻璃杯、门窗玻璃、茶几玻璃、玻璃工艺品、碎玻璃等。

废金属指整体或主体为金属的金属制品，如易拉罐、金属制奶粉罐、金属制包装盒（罐）、锅、水壶、不锈钢餐具、铁钉、旋具、刀具刀片、废旧电线、金属元件、金属衣架等金属制品。

废织物指未被沾污且有回收利用渠道的纺织制品，如衣物、窗帘等。

以下类别不归入可回收物，按其它垃圾投放：胶纸、贴纸、蜡纸、传真纸、保鲜膜、软胶管、塑料吸管、污损的塑料袋等。

投放时应该注意：可回收物能卖拿去卖，不能售卖、没有回收利用渠道的，可按其它垃圾投放；玻璃瓶、塑料瓶、易拉罐等应清空内容物，清洗干净后投放；易破损或有尖锐边角的可回收物，应包裹后投放；快递包装物，根据材质，纸盒归入废纸类可回收物，塑料包装袋打结，可归入废塑料类可回收物；整体性强、不能拆解的木质家具，应按大件垃圾投放；煤气罐、灭火器虽是金属制品，但有残留气体或药物，应由厂家、销售店或委托专业公司回收，不可直接投放至可回收物收集容器内；大件垃圾应预约再生资源回收企业、物业服务公司或生活垃圾分类收集单位回收，或投放至指定回收点；电器电子产品应按照产品说明书或者产品销售、售后服务机构标注的回收信息预约回收或交给物业服务公司收集，或投放至指定回收点。

② 餐厨垃圾　居民家庭餐厨垃圾是指生活中产生的易腐烂、易变质发臭的废弃物。

餐厨垃圾主要类别包括菜头菜尾、肉蛋食品、瓜果皮核、剩菜剩饭、糖果糕点、宠物饲料、水培植物等（表2-2）。如：菜梗菜叶、动物内脏、瓜果皮核、米面粗粮、肉蛋食品、豆制品、水产食品（如鱼、虾、蟹、小龙虾等）、碎骨、汤渣、糕饼、糖果、风干食品、茶叶渣、咖啡渣、中药渣、宠物饲料、水培植物、鲜花等。

表 2-2 餐厨垃圾日常分类

类别	小类	内容
餐厨垃圾	菜头菜尾	包括菜梗菜叶、动物内脏、瓜果及皮核、米面粗粮、肉蛋食品、豆制品、水产食品（如鱼、虾、蟹、小龙虾等）、碎骨、汤渣、糕饼、糖果、风干食品、茶叶渣、咖啡渣、中药渣、宠物饲料、水培植物、鲜花等
	肉蛋食品	
	瓜果皮核	
	剩菜剩饭	
	糖果糕点	
	宠物饲料	
	水培植物	
不归入餐厨垃圾的种类		动物筒骨、猪羊牛头骨等大块骨头；榴莲壳、椰子壳以及核桃壳、瓜子壳、花生壳等坚果果壳；粽子叶、玉米衣、玉米棒、生蚝壳、扇贝壳、螺蛳壳等，归入其它垃圾类别

以下类别不归入餐厨垃圾，按其它垃圾投放：动物筒骨、猪羊牛头骨等大块骨头；榴莲壳、椰子壳以及核桃壳、瓜子壳、花生壳等坚果果壳；粽子叶、玉米衣、玉米棒、生蚝壳、扇贝壳、螺蛳壳等。

投放时应该注意：餐厨垃圾沥干水分、去除包装物后，存放于家庭餐厨垃圾容器内；在垃圾投放点投放时应去除垃圾袋，投放至餐厨垃圾收集容器内，垃圾袋投放至其它垃圾收集容器内；纸巾、牙签属于其它垃圾，应避免混到餐厨垃圾中；家庭废弃的土培绿色植物不归入餐厨垃圾，应土、盆、植物分离，培养土可重复利用或用于小区绿化，植物作为其它垃圾投放，盆按类别投放；吃剩的快餐饭菜应沥干水后投放至餐厨垃圾收集容器内，餐盒或包装物应作为其它垃圾投放，鼓励居民将餐盒清洗干净后投放至可回收物收集容器中；死禽畜及宠物、年花年橘的收集处理另有规定，实行专项收集处理。

③ 有害垃圾 居民家庭有害垃圾是指生活中产生的对人体健康或者自然环境造成直接或潜在危害的物质。

有害垃圾主要类别包括废电池类、废灯管类、废药品类、废化学品类、废水银类、废胶片及废相纸类（表 2-3）。如：充电电池、镍镉电池、纽扣电池、节能灯、荧光灯管、弃置和过期药品、油漆及其桶、杀虫剂、消毒剂、老鼠药、农药及其包装物、指甲油、摩丝瓶、染发剂、水银血压计、水银温度计、X 光片、相片底片等。

表 2-3 有害垃圾日常分类

类别	小类	内容
有害垃圾	废灯管类	废荧光灯管、节能灯等
	废化学品类	油漆及其桶、杀虫剂、消毒剂、老鼠药、农药及其包装物、指甲油、摩丝瓶、染发剂
	废电池类	包括各类可充电电池、扣形一次电池等
	废药品类	弃置和过期药品
	废水银类	水银血压计、水银温度计
	废胶片及废相纸类	X 光片、相片底片
不归入有害垃圾的种类		废弃化妆品及其包装容器、一次性干电池、LED 灯，按其它垃圾投放

以下类别不归入有害垃圾，按其它垃圾投放：废弃化妆品及其包装容器、一次性干电池、LED 灯等。

投放时应该注意：投放时要轻放，不要弄破有害垃圾的容器或包装物；易碎或者含有液体的有害垃圾应连带包装或包裹投放，防止破损或渗漏；杀虫剂等压力罐应轻投轻放，不能挤压。

④ 其它垃圾　居民家庭其它垃圾是指居民家庭生活中产生的除餐厨垃圾、有害垃圾、可回收物之外的生活垃圾。

其它垃圾主要包括混杂、污损、易混淆的纸类、塑料、废旧衣服及其它纺织品、废弃日用品、清扫渣土、骨头贝壳、水果硬壳、坚果、陶瓷制品等生活垃圾。如：污损纸张纸盒、胶贴纸、蜡纸、传真纸、污损的保鲜膜、软胶管、沾污的餐盒、垃圾袋、镜子等有镀层的玻璃制品、尼龙制品、编织袋、旧毛巾、内衣裤、一次性干电池、LED 灯、动物筒骨头骨、粽子叶、玉米棒、玉米衣、蚝壳、贝壳、螺蛳壳、榴莲壳、椰子壳、核桃壳、花生壳、牙签牙线、猫砂、宠物粪便、烟头、破损鞋类、干燥剂、废弃化妆品、毛发、破损碗碟、破损花瓶、创可贴、眼镜、木竹餐具、木竹砧板、土培植物、路面清扫的树叶、路面清扫的灰土等（表 2-4）。

表 2-4　其它垃圾日常分类

类别	内容
其它垃圾	污损纸张纸盒、胶贴纸、蜡纸、传真纸、污损的保鲜膜、软胶管、沾污的餐盒、垃圾袋、镜子等有镀层的玻璃制品、尼龙制品、编织袋、旧毛巾、内衣裤、一次性干电池、LED 灯、动物筒骨头骨、粽子叶、玉米衣、玉米棒、蚝壳、贝壳、螺蛳壳、榴莲壳、椰子壳、核桃壳、花生壳、牙签牙线、猫砂、宠物粪便、烟头、破损鞋类、干燥剂、废弃化妆品、毛发、破损碗碟、破损花瓶、创可贴、眼镜、木竹餐具、木竹砧板、土培植物、路面清扫的树叶、路面清扫的灰土等
	居民不能准确判断类别的垃圾

投放时应该注意：对于不能准确判断类别的垃圾，可将其视为其它垃圾，投放至其它垃圾收集容器内；陶瓷马桶、陶瓷浴缸、瓷砖，按家庭装修垃圾的投放方法进行投放；家庭装修垃圾和生活垃圾应分开收集，装修垃圾装袋后投放到指定场所。

广州市生活垃圾分类标志见图 2-3。

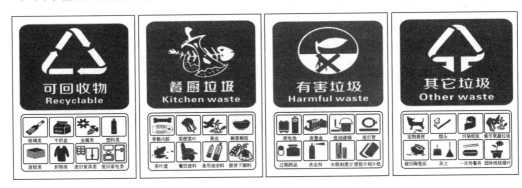

图 2-3　广州市生活垃圾分类标志

（3）上海强制分类要求

上海市垃圾分类以生活垃圾"减量化、资源化、无害化"为目标，对标国际"最高标准、最好水平"，遵循"全生命周期管理、全过程综合治理、全社会普遍参与"理念，建立健全生活垃圾分类投放、分类收集、分类运输、分类处置的全程分类体系，形成以法治为基础，政府推动、全民参与、市场运作、城乡统筹、系统推进、循序渐进的上海市生活垃圾管理体系，全面提高实效，加快建成生态之城。上海市垃圾分类主要分为可回收物、有害垃圾、湿垃圾、干垃圾四大类。

① 可回收物　指废纸张、废塑料、废玻璃制品、废金属、废织物等适宜回收、可循环利用的生活废弃物（表2-5）。

分类投放可回收物时，应尽量保持清洁干燥，避免污染。其中：废纸应保持平整；立体包装物应清空内容物，清洁后压扁投放；废玻璃制品应轻投轻放，有尖锐边角的应包裹后投放。

表2-5　可回收物分类列举

类别	小类	实物列举
可回收物	废纸张	纸板箱、报纸、废弃书本、快递纸袋、打印纸、信封、广告单、纸塑铝复合包装（利乐包）……
	废塑料	食品与日用品塑料瓶罐及瓶盖（饮料瓶、奶瓶、洗发水瓶、乳液罐）、食用油桶、塑料碗（盆）、塑料盒子（食品保鲜盒、收纳盒）、塑料玩具（塑料积木、塑料模型）、塑料衣架、施工安全帽、PE塑料、PVC、亚克力板、塑料卡片、密胺餐具、KT板、泡沫（泡沫塑料、水果网套）……
	废玻璃制品	食品及日用品玻璃瓶罐（调料瓶、酒瓶、化妆品瓶）、玻璃杯、窗玻璃、玻璃制品（放大镜、玻璃摆件）、碎玻璃……
	废金属	金属瓶罐（易拉罐、食品罐/桶）、金属厨具（菜刀、锅）、金属工具（刀片、指甲剪、螺丝刀）、金属制品（铁钉、铁皮、铝箔）……
	废织物	旧衣服、床单、枕头、棉被、皮鞋、毛绒玩具（布偶）、棉袄、包、皮带、丝绸制品……
	其它	电路板（主板、内存条）、充电宝、电线、插头、木制品（积木、砧板）……

② 有害垃圾　指废电池、废灯管、废药品、废油漆及其容器等对人体健康或者自然环境造成直接或者潜在危害的生活废弃物（表2-6）。

表2-6　有害垃圾分类列举

类别	小类	实物列举
有害垃圾	废镍镉电池和废氧化汞电池	充电电池、镉镍电池、铅酸电池、蓄电池、纽扣电池
	废荧光灯管	荧光（日光）灯管、卤素灯
	废药品及其包装物	过期药物、药物胶囊、药片、药品内包装
	废油漆和溶剂及其包装物	废油漆桶、染发剂壳、过期的指甲油、洗甲水
	废矿物油及其包装物	
	废含汞温度计、废含汞血压计	水银血压计、水银体温计、水银温度计
	废杀虫剂及其包装	老鼠药（毒鼠强）、杀虫喷雾罐
	废胶片及废相纸	X光片等感光胶片、相片底片

分类投放有害垃圾时，应注意轻放。其中：废灯管等易破损的有害垃圾应连带包装或包裹后投放；废弃药品宜连带包装一并投放；杀虫剂等压力罐装容器，应排空内容物后投放；在公共场所产生有害垃圾且未发现对应收集容器时，应携带至有害垃圾投放点妥善投放。

③ 湿垃圾　即易腐垃圾，指食材废料、剩菜剩饭、过期食品、瓜皮果核、花卉绿植、中药药渣等易腐的生物质生活废弃物（表2-7）。

湿垃圾应从产生时就与其它品种垃圾分开收集，投放前尽量沥干水分，其中：有包装物的湿垃圾应将包装物去除后分类投放，包装物应投放到对应的可回收物或干垃圾收集容器内；盛放湿垃圾的容器，如塑料袋等，在投放时应予去除。

④ 干垃圾 即其它垃圾,指除可回收物、有害垃圾、湿垃圾以外的其它生活废弃物(表 2-8)。

干垃圾应投入干垃圾收集容器内,并保持周边环境整洁。

表 2-7 湿垃圾分类列举

类别	小类	实物列举
湿垃圾	食材废料	谷物及其加工食品(米、米饭、面、面包、豆类)、肉蛋及其加工食品(鸡肉、鸭肉、猪肉、牛肉、羊肉、蛋、动物内脏、腊肉、午餐肉、蛋壳)、水产及其加工食品(鱼、鱼鳞、虾、虾壳、鱿鱼)、蔬菜(绿叶菜、根茎蔬菜、菌菇)、调料、酱料……
	剩菜剩饭	火锅汤底(沥干后的固体废弃物)、鱼骨、碎骨、茶叶渣、咖啡渣……
	过期食品	糕饼、糖果、风干食品(肉干、红枣、中药材)、粉末类食品(冲泡饮料、面粉)、宠物饲料……
		瓜皮果核:水果果肉(椰子肉)、水果果皮(西瓜皮、橘子皮、苹果皮)、水果茎枝(葡萄枝)、果实(西瓜籽)……
	花卉绿植	家养绿植、花卉、花瓣、枝叶……
	中药药渣等	……

表 2-8 干垃圾分类列举

类别	实物列举
干垃圾	餐巾纸、卫生间用纸、尿不湿、猫砂、狗尿垫、污损纸张、烟蒂、干燥剂、污损塑料、尼龙制品、编织袋、防碎气泡膜、大骨头、硬贝壳、硬果壳(椰子壳、榴莲壳、核桃壳、玉米衣、甘蔗皮)、硬果实(榴莲核、波罗蜜核)、毛发、灰土、炉渣、橡皮泥、太空沙、带胶制品(胶水、胶带)、花盆、毛巾、一次性餐具、镜子、陶瓷制品、竹制品(竹篮、竹筷、牙签)、成分复杂的制品(伞、笔、眼镜、打火机)……

上海市生活垃圾分类标识见图 2-4。

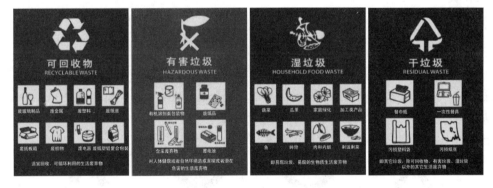

图 2-4 上海市生活垃圾分类标识

2.1.3 坚持建设美丽中国全民行动

美丽中国是人民群众共同参与共同建设共同享有的事业。必须加强生态文明宣传教育,牢固树立生态文明价值观念和行为准则,把建设美丽中国化为全民自觉行动。生态文明建设同每个人息息相关,每个人都应该做践行者、推动者。没有哪个人是旁观者、局外人、批评家,谁也不能只说不做、置身事外。

垃圾分类就是一场全民行动。我们既是垃圾分类的参与者、践行者,又是垃圾分类理念的宣传者、传播者。实行垃圾分类,关系广大人民群众生活环境,关系节约使用资源,也是社会文明水平的一个重要体现。垃圾分类看似是微不足道的"小事",却牵着千家万户的民生,连着生态文明建设。投身垃圾分类就是践行习近平生态文明思想,坚持建设美丽中国全民行动，加快形成绿色生活方式的生动实践。

自觉践行公民生态环境行为规范。《公民生态环境行为规范（试行）》第五条规定：分类投放垃圾。学习并掌握垃圾分类和回收利用知识，按标志单独投放有害垃圾，分类投放其他生活垃圾，不乱扔、乱放。

积极推进垃圾源头分类减量。积极参加限塑、光盘、绿色消费、绿色快递等活动，减少使用一次性用品，让减少垃圾产生成为我们的自觉行动和文明习惯。

开展垃圾分类校园科技和文化活动。作为学生，我们应培养垃圾分类的好习惯，积极开展垃圾分类行为调查、垃圾分类宣讲、垃圾分类科研与创新等多种形式的垃圾分类校园科技和文化活动，让一场化垃圾分类为全民行动，建设美好校园、美丽中国的生动实践在校园里如火如荼开展，让垃圾分类成为践行绿色生活方式的新时尚。

2.1.4 设计校园生活垃圾分类方案

> **来做一做**

> **任务要求**：为你所就读的学校设计一份生活垃圾分类实施方案。
> **实施过程**：开展调查，摸清校园垃圾分类存在的问题；针对问题和校情，设计操作性强的垃圾分类实施方案（包括指导思想、实施目标、主要任务、实施要求等）。
> **成果提交**：任务完成后，提交垃圾分类实施方案。

知识拓展

生活垃圾分类标志

《生活垃圾分类标志》（GB/T 19095—2019）于 2019 年 12 月 1 日实施。该标准规定了生活垃圾分类标志类别构成、大类用图形符号、大类标志的设计、小类用图形符号、小类标志的设计以及生活垃圾分类标志的设置。生活垃圾类别为可回收物、有害垃圾、厨余垃圾及其他垃圾 4 个大类和纸类、塑料、金属等 11 个小类。

一、生活垃圾分类标志大类用图形符号

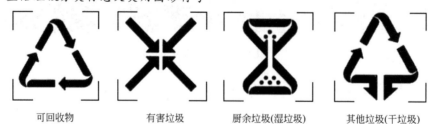

| 可回收物 | 有害垃圾 | 厨余垃圾(湿垃圾) | 其他垃圾(干垃圾) |

二、生活垃圾分类标志小类用图形符号

1. 可回收物

| 纸类 | 塑料 | 金属 | 玻璃 | 织物 |

2. 有害垃圾

灯管　　　　　　家用化学品　　　　　　电池

3. 厨余垃圾

家庭厨余垃圾　　　　　餐厨垃圾　　　　　其他厨余垃圾

2.2 压实、破碎与分选

任务目标

知识目标	能力目标
（1）掌握压实、破碎、分选等预处理方法的处理目的； （2）掌握压实、破碎、分选等工艺方法和设备。	（1）能够针对后期的利用处置选择合适的预处理方法。 （2）能够按照处理要求选择合适的预处理设备。

素质目标

（1）具备一定科学素养，具有探究学习、分析问题和解决问题的能力；
（2）具备动手实践能力和吃苦耐劳的精神。

案例导入

垃圾压实机是垃圾填埋场必备的机械设备。走近垃圾填埋场，刺鼻的难闻气味、到处乱飞的苍蝇，让人难以应对。以往，在这样糟糕的环境下，垃圾压实机操作员不得不迎难而上，他们呼吸着呛人的空气，穿梭在垃圾堆里完成每日的工作。

据说国内已经研究制造了智能遥控垃圾压实机，彻底改变了垃圾填埋场垃圾压实机操作员的工作环境。通过远程设置控制平台，操作员远离垃圾填埋场，可以实现遥控操作，彻底解决恶劣环境、特殊工况对驾驶人员的困扰；数字化视频管理系统，多个摄像头、大屏幕、虚拟显示仪表，对作业方位及工况、周边环境实时监测；操控人性化，实现了在机操作和无线遥控操作两种模式的完美兼容；设置 GPS 系统，具有定位、规划路径等功能；设置防倾翻控制系统，遥控操作时主机的稳定性高；遥控端和主机均设置多重制动控制系统，主机 0.2s 接收不到遥控信号即自动停车，安全可靠。垃圾压实机操作员可以实现坐在远离垃圾堆的房间里，吹着空调，舒舒服服地远程遥控设备进行作业。设备操作人员开始由"蓝领"

向"白领"转变，远离粉尘、恶臭、振动、噪声、日晒等有害、有毒的恶劣作业条件，实现了环卫压实机无人化操控。

任务导入：生活垃圾在利用上应采用怎样的预处理措施？

2.2.1 压实

2.2.1.1 压实的原理与目的

压实又称压缩，是利用机械减小固体废物的孔隙率，增加其密度。当固体废物受到外界压力时，各颗粒间相互挤压、变形或破碎，从而达到重新组合的效果。

对垃圾进行压实的目的：一是增大容积密度和减小体积，以便于装卸和运输、确保运输安全与卫生、降低运输成本和减少填埋占地。如在城市垃圾的收集运输过程中，许多纸张、塑料和包装物，具有很小的密度，占有很大的体积，必须经过压实，才能有效地增大运输量，减少运输费用。二是制取高密度惰性块料，便于贮存、填埋或作其他用途。

压实适用的对象是固体废物中压缩性能大、复原性能小的物质。压实不适用于刚性材料、含易燃易爆成分的材料以及含水废物、污泥，大块的木材、金属、玻璃、塑料等。

固体废物压缩前后的体积比称为压缩比。一般固体废物压实后的压缩比为 3～5，若破碎后再经压实其压缩比可达 5～10。

2.2.1.2 压实设备

固体废物的压实设备称为压实器，一般有固定式和移动式两种。

（1）固定式压实器

① 水平式压实器　水平式压实器的结构如图 2-5 所示，主要用于城市垃圾的处理中。将废物加入装料室，依靠具有压面的水平压头的作用使垃圾致密和定形，然后将坯块推出。破碎杆的作用是将坯块表面的杂乱废物破碎，以有利坯块的移出。

2-3　三向联合
式压实器　　2-4　水平
　　　　　压实器

② 三向联合压实器　三向联合压实器结构如图 2-6 所示，适用于金属类废物的压实。它具有三个互相垂直的压头，依次启动 1、2、3 三个压头，即可将料斗中的废物压实成块。

③ 回转式压实器　回转式压实器结构如图 2-7 所示，适用于压实体积小、重量轻的废物。废物装入容器单元后，先按水平压头 1 的方向压缩，然后按箭头运动方向驱动旋转式压头 2，使废物致密化，最后按水平压头 3 的运动方向将废物压至一定尺寸排出。

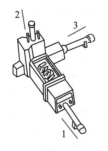
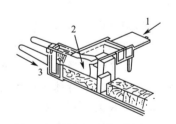

图 2-5　水平式压实器结构图　　图 2-6　三向联合压实器结构图　　图 2-7　回转式压实器结构图

（2）移动式压实机

移动式压实机（图 2-8～图 2-10）一般用在生活垃圾卫生填埋场，是垃圾填埋场重要的专用设备，具有对垃圾挤碎、摊平、压实的功能，垃圾压实机重而带齿的钢轮可实现对垃圾的破碎和压实。垃圾压实机既可以在坡度较小的工作面上作业，也可以在坡度较大的工作面上作业。但其在较平的工作面上作业效率较低。压实机也有一定的摊平功能，但距离较长（一般超过15～20m），其摊平效率较低。垃圾压实机有利于节约土地、保护环境，延长填埋场地的使用寿命。填埋场压实机技术要求可见《垃圾填埋场压实机技术要求》（CJ/T 301—2008）。

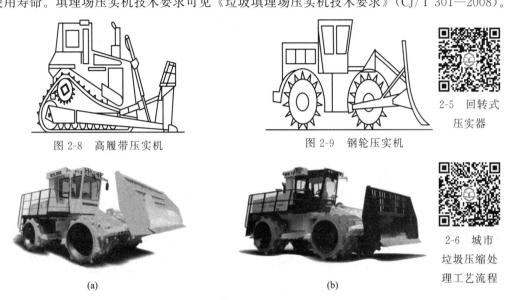

图 2-8 高履带压实机　　　　图 2-9 钢轮压实机

2-5 回转式压实器

2-6 城市垃圾压缩处理工艺流程

(a)　　　　　　　　　　　(b)

图 2-10 卫生填埋场压实机

在生活垃圾填埋场操作压实机时，作业时操作人员应始终注意压实机的行驶方向，并遵照规定的压实工艺进行压实作业；作业时应注意各仪表读数，发现异常必须查明原因并及时排除；必须遵照规定的压实速度进行作业，在压实过程中不得中途停车；不允许压实机长距离自行转移。运转之后压实机应停放在安全、平坦、坚实的场地，每班作业后应清洗全机污物，按规定进行保养及维护工作。

2.2.2 破碎

2.2.2.1 破碎的原理与目的

固体废物的破碎是在外力的作用下破坏固体废物质点间的内聚力，使大块的固体废物分裂为小块，小块的固体废物分裂为细粉的过程。经破碎处理后，固体废物变成适合进一步加工或再处理的形状与大小。有时也将破碎后的废物直接填埋或用作土壤改良剂。

固体废物破碎的目的：

① 使组成不一的废物容易混合均匀，可提高燃烧、热解等处理过程的效率及稳定性。

② 可防止粗大、锋利的废物损坏分选、焚烧、热解等设备。

③ 可减小容积，降低运输费用。

④ 容易通过磁选等方法回收小块的贵重金属。

⑤ 破碎后的生活垃圾进行填埋处置时压实密度高而均匀，可加快复土还原。

⑥ 可以提高化学反应的速率、效率。

2.2.2.2 破碎设备

（1）颚式破碎机

颚式破碎机为挤压型破碎机械，分为简单摆动型和复式摆动型两种。颚式破碎机结构简单，操作维护方便，工作可靠，主要用于破碎中等硬度的脆性废物，如煤矸石等。它的缺点是生产效率低、破碎物粒度不均匀。

简单摆动型破碎机的工作原理是，皮带轮带动偏心轴旋转，偏心顶点带动连杆上下运动，同时牵动前后推力板做舒张及收缩运动，从而使可动颚板反复地靠近和离开固定颚板，对破碎腔内物料进行破碎，如图 2-11 所示。复式摆动型破碎机结构如图 2-12 所示，它的可动颚板与偏心轮同挂在一个传动轴上，同时做往复摆动和上下摆动，使废物受挤压与磨锉的双重作用而被破碎。

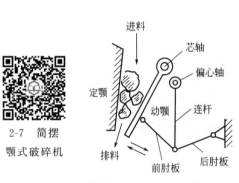

2-7 简摆颚式破碎机

图 2-11 简单摆动型破碎机工作原理示意图

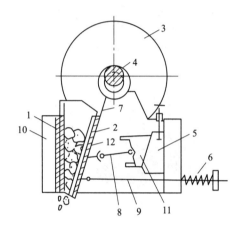

图 2-12 复式摆动型破碎机结构示意图

1—固定颚板；2—可动颚板；3—飞轮；4—偏心轴；
5—滑块高速装置；6—弹簧；7—连杆；8—肘板；
9—拉杆；10—机体；11—楔铁；12—衬板

（2）锤式破碎机

锤式破碎机属于冲击磨切型，可分为单转子和双转子两类。图 2-13 所示的是一种单转子锤式破碎机。工作时电动机带动转子高速旋转，物料自上部给料口加入后，立即受到转子上所固定的多排重锤的冲击和重锤与破碎板间的磨切作用而被破碎，然后通过下面的筛板排出。这种破碎机可破碎质地较硬的废物，也可破碎含水分及油质的有机物等。破碎后物料粒度均匀，缺点是振动、噪声大。

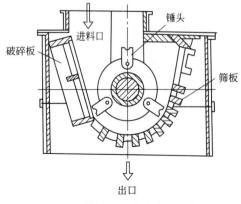

图 2-13 单转子锤式破碎机示意图

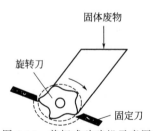

图 2-14 剪切式破碎机示意图

（3）剪切式破碎机

剪切式破碎机是通过固定刀和可动刀（往复式或旋转式刀）之间的啮合作用将物料切开或割裂而完成破碎过程，如图 2-14 所示。废物自料斗进入后，被夹在旋转刀和固定刀之间的间隙内，从而被剪切破碎，破碎后物料经筛缝排出。缺点是如混进硬度大的杂物时易发生操作事故。

破碎机的种类很多，除了上面所介绍的之外，常用的还有辊式破碎机、球磨机、湿式破碎机、半湿式破碎机、低温破碎机及高温破碎机等。

| 2-8　Hammer Mills 型锤式破碎机 | 2-9　Universa 型冲击式破碎机 | 2-10　Linclemann 型剪切式破碎机-剪切机 | 2-11　球磨机 | 2-12　滚筒筛 |

2.2.3　分选

分选是根据物质的粒度、密度、磁性、电性、光电性、摩擦性、弹性以及表面润湿性等的差异，采用相应的手段将其分离的过程。分选的方法很多，有筛选（分）、重力分选、磁力分选、电力分选、光电分选、摩擦分选、弹性分选和浮选等。在固体废物的回收与利用中，分选是继破碎后一道重要的操作工序。经过分选将固体废物分门别类，回用于不同的生产过程。

2.2.3.1　筛分

（1）筛分的原理

筛分是依据固体废物的粒度不同，利用筛子使物料中小于筛孔的细粒物料透过筛面，而大于筛孔的粗粒物料留在筛面上，完成粗、细物料的分离过程。也就是将粒度范围较宽的混合物料按粒度分成若干个不同级别的过程。它主要与物料的粒度或体积有关，密度与形状影响较小。

（2）筛分设备

① 固定筛　筛面由许多平行排列的筛条组成，可以水平安装或倾斜安装。由于构造简单、不耗用动力被广泛使用。固定筛有格筛和棒条筛两种。固定筛的缺点是容易堵塞，需经常清扫，筛分效率低，仅有 60%～70%，多用于粗筛作业。

② 滚筒筛　滚筒筛也称转筒筛，如图 2-15 所示。圆柱形的筛筒侧面上有许多筛孔，物料从倾斜滚筒的一端给入，借滚筒的转动作用一边向前运动一边翻腾，使小于筛孔尺寸的细粒分级透筛，筛上产品从移动筛的另一端排出。

③ 惯性振动筛　惯性振动筛是通过不平衡的旋转所产生的惯性离心力使筛箱产生振动的一种筛子，见图 2-16。当电机带动皮带轮做高速旋

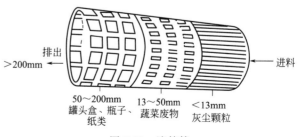

图 2-15　滚筒筛

转时，配重轮上的重块产生惯性离心力，其垂直分力通过筛箱作用于弹簧，迫使弹簧做拉伸及压缩运动，筛箱的运动轨迹为椭圆形。由于该筛子的作用力是惯性离心力，故称为惯性振动筛。

④ 共振筛　共振筛是由连杆上装有弹簧的曲柄连杆机构驱动，使筛子在共振状态下进行筛分。其工作原理如图 2-17 所示。

2-13　惯性振动筛原理

2-14　共振筛原理

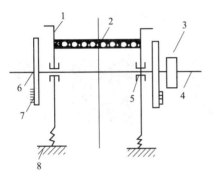

图 2-16　惯性振动筛原理示意图

1—筛箱；2—筛网；3—皮带轮；4—主轴；
5—轴承；6—配重轮；7—重块；8—板簧

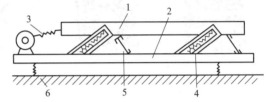

图 2-17　共振筛的工作原理示意图

1—上筛箱；2—下机体；3—传动装置；
4—共振弹簧；5—板簧；6—支承弹簧

筛箱、弹簧及下机体组成一个弹性系统，该弹性系统因固有的自振频率与传动装置的强迫振动频率高、耗电少及结构紧凑等优点，应用广泛，适用于废物中的细粒筛分，还可用于废物分选作业的脱水、脱重介质和脱泥筛分等。

2.2.3.2　重力分选

重力分选是根据固体废物不同物质间的密度差异，在运动介质中所受的重力、介质动力和机械力的作用，使颗粒群产生松散分层和迁移分离，从而得到不同密度产品的分选过程。

按介质不同，重力分选可分为重介质分选、跳汰分选、风力分选和摇床分选等。

（1）重介质分选

通常将密度大于水的介质称为重介质，重介质分选是在重介质中使固体废物中的颗粒群按其密度大小分开的方法。目前常用的重介质分选设备是重介质分选机，其结构原理如图 2-18 所示。

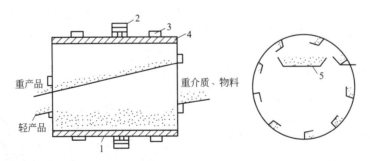

图 2-18　重介质分选机结构原理图

1—圆筒形转鼓；2—大齿轮；3—滚轮；4—扬板；5—溜槽

（2）跳汰分选

跳汰分选也是一种重力分选技术，是在垂直变速介质的作用下，按密度分选固体的一种

方法。其原理见图 2-19。在分选操作中，原料不断地送进跳汰装置，轻重组分连续分离并

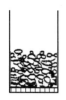

(a) 分层前颗粒   (b) 上升水流将   (c) 颗粒在水中   (d) 下降水流，床层紧密，   2-15 隔膜跳
混杂堆积   床层抬起   沉降分层   重颗粒进入底层   汰分选机

图 2-19 颗粒在跳汰时的分层过程

被淘汰掉，即形成了不间断的跳汰过程。目前用于固体废物分选的跳汰介质都是水。图 2-20 是跳汰分选装置示意图。

（3）风力分选

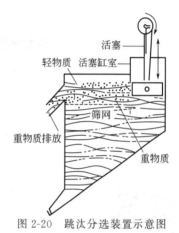

图 2-20 跳汰分选装置示意图

风力分选是在气流作用下使固体废物颗粒按密度进行分选的一种方法。不同物质的密度不同，在一定速度的气流中有着不同的沉降速度，因此可以利用此达到轻重颗粒分离的目的。图 2-21 所示为卧式风力分选机结构原理，物料在机内下落时，被水平气流吹散，密度不同的组分沿不同的运动轨迹分别落入不同的收集槽中而得以分离。图 2-22 所示为立式风力分选机结构原理，物料在上升气流的作用下，重组分沉降到分选机底部排出，轻组分随上升气流一起从顶部排出，然后经旋风分离器进行气固分离。

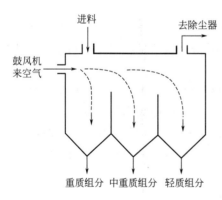

图 2-21 卧式风力分选机结构原理图

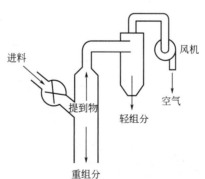

图 2-22 立式风力分选机结构原理图

2-16 卧式风力分选机

2-17 城市垃圾两级风选流程

（4）水力分选

摇床分选是水力分选的一种。其是在一个倾斜的床面上，借助于床面的不对称往复运动和薄层斜面水流的综合作用，使细粒固体废物按密度差异在床面上呈扇形分布而进行分选的方法。摇床分选目前主要用于从含硫铁矿较多的煤矸石中回收硫铁矿，是一种分选精度很高的单元操作，如图 2-23、图 2-24 所示。

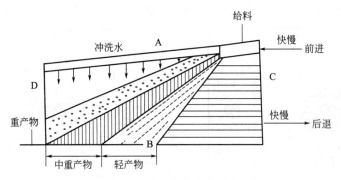

图 2-23 摇床上颗粒分段示意图

A—给料端；B—轻产物端；C—传动端；D—重产物端

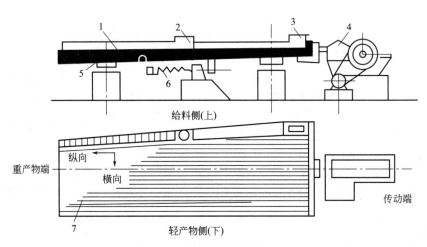

图 2-24 摇床结构示意图

1—床面；2—给水槽；3—给料槽；4—床头；5—滑动支撑；6—弹簧；7—床条

2-18 磁选过

程示意图

2.2.3.3 磁力分选

磁力分选是在不均匀磁场中，利用固体废物各组分之间的磁性差异而使不同组分实现分离的一种分选方法。将固体废物输入磁选机后，磁性颗粒在不均匀磁场作用下被磁化，从而受磁场吸引力作用，使磁性颗粒吸在圆筒上，并随圆筒进入排料端排出，非磁性颗粒由于所受的磁场作用力很小，仍留在废物中被排出，如图 2-25 所示。通常应用于固体废物分选的主要有吸持型磁选机和悬吸型磁选机，如图 2-26、图 2-27 所示。

2.2.3.4 电力分选

电力分选是利用固体废物中各种组分在高压电场中电性的差异来实现分选的一种方法。物料随滚筒转动进入电晕电场区后，由于空间带有电荷使之获得负电荷。物料中

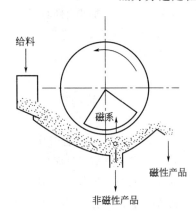

图 2-25 磁选分离原理示意图

的导电颗粒荷电后立即在滚筒上放电，当滚筒进入静电场之后，导电颗粒负电荷释放完毕并从滚筒上获得正电荷而被排斥，在电力、重力、离心力的综合作用下排入料斗。而非导体颗粒不易在滚筒上失去所荷负电荷，因而与滚筒相吸，被带到滚筒后方，用毛刷强制刷下，从

而完成了分选过程。电力分选原理如图 2-28 所示。电力分选的主要设备是静电分选机，其结构如图 2-29 所示。

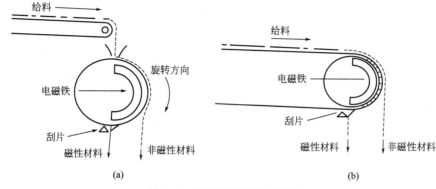

图 2-26　吸持型磁选机示意图

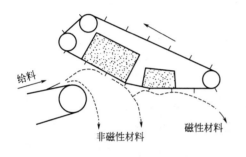

图 2-27　悬吸型磁选机示意图

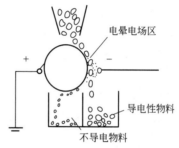

图 2-28　电力分选原理图

2-19　电选分离过程

2.2.3.5　浮选

浮选是依据物料表面性质的差异，在浮选剂的作用下，借助于气泡的浮力，从物料的悬浮液中分选物料的过程。在一定浓度的料浆中加入各种浮选药剂，在充分搅拌下通入空气，在悬浮的料浆内部就产生了大量的弥散性气泡，疏水性的物料颗粒易黏附于气泡上，并随气泡上浮聚集在液面上。把液面上泡沫刮出，形成泡沫产物，而亲水性的物粒仍留在料液中。浮选工艺过程的主要装置是浮选机。图 2-30 为机械搅拌式浮选机。

2-20　机械搅拌式浮选机

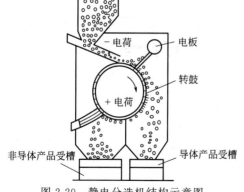

图 2-29　静电分选机结构示意图

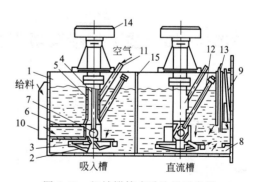

图 2-30　机械搅拌式浮选机示意图

1—槽子；2—叶轮；3—盖板；4—轴；5—管套；6—进浆管；
7—循环孔；8—稳流板；9—门；10—受浆箱；11—进气管；
12—调节循环量的阀门；13—门；14—皮带轮；15—槽间隔板

知识拓展

生活垃圾卫生填埋中的机械设备

填埋场机械设备包括铲运和挖掘设备、压实设备、装载和运输设备。科学、合理地配备垃圾填埋作业所需的机械设备，是保证垃圾处理厂正常运行的关键。

一、推土摊铺设备

垃圾及其覆盖土在填埋作业面倾倒后，为有利于下一步的压实作业，需进行推土摊铺作业。由于城市生活垃圾堆体成分复杂、密度不均匀以及含水率高等特点，选择的推土摊铺设备必须具有接地压力适当、功率强劲，既能在相对较短的距离内将卸下的垃圾从一处推至另一处，又能在不平坦的表面甚至斜坡上移动等性能。常用的摊铺设备是湿式履带式推土机。

二、压实设备

按照《生活垃圾卫生填埋技术规范》（GB 50869—2013）规定，垃圾压实密度应大于 $600 kg/m^3$，为此垃圾填埋场需配置压实设备。压实设备包括滚动碾压式和夯实式，滚动碾压式又可分为钢轮式、羊脚碾式、充气轮式、自振动空心轮压式等。如垃圾填埋场专用压实机，配有专门设计的带齿压实钢轮，具有功率大、爬坡和作业能力强等特点。

三、取土设备

为了减小填埋场对周围环境的污染，填埋场每一单段作业完成后，应进行覆盖，因此填埋场需配备挖土、装土和运土设备和车辆，主要包括装载机和自卸汽车等，这些设备同时兼做填埋场场区道路的维护和填埋库区场地的平整等。如生活垃圾填埋场常用的铲运和挖掘设备包括推土机、铲运机、挖掘机和松土器。

四、喷药和洒水设备

填埋场应有灭蝇、灭虫、灭鼠、防尘和除臭措施，为此垃圾填埋场需配备洒水、喷药两用车，定期对填埋场机器周边地区进行喷药和洒水，做好灭蝇、灭虫、灭鼠、防尘和除臭工作。

五、其它设备

为了防止填埋场垃圾中的纸张、塑料袋等轻质垃圾在填埋过程中随风飞扬，一般在垃圾填埋场周边设置防飞散网；部分装载和运输设备有装载机、运送机、转运和起吊设备等。

2.3 城市生活垃圾焚烧工艺选择与运行管理

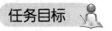 任务目标

知识目标	能力目标
（1）掌握焚烧过程控制与影响因素； （2）掌握焚烧工艺流程，熟悉典型的焚烧炉设备； （3）掌握焚烧运行管理操作规程。	（1）能合理选择和初步设计焚烧处理工艺； （2）能辅助制订运行计划和方案； （3）能巡查焚烧处理系统，对焚烧过程和排放进行管理。

素质目标

(1) 学习贯彻习近平生态文明思想，坚持良好生态环境是最普惠的民生福祉。
(2) 具有爱国主义情怀，肩负使命感和责任感；
(3) 具备较强的信息化素养和创新精神；
(4) 具有较强的集体意识和团队协作精神，能够踏实肯干、吃苦耐劳。

案例导入

在深圳，每天产生生活垃圾大约28500t，除了做好垃圾分类回收利用外，一大半的垃圾主要运往两个地方——垃圾焚烧发电厂和垃圾填埋场。焚烧处理量为1.4万吨/天，填埋处理量为0.7万吨/天。经过30年的摸索和实践，深圳的垃圾处理正从填埋转变为全量焚烧。垃圾填埋要占用大量的土地资源，土地资源不可再生，故垃圾焚烧是最简单的减量化措施。深圳市运营5座能源生态园（垃圾焚烧发电厂），分别是南山、盐田、宝安、龙岗、平湖一期及二期，设计焚烧处理能力7125t/d；运营3座垃圾填埋场，分别是下坪、宝安老虎坑、龙岗红花岭，设计填埋处理能力5940t/d。在建3座能源生态园，分别为南山二期、宝安三期、龙岗，总设计焚烧处理能力10300t/d。深圳6座垃圾焚烧发电厂日焚烧能力将达1.8万吨，填埋量将大大降低。深圳的垃圾焚烧发电实现了最大的资源利用，例如，发电、提供蒸汽、炉渣做环保砖、过滤水后提成工业用盐等。每焚烧一吨垃圾产生400kW·h的电，为一个家庭一个月的用电量。目前，盐田能源生态园每天发电16万千瓦·时，相当于400个家庭一个月的用电量。宝安能源生态园二期每年发电量约3.6亿千瓦·时，南山能源生态园一期运行16年已发电14.4亿千瓦·时。据说南山、盐田、宝安以及新建的龙岗能源生态园所有垃圾焚烧设施二噁英排放限值低于欧盟的50%，氮氧化物排放限值仅为欧盟的40%，环保指标达到目前世界上要求最严的深圳标准，优于欧盟2010/75/EU标准。且能源生态园都将建设成为垃圾处理、科普教育、工业旅游、休闲娱乐四位一体的综合体，推进深圳市固体废物源头减量和资源化利用，为特大城市探索形成可复制、可推广的"无废城市"建设新模式。深圳现有的城市生活垃圾焚烧厂采用的主要技术有：①南山能源生态园，采用倾斜多级往复式炉排炉；烟气采用"SNCR＋旋转雾化器半干式反应塔＋干法脱酸＋活性炭喷射＋袋式除尘器＋SCR"处理工艺。②盐田能源生态园，采用倾斜多级往复式炉排炉；烟气采用"SNCR＋旋转雾化器半干式反应塔＋干法脱酸＋活性炭喷射＋袋式除尘器＋SCR"处理工艺。③宝安能源生态园，采用倾斜多级往复式炉排炉；烟气采用"SNCR＋旋转雾化器半干式反应塔＋干法脱酸＋活性炭喷射＋袋式除尘器＋SCR"处理工艺。④龙岗能源生态园，采用倾斜多级往复式炉排炉；烟气采用"SNCR＋旋转雾化器半干式反应塔＋干法脱酸＋活性炭喷射＋袋式除尘器＋SCR"处理工艺。⑤平湖能源生态园一期，采用二段往复式炉排炉；烟气采用"SNCR＋干法＋活性炭喷射＋布袋除尘器"处理工艺。⑥平湖能源生态园二期，采用二段往复式炉排炉；烟气采用"SNCR＋半干式反应塔＋干法＋活性炭喷射＋布袋除尘器"处理工艺。

在广州，有市民在参观广州市第一资源热力电厂二分厂。透过透明玻璃，下面就是宽敞干净的卸料大厅，工作人员介绍，这里刚刚经过清洗，"不是领导来了才清洗，卸料大厅每天都会进行清洗。""堆放一块的湿垃圾，燃烧温度会不会达不到800℃？"有参观者提出如此疑问。现场解释道，垃圾并不是立即送往焚烧炉进行焚烧，而是会堆放3天，利用焚烧炉的余温把垃圾烘干，机器抓手也会搅拌助其风化，"通过技术就可以解决二噁英的问题"。

"垃圾完全可以靠自己的力量充分燃烧，也不需要添加助燃剂。堆放一块的垃圾发酵后，会产生沼气等助燃气体，这些气体通过抽风口进入燃烧炉，为垃圾焚烧提供燃料。由于池里形成了负压，外面也闻不到臭味。"据第一资源热力电厂统计，垃圾经过焚烧处理后，大约有5%的布袋除尘器的飞灰需要另行处理外，垃圾通过焚烧实现了减量化95%，资源化利用100%，无害化处理100%。第一资源热力电厂的2个分厂合计年产生上网电量约为3.4亿千瓦·时，可供超过10万户家庭1年的生活用电。

2.3.1　焚烧过程控制与管理

任务导入：如何控制城市生活垃圾焚烧时二噁英的产生？

2.3.1.1　焚烧

焚烧是以一定量的过剩空气与被处理的有机废物在焚烧炉内进行氧化燃烧反应，废物中的有毒有害物质在高温下氧化、热解而被破坏的高温热处理技术。焚烧法的优点是可以回收利用固体废物内潜在的能量，减小废物的体积（一般可减小80%～90%），破坏有毒废物的组成结构，使其最终成为化学性质稳定的无害化灰渣。

2.3.1.2　焚烧原理及处理对象

焚烧是高温条件下的强氧化过程。焚烧时固体废物中的可燃成分与空气中的氧完全反应，发生氧化分解，最终变成成分简单的气体产物（主要是 CO_2，水分，硫、磷、氮的氧化物等）和固体废渣（灰、金属氧化物及其它不易燃物质），并放出大量的热，从而达到了无害化和热量回收的目的。

把生活垃圾转化为能量的过程是一个复杂的物理化学反应，即所统称的燃烧，将其分成水平组及垂直组两组处理过程。

水平组就是把垃圾（由不同的固体及液体混合而成的混合物）转化为气体，包括以下五个过程：

① 烘干：把垃圾内的水分蒸发。

② 气化：把垃圾加热以使其挥发出可燃气体。

③ 气化/热解：在此过程中，垃圾中的某些混合物会被转化为可燃性气体。

④ 燃尽：可燃气体挥发燃烧后所产生的可燃固体在充足的氧气下燃烧并转化为气体（主要是 CO_2）。

⑤ 炉渣冷却：燃尽后的灰渣被冷却排出。

垂直组就是把所产生的气体氧化达到完全燃烧，包括以下三个过程：

① 气体的产生：一连串水平过程中产生的可燃和不可燃气体。

② 气体燃烧：注入空气（即二次风）使可燃气体被完全燃烧。

③ 气体燃尽：气体必须达到完全燃烧以确保符合法规要求，即气体需在最低温度850℃下停留2s。

以上过程的最终产物为高温烟气，高温烟气在余热锅炉内冷却产生过热蒸汽推动汽轮发电机组发电，并在烟气净化系统中被净化。

焚烧适用于处理可燃、有机成分较多、热值较高的固体废物，如城市生活垃圾、农林固体废物等。

2.3.1.3　影响焚烧的主要因素

影响焚烧过程的主要因素是停留时间（Time）、焚烧温度（Temperature）、湍流程度

（Turbulence）和过剩空气量（Excess air），简称"3T1E"。

（1）停留时间

废物中有害组分在焚烧炉内处于焚烧条件下，该组分发生氧化、燃烧，使有害物质变成无害物质所需的时间称为焚烧停留时间。一般认为，停留时间与固体粒度的平方近似成正比，固体粒度愈细，与空气的接触面愈大，燃烧的速度就愈快，固体废物在燃烧室的停留时间就愈短。

> 对于垃圾焚烧，如温度维持在 $850\sim1000℃$ 之间，有良好的搅拌与混合，使垃圾的水汽易于蒸发，燃烧气体在燃烧室内的停留时间约为 $1\sim2s$。

（2）焚烧温度

废物的焚烧温度是指废物中有害组分在高温下氧化、分解直至破坏所须达到的温度。焚烧温度低，会使废物燃烧不完全。燃烧室的温度必须保持在废物燃料的起燃温度以上，温度愈高，燃烧反应速率愈快，则停留时间可以缩短。燃烧温度取决于废物燃料的特性，例如热值、起燃温度、含水量，以及炉子结构及燃烧空气量等。合适的焚烧温度是在一定的停留时间下由实验确定的。

> 有机物的焚烧温度范围一般在 $800\sim1100℃$ 之间，通常在 $800\sim900℃$ 左右。

（3）湍流程度

湍流程度是指物料与空气及气化产物与空气之间的混合情况，湍流程度越大，混合越充分，空气的利用率越高，燃烧越有效。

（4）过剩空气量

为了保证氧化反应进行得完全，从化学反应的角度看应提供足够的空气。过剩空气量过低会使燃烧不完全，甚至冒黑烟，有害物质焚烧不彻底；但过高时则会使燃烧温度降低，影响燃烧效率，造成燃烧系统的排气量和热损失增加。

> 一般情况下，过剩空气量应控制在理论空气量的 $1.7\sim2.5$ 倍。

《生活垃圾焚烧污染控制标准》（GB 18485—2014，2014 年 5 月 16 日发布，2014 年 7 月 1 日实施）对焚烧炉的主要技术性能指标——炉膛内焚烧温度、炉膛内烟气停留时间、焚烧炉渣热灼减率做出规定，而广东省标准《广东省生活垃圾焚烧厂运营管理规范》（DBJ/T 15-174—2019）中增加了氧含量、一氧化碳等性能指标，见表 2-9。

表 2-9　生活垃圾焚烧炉主要技术性能指标

序号	项目	指标	检验方法
1	炉膛内焚烧温度	≥850℃	在二次空气喷入点所在断面、炉膛中部断面和炉膛上部断面中至少选择两个断面分别布设监测点，实行热电偶实时在线测量
2	炉膛内烟气停留时间	≥2s	根据焚烧炉设计书检验和制造图核验炉膛内焚烧温度监测点断面间的烟气停留时间
3	焚烧炉渣热灼减率	≤5%	工业固体废物采样制样技术规范（HJ/T 20）
4	氧含量	6%～10%	锅炉出口
5	一氧化碳	80mg/m³	24 小时均值
		100mg/m³	1 小时均值

2.3.1.4　二噁英的产生与控制

（1）认识二噁英

二噁英（dioxins）是多氯二苯并二噁英（PCDD）和多氯二苯并呋喃（PCDF）的统称，共有210种同族体，其中前者75种，后者135种。二噁英为白色结晶体，熔点302～305℃。500℃开始分解，800℃时21s完全分解。一般情况下二噁英非常稳定，熔点较高，极难溶于水，可以溶于大部分有机溶剂，是无色无味的脂溶性物质，极易在生物体内积累。美国环境保护署（EPA）1994年报告，二噁英是迄今为止人类所发现的毒性最强的物质，其中毒性最强的是2，3，7，8-四氯二苯并二噁英（2，3，7，8-TCDD），其毒性是氰化物的130倍，是砒霜的900倍；二噁英类物质具有致癌性、生殖毒性、免疫毒性和致畸形性等危害；二噁英类不易分解，长期残留在环境中通过生物富集扩大污染范围，已成为全球性的一大公害。

（2）二噁英产生的主要途径

① 垃圾本身含有二噁英　垃圾本身含有氯根以及与二噁英结构相近的物质，如氯苯酚、氯苯等（称为前驱物）。

② 焚烧炉内生成　氯苯酚、氯苯、聚氯乙烯等结构相近的前驱物，在炉内焚烧过程中，通过重排、自由基缩合、脱氯或与其它分子反应等会生成二噁英。

③ 炉外重新生成　虽然在850℃以上的高温下二噁英会被分解，但在烟气冷却过程中，其中所含的氯、氧、氢和碳等成分在较低温度，特别是在250～400℃这个温度区间又容易重新合成产生二噁英。

（3）二噁英的控制

① 控制来源　通过废物分类收集，加强资源回收，避免含PCDDs/PCDFs物质及含氯成分高的物质（如PVC塑料等）进入垃圾中。

② 减少炉内形成　控制二噁英在炉内产生的最有效的方法是"3T1E"。保持炉内温度在800℃以上（最好是900℃），可将二噁英完全分解；保证足够的烟气高温停留时间（一般在2s以上），以利于二噁英的充分分解；优化炉型和二次空气的喷入方法，充分混合搅拌烟气以达到燃烧的目的；确保有适当的氧含量（6%～12%）。

③ 避免炉外低温再合成　PCDDs/PCDFs炉外再合成现象，多发生在锅炉内（尤其在节热器的部位）或在除尘器设备前。主要原因是锅炉或除尘器的金属部件（铜或铁的化合物）在悬浮微粒的表面催化了二噁英的前驱物，导致炉外二噁英的再合成。为了遏制二噁英的炉外再合成，通常采用控制烟气温度的办法。当具有一定温度（不低于500℃）的焚烧烟气从余热锅炉中排出后，采用急冷技术使烟气在0.2s内急速冷却到200℃以下，从而跃过二噁英易形成的温度区。

④ 清除烟气中二噁英的处理方法　喷入粉末活性炭吸收二噁英；设置催化剂分解器分解二噁英；设置活性炭塔吸收二噁英。

2.3.2　焚烧工艺及焚烧系统

任务导入：用框线画出城市生活垃圾焚烧工艺流程图，并对每个工艺环节做解说。

2.3.2.1　焚烧工艺流程

焚烧处理的典型流程如图2-31所示。某垃圾焚烧发电厂工艺流程示意图见图2-32和图2-33。

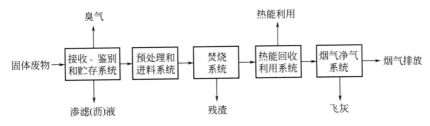

图 2-31 焚烧工艺流程图

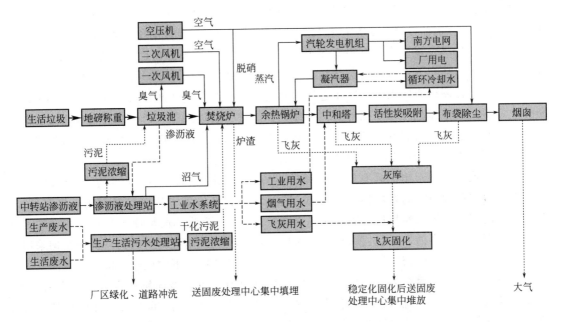

图 2-32 某垃圾焚烧发电厂工艺流程示意图（一）

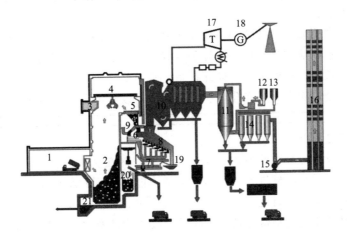

图 2-33 某垃圾焚烧发电厂工艺流程示意图（二）

1—卸料间；2—垃圾贮坑；3—垃圾吊车操作室；4—垃圾吊车；5—进料斗；6—推料杆；7——次风机；
8—焚烧炉；9—垃圾坑抽风机；10—余热锅炉；11—脱硫系统；12—石灰加料系统；13—活性炭加料系统；
14—布袋除尘系统；15—引风机；16—烟囱；17—汽轮机；18—发电机；19—出渣斗；
20—渣坑；21—渗滤液坑；22,23,24—灰库

2.3.2.2 焚烧系统

垃圾焚烧发电厂一般包括以下 8 个子系统。

（1）固体废物接收、鉴别和贮存系统

生活垃圾由垃圾运输车运入垃圾焚烧厂，经过地衡称重后进入垃圾卸料平台，按控制系统指定的卸料门将垃圾倒入垃圾贮坑。

垃圾称重系统的主要功能是对进厂的垃圾进行统计和称重，并将报表定期送交有关部门进行核算和计费，主要包括称重、记录、传输、打印与数据处理等功能。系统的微电脑还留有数据通信接口，可以和全厂微机管理系统连接，把有关数据直接送到所需要的部门，同时为垃圾焚烧厂的上级监管机构实时监控垃圾输送车辆进出的情况提供准确的文字数据和实时图像数据。

一般大型垃圾焚烧发电厂都设有多个卸料门，为防止垃圾卸料厅内的臭气扩散到厂区，垃圾贮坑设有负压空气系统，在焚烧线运行时期，燃烧空气引自于垃圾池上方的进风口。在停产状态下，在屋顶通向大气的灰尘过滤和除臭系统将开启，使卸料大厅在任何时候都保持负压。卸料门由液压缸或电动执行机构操作，并能进行就地控制，通过在卸料口之间的混凝土柱上安装限位开关来实现。卸料门有良好的密封结构，门闭合期间不漏风。所有的门带钢框架、轨道、支架等。每个卸料门能手动开启和关闭。

垃圾贮坑是一个密闭、具有防渗防腐功能的钢筋混凝土池，不仅可以达到垃圾堆放发酵、渗滤液顺利导出提高垃圾热值的目的，而且还能保证设备事故或检修时仍可接收垃圾，起到一定的调节作用。垃圾坑的容积设计以能贮存 3～5 天的垃圾焚烧量为宜。由于垃圾坑储量大、潮湿、有腐蚀性，且气味较重，所以，垃圾贮坑采用混凝土结构，围护结构采用加气混凝土砌块，门采用密封门，垃圾贮坑的卸料口及卸料口以下的坑壁、坑底内表面采用防水、防腐、防冲击、耐磨的面层材料。垃圾坑底部设有坡度，坡向坑内设有滤水格栅一侧，渗滤液流入收集沟，再流入渗滤液收集池内。垃圾池设有足够的空间以便吊车的搅拌、混合和堆置等运行操作；在垃圾池两端设吊车检修平台，垃圾吊车上方设电动葫芦可对垃圾吊车进行检修。垃圾池设有消防、防爆系统；侧壁和坑底强度能抗抓斗冲击。

> **垃圾贮坑除臭：**
> 垃圾贮坑上方侧墙设有焚烧炉一次风机吸口，使垃圾仓呈负压状态，防止臭味和甲烷气体的积聚，抽取池中臭气作为焚烧炉助燃空气。在垃圾贮坑顶加设抽风系统，保证焚烧炉停炉期间垃圾贮坑的臭气不向外扩散。在焚烧主厂房内设置除臭装置，从垃圾贮坑顶抽出的臭气经过除臭装置净化、脱臭后排出，以避免臭气污染环境。

> **垃圾贮坑渗滤液导排：**
> 垃圾贮坑内设有垃圾渗滤液收集系统。贮坑底部在宽度方向设有 2% 的坡度，垃圾产生的渗滤液经不锈钢隔栅进入收集槽，渗滤液能自流到收集池中。渗滤液收集槽中设置水冲装置，对收集槽进行定期冲洗疏通，防止此处聚集的污泥等杂物造成收集槽堵塞。在渗滤液收集槽外侧设置检修通道，当隔栅及收集槽堵塞时，可进入检修通道进行疏通，也可对隔栅进行疏通和更换。使用检修通道时，一侧鼓风机引入外界空气，另一侧吸出并排入垃圾贮坑，以保证检修人员的安全。

（2）预处理和进料系统

预处理设备包括破碎、分选、混合等设备。

垃圾经卸料门卸入垃圾坑，经贮存、混料后，由垃圾抓斗吊车根据需要分别为焚烧炉的料斗加料。大型焚烧炉均为自动连续进料方式。连续进料系统是由一台抓斗吊将废物由贮料仓提升，卸入炉前给料斗。漏斗经常处于充满状态，以保证燃烧室的密封，料斗中废物再通过导管，由重力作用落入燃烧室，提供连续物料流。

2-21　加料系统

垃圾吊的主要功能是将垃圾池内的垃圾投入焚烧炉的进料斗内，使进料斗的料位保持在一个适当范围，确保垃圾的入炉供料；对卸入垃圾池内的垃圾进行给料、移料、混料、堆料和破料，并按顺序堆放到预定区域，尽量保证入炉垃圾的组分均匀，并能根据焚烧工艺的要求，使垃圾有一定的发酵时间；抓取垃圾池中渗沥液排泄口的垃圾，以便及时排掉池中的渗沥液；入炉垃圾通过垃圾吊车的称重装置进行称量，计量信号通过计算机进行处理，并与中央控制系统连接，便于统计及掌握垃圾焚烧总量。垃圾抓斗吊车操作室配置通风设备，以保持操作室呈微正压状态，避免臭气进入，提供良好的工作环境。

（3）焚烧系统

焚烧炉是垃圾焚烧发电厂的核心设备，它决定着整个垃圾焚烧发电厂的工艺路线、垃圾焚烧效果、工程造价和经济效益等，因此，焚烧炉型的选择至关重要。焚烧炉由驱动装置、燃烧室及辅助设施组成。主要部件包括料斗、溜槽（包括溜槽关断门），给料机，炉排（其中包括熔渣滚筒、风室、放灰槽等），出渣机，驱动给料机、炉排和出渣机的液压装置（包括液压缸），润滑装置，炉体，二次风喷嘴等。每个炉体带一个燃烧室。炉床多为机械可移动式炉排构造，可让废物在炉床上翻转燃烧。燃烧室一般在炉床正上方，可为燃烧废气提供数秒钟的停留时间。由炉床下方往上喷入的一次空气可与炉床上的废物层充分混合，由炉床正上方喷入的二次空气可减少废气的搅拌时间。

以炉排焚烧炉为例，焚烧炉的工作过程可描述为：料斗中的垃圾依靠自重滑入给料平台，由给料器将垃圾推至炉排预热段，炉排在驱动装置推动下动作，垃圾依次经过预热段、燃烧段及燃尽段，完全燃烧后的炉渣经降温后被输送至炉渣收集系统。

进料斗位于焚烧炉的入口处，垃圾进入料斗后通过溜槽进入炉内给料平台，经给料炉排推入焚烧炉。垃圾料斗的形状能使垃圾顺畅滑行到给料炉排给料平台，以防止架桥现象发生。为了保证垃圾能靠自重顺利下落，并能维持炉膛的负压，溜槽有一定倾角和高度。此外，为防止溜槽堵塞，从进口到出口的尺寸逐渐增大，呈倒喇叭状，以利于垃圾的下落。

溜槽采用双层结构，外侧设有水套，在溜槽着火时限制溜槽温度的升高，同时可防止垃圾温度升高时与溜槽发生粘贴。溜槽内设置挡板，在垃圾焚烧炉启停炉时，对焚烧炉起到密封作用，以防止炉火反窜到给料斗内引起燃烧，同时可以作为解除垃圾架桥的装置。

给料炉排是为燃烧炉排输送垃圾的设备，位于垃圾给料水冷溜槽和燃烧炉排之间。堆积在给料溜槽中的垃圾靠自身的重力落入给料炉排的接料平台上。正常情况下，给料溜槽中充满着垃圾，起着封闭炉内空气的作用。当需要往燃烧炉排中添入垃圾时，通过液压传动系统驱动给料炉排的液压油缸，液压油缸则推动给料炉排片在接料平台上向燃烧炉排的垃圾入口方向水平移动，当给料炉排片向燃烧炉排方向移动时，给料炉排片的前部端面推挤接料平台上的垃圾，直到剪断垃圾的堆料层后，将垃圾向前推移一段距离，然后液压油缸带动给料炉排片回退到初始位置。重复多次这样的往复运动，给料炉排片每次向前移动时都将垃圾向前推移一段距离，直至将接料平台上的垃圾推入燃烧炉排的设备中。

燃烧炉排起着支撑垃圾和向排渣口方向输送垃圾，将一次风从炉排片的下部送入并通过炉排片和堆积其上的垃圾层进入焚烧炉体，对垃圾进行干燥、气化、燃烧的作用。送往各区段的空气量随着不同区段的需求而改变，可根据燃烧控制器与炉排运动速度、烟气中氧气及一氧化碳含量、蒸汽流量及炉内温度进行精密联控。二次风的作用主要是加强燃烧中气体的扰动，促使未燃气体燃尽，增加烟气在炉膛中的停留时间以及调节炉膛的温度等。

焚烧炉采用湿式除渣方式，除渣机排出的灰渣直接排入渣坑。

每台焚烧炉配点火燃烧器和辅助燃烧器。点火燃烧器位于炉后墙出渣口的上方，既可用于焚烧炉启动点火，也可用于低热值垃圾的辅助燃烧。辅助燃烧器位于焚烧炉二次风引入处，即焚烧炉上升烟道与余热锅炉衔接处的下方。该燃烧器在锅炉启动、停炉以及为确保烟气温度在850℃停留2s时投入使用。

料斗与落料槽的结构见图2-34，给料机的结构见图2-35。

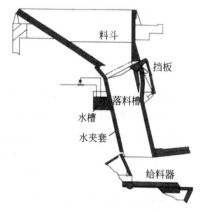

图 2-34　料斗与落料槽的结构

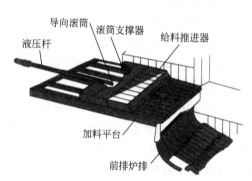

图 2-35　给料机的结构

（4）热能回收利用系统

该系统包括余热锅炉、辅机、管道等设施。大中型焚烧炉宜采用余热锅炉的方式，热值较低的废物宜采用空气预热器加热空气的方式。

垃圾焚烧产生的热能通过余热锅炉产生蒸汽，蒸汽通过汽轮发电机组变成电能。余热锅炉是整个垃圾焚烧电厂中的关键设备之一。余热锅炉最重要的特点是：高效、灵活，良好的适应性和维护性能。由于垃圾发热值的变化，良好的适用性尤其重要，尽可能产生稳定的蒸汽，汽轮发电机组才能有效地工作。余热锅炉的蒸汽参数直接影响过热器的寿命、汽轮发电机组的效率及垃圾焚烧发电厂的经济效益。

余热锅炉的设计与燃料燃烧产生的烟气成分有重要关系。因垃圾焚烧产生的烟气中氯离子含量较高，飞灰的软化、变形温度较低，容易造成锅炉的高温腐蚀、低温腐蚀和锅炉换热面结渣，因此目前国内外已建成垃圾焚烧项目的余热锅炉出口蒸汽参数一般分为中温中压（4.0MPa，400℃）和中温高压（6.5MPa，450℃）水平，以控制余热锅炉的造价及运行成本。为防止锅炉的低温腐蚀，锅炉出口烟气温度一般也较普通锅炉排烟温度高。

余热锅炉一般为单锅筒自然循环形式，位于焚烧炉的上部，采用卧式布置，以利于蒸汽过热器的安装及清灰，锅炉由三个垂直膜式水冷壁通道和一个膜式水冷壁水平烟道组成，在垂直膜式水冷壁通道内布置了对流式蒸发器，水平通道内依次布置过热器、蒸发器以及省煤器。在过热器中布置有二级喷水减温装置，主给水和减温水采用进口电动调节阀调节。燃烧产生的烟气通过锅炉三个垂直通道、一个水平通道放热后，从锅炉尾部烟道排出。

余热锅炉主要由水冷壁、锅筒、对流管束、过热器及省煤器组成。水冷壁在吸收炉膛内中高温火焰及烟气辐射热量的同时，还能起到保护炉墙、降低烟气温度及抑制 NO_x 生成的作用。为防止水冷壁底部受高温腐蚀，在燃烧室上方敷设耐火材料。

为防止高温腐蚀，过热器设置在对流区，并在过热器前设有蒸发器，以降低烟气入口温度。过热器采用三级布置方式，并设置两级减温器，来控制出口蒸汽温度。

余热锅炉尾部布置省煤器，利用尾部烟气余热加热给水，降低排烟温度，提高锅炉效率。

汽轮发电机组的设置是为了回收利用垃圾焚烧产生的热量，提高全厂的经济性。汽轮发电机组容量及数量的确定应能充分利用垃圾焚烧后产生的热量，同时保证垃圾焚烧炉的稳定运行。汽轮发电机组应根据焚烧炉负荷的变化，调整发电负荷，即"机跟炉"运行；汽轮发电机组选用技术成熟、运行稳定的机组。

热力系统由垃圾焚烧炉——余热锅炉、凝汽式汽轮发电机组、除氧器、给水泵、旁路凝汽器等设备组成。由余热锅炉产生的过热蒸汽进入汽轮机做功，在凝汽器中凝结成水，由凝结水泵经汽封加热器、低压加热器加热后进入除氧器。经除氧的凝结水和补充水由给水泵送入锅炉。热力系统在满足焚烧炉运行的基础上尽可能简单、可靠。

主蒸汽系统采用单母管分段制，焚烧炉的主蒸汽管道经关断阀分别接到主蒸汽母管上，从主蒸汽母管上引出主蒸汽管道，经关断阀分别接至汽轮机主气门，进入汽轮机做功发电。

（5）烟气净化系统

该系统包括酸性气体、烟尘、重金属、二噁英等污染物控制与去除设备、引风机、烟囱等。每台焚烧炉必须单独设置烟气净化系统并安装烟气在线监测装置，处理后的烟气应采用独立的排气筒排放；多台焚烧炉的排气筒可采用多筒集束式。脱酸可采用半干法、干法、湿法处理工艺；除尘采用袋式除尘器；脱硝可采用选择性非催化还原法（SNCR）或选择性催化还原法（SCR）。重金属和二噁英的去除，一般在脱酸设备和袋式除尘器之间设置吸附剂的喷入装置，喷入吸附剂，也可在布袋除尘器后设置活性炭或其它多孔性吸附剂吸收塔或催化反应塔。处理后，烟气中污染物浓度应达到《生活垃圾焚烧污染控制标准》（GB 18485—2014）规定的限值。

（6）灰渣处理系统

该系统包括炉渣处理系统和飞灰处理系统，采用螺旋输送机、气力输送机、水封刮板出渣机、水冷螺旋输送机等设备。焚烧飞灰与焚烧炉渣应分别收集、贮存、运输和处置。飞灰应按危险废物进行管理。如进入生活垃圾填埋场处置，应满足《生活垃圾填埋场污染控制标准》（GB 16889）的要求；如进入水泥窑处置，应满足《水泥窑炉协同处置固体废物污染控制标准》（GB 30485）的要求。

（7）废水处理系统

垃圾渗滤液和车辆清洗废水应收集并在生活垃圾焚烧厂内处理或送至生活垃圾填埋场渗滤液处理设施处理。若通过污水管网或采用密闭输送方式送至采用二级处理方式的城市污水处理厂处理，应满足《生活垃圾焚烧污染控制标准》（GB 18485—2014）中所提的条件。

（8）自动控制系统

自动控制系统包括称重机车辆管制、吊车自动运行、自动燃烧系统、焚烧炉的自动启动和停炉，还有空气量的控制、炉温控制、压力控制、冷却系统控制、集尘器容量控制、压力与温度的指示、流量指示、烟气浓度及报警系统等。

2.3.2.3　焚烧设备

（1）机械炉排焚烧炉

　　机械炉排焚烧炉采用活动式炉排，可使焚烧操作连续化、自动化，是目前处理城市垃圾中采用最为广泛的焚烧炉。其典型结构如图 2-36 所示。焚烧炉燃烧室内放置有一系列机械炉排，通常按其功能分为干燥段、燃烧段和后燃烧段。垃圾经由添料装置进入机械炉排焚烧炉后，在机械式炉排的往复运动下，逐步被导入燃烧室内炉排上，垃圾在由炉排下方送入的助燃空气及炉排运动的机械力的共同推动及翻滚下，在向前运动的过程中水分不断蒸发，通常垃圾在被送落到水平燃烧炉排时被完全干燥并开始点燃。燃烧炉排运动速度的选择原则是应保证垃圾在达到该炉排尾端时被完全燃尽成灰渣。从后燃烧段炉排上落下的灰渣进入灰斗。

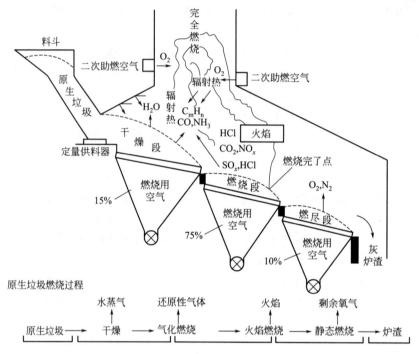

图 2-36　机械炉排焚烧炉结构图

　　产生的废气流上升而进入二次燃烧室内，与由炉排上方导入的助燃空气充分搅拌、混合及完全燃烧后，废气被导入燃烧室上方的废热回收锅炉进行热交换。机械炉排焚烧炉的一次燃烧室和二次燃烧室并无明显可分的界限，垃圾燃烧产生的废气流在二次燃烧室的停留时间，是指烟气从最后的空气喷口或燃烧器出口到换热面的停留时间。正常运行时，炉温维持在 850～950℃。一般情况下，燃烧放出的热量可以维持炉温，垃圾热值偏低的情况下，需要喷入燃油或燃气作为辅助燃料。

　　这种燃烧炉的优点是：对垃圾的适用范围广，可以大容量地处理垃圾，对进炉的垃圾颗粒没有特别的要求，也无需经过破碎就可直接送入焚烧炉燃烧，燃烧效率高，一般可达到75%～78%，炉渣的燃尽率可达到3%左右，余热利用率高。缺点是造价比较高，占地比较大，须连续运转，操作和维修费用高。其适用于生活垃圾焚烧，不适用于处理含水率高的污泥。

　　炉排是垃圾燃烧的主要装置，也是城市生活垃圾焚烧锅炉中最重要的部分。大型炉排炉均采用机械式炉排，通过炉排的反复运动或转动使垃圾在炉床上被预热、搅拌、混合，达到完全燃烧的目的。机械炉排焚烧炉根据炉排运动形式的不同，可分为逆推式炉排炉、顺推式炉排炉和滚动炉排炉等。

　　① 往复顺推炉排　顺推式炉排由固定炉排和活动炉排交错布置构成。活动炉排的运动

方向与垃圾的传送方向相同，通过其作用使垃圾在炉排上稳定前进燃烧。顺推式炉排对垃圾的搅拌效果不如逆推式炉排好，一般用于处理热值较高、含水率较低的垃圾。但也有例外的情况，如二段式炉排炉就采用了逆推式炉排＋顺推式炉排的布置方式，在处理低热值、高含水率垃圾时效果不错。

　　德国诺尔（Noell）公司的产品是水平阶梯型（图2-37），已在宁波垃圾焚烧厂使用3年，情况良好，该厂于2003年通过竣工验收。诺尔顺推炉排炉的炉排区全部水平布置，并按台阶式分区，垃圾的干燥、着火、燃烧等在不同的区域完成，通过不同区域间的高度落差来打散垃圾，使中间的一些结团垃圾得到燃烧，但由于炉排顺列水平布置，垃圾处于相对的静止状态，不能充分搅拌均匀，燃烧效率低，较难实现规定的灰渣热灼减率指标。

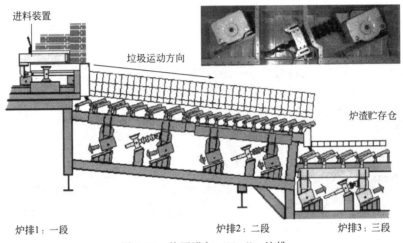

图 2-37　德国诺尔（Noell）炉排

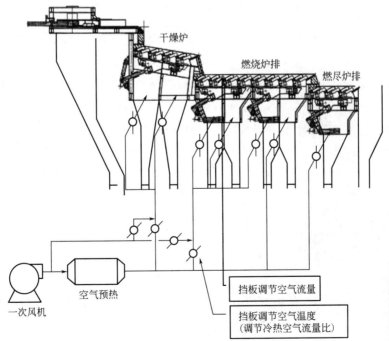

2-22　炉排

图 2-38　田熊 SN 型炉排

日本田熊株式会社自 1963 年建成日本第一座垃圾焚烧厂以来，已生产了 300 多台焚烧设备。日本田熊株式会社在我国的代表工程有已开工建设的北京高安屯、已投入运行的天津双港等垃圾焚烧厂。在往复炉排的基础上新改良开发的 SN 型炉排（图 2-38），可实现低空气比燃烧、高温燃烧、锅炉高效化、减轻烟气处理负荷等。

② 往复逆推炉排　逆推式炉排由固定炉排和活动炉排交错布置构成。活动炉排的运动方向与垃圾的传送方向相反，通过其运动使垃圾在重力的作用下翻滚滑落，从而起到良好的搅拌作用。逆推式炉排的炉排长度比其它形式同等容量的炉排短，燃烧空气与垃圾混合充分，对垃圾干燥的效果明显，搅拌能力强，燃烧效率高，特别适合于处理低热值、高含水率的垃圾。

往复逆推炉排以日本三菱重工生产的三菱-马丁逆推阶梯落差式炉排炉（图 2-39）为代表。国内最早使用该型炉排的焚烧厂是深圳清水河垃圾综合处理厂，目前选用该型炉排的还有上海浦东、广州李坑等垃圾焚烧厂。

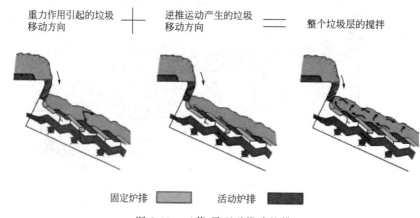

图 2-39　三菱-马丁逆推式炉排

③ 阶梯式炉排　此种炉排由干燥段、燃烧段和燃尽段组成，每段炉排都由固定炉排和活动炉排交替布置构成，每个炉排段之间设计有较大的垂直落差，垃圾在通过这些落差时翻转、坠落并散开，与空气充分混合，增强了燃烧效果。

④ 旋转式炉排　旋转式炉排由多个圆桶型滚轴构成，每两个滚轴间圆桶旋转方向相反。炉排分为干燥区、蒸发区、燃烧区和燃尽区，垃圾在圆桶的滚动作用下向下移动，并可充分搅拌混合。

⑤ 往复顺推＋翻动炉排　该型炉排是针对亚洲国家垃圾的高含水量、低热值专门开发的。由固定炉排、滑动炉排和翻动炉排三种炉排组成，是唯一能够将输送动作（水平运动）、翻搅和通风动作（垂直运动）区分开的炉排系统，是比利时西格斯公司特有的技术。

图 2-40　比利时西格斯 SEGHERS 炉排

比利时西格斯（SEGHERS）炉排（图 2-40）

不仅具有通常的往复运动功能，而且还具有翻动功能，加强了对垃圾的搅拌、松动、通风作用，对低热值、高水分特点的垃圾焚烧具有较大的优势，使炉渣热灼减率控制在比较低的水平。该公司炉排的特点是：具有多级燃烧区；在完全控制下燃烧；具有很大的适应性；安装时间短，炉排在车间预组装，从而缩短了现场安装工期。

几种典型的炉排炉的主要特性见表 2-10。

表 2-10   几种典型的炉排炉的主要特性

炉排类型	往复顺推	往复逆推	往复顺推+翻动	滚动
典型厂家	BABCOCK NOELL	MARTIN	KSBE	STEIMULLER
炉排倾角	12.5°	26°	21.1°	20°
炉排段数	3～5	1	5	6、7
推动方式	液压	液压	液压	电动

（2）回转窑焚烧炉

回转窑焚烧炉（图 2-41、图 2-42）炉体为一水平放置、轻度倾斜、内衬耐火材料的钢制筒状设备。生活垃圾从高端进料，残渣从低端排出。回转窑焚烧炉通过筒体转动加强了废物与燃烧空气的混合，并使废物和残渣向出料端移动。回转速度还被用来控制废物在窑内的停留时间。回转窑窑体内壁有光滑的，也有的设有提升和搅拌用的挡板，加强废物在炉内的搅动、破碎和输送。燃烧过程窑体旋转时保持适当的倾斜度，有利于垃圾的前进。垃圾焚烧厂中回转窑焚烧炉可单独或与炉排焚烧炉组合使用。回转窑的温度分布大致为：干燥区 200～300℃，燃烧区 700～900℃，高温熔融烧结 1100～1300℃。废物进入窑炉后，随窑的回转而破碎，同时在干燥区被干燥，然后进入燃烧区燃烧，在窑内来不及燃烧的挥发组分随气流进入二次燃烧室燃烧。最后残渣在高温烧结区熔融并排出炉外。

按窑内废物与气流运动方向的不同，回转窑焚烧技术分为顺流式和逆流式。逆向流动时高温气流可以预热进入的废物，有利于低可燃性废物（如高含水率的污泥）的焚烧。回转窑排气中通常携带有未燃尽的固体可燃物和可燃气体，需要进行二次焚烧处理，故回转窑后部

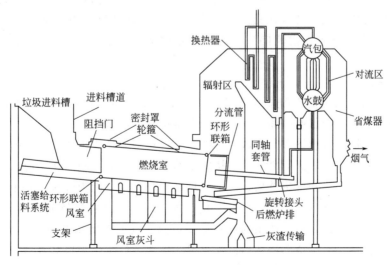

图 2-41   回转窑焚烧炉工作流程图

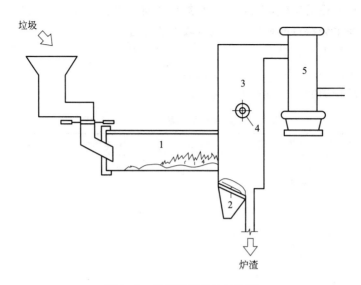

图 2-42　回转窑焚烧炉结构图

1—回转窑；2—燃尽炉排；3—二次燃烧室；4—助燃器；5—锅炉

一般设置二次燃烧室。二次燃烧室内送入二次风，烟气中的可燃成分在此得到充分燃烧。二次燃烧室的大小取决于烟气流量和需要的停留时间。

回转窑一般在一端设置一至两个辅助燃烧器，有的在二次燃烧室还设置有燃烧器。燃烧器可采用液体燃料、气体燃料或高热值的废液，用于点火启动焚烧炉和维持最低的燃烧温度。

回转窑的优点：机械零件少，故障率低，可以长时间连续运行，运行和维修的费用较低；焚烧过程中，废物在炉内能得到充分的搅拌、翻滚，与空气混合效果好，湍流好，炉内不存在因废物分布不均匀或料层太厚而产生的废物未烧到的死角，从而提高其焚烧效率；对燃料的适应性广，可用于各种废弃物的混合焚烧，是危险废物领域用途最广，也是最适用于商业化集中处理中心的焚烧系统。其缺点是炉身较长，单台炉子和焚烧锅炉间所占面积较大，与同样处理能力的固定床式焚烧炉相比，一次性建设费用稍高。如果待处理的垃圾中含有多种难燃烧的物质，垃圾的水分变化范围较大或者进料的体积较大，回转窑是一理想的选择。回转窑可处理的固体废物范围广，适用于处理成分复杂、热值较高的一般工业固体废物。

（3）流化床焚烧炉

如图 2-43 所示，流化床焚烧炉是工业上广泛应用的一种焚烧炉，适用于处理污泥、预处理后的生活垃圾及一般工业固体废物。主体设备是圆柱形塔体。底部装有多孔板，板上放置载热体砂作为焚烧炉的燃烧床。塔内壁衬有耐火材料。流化床炉与炉排炉的不同之处在于其炉内没有运动的炉排，取而代之的是一块固定的多孔布风板，同时在炉内加入一定量的砂粒作为热媒，起均匀传热和蓄热效果，使生活垃圾完全燃烧。因为砂粒尺寸小，垃圾必须先破碎成小颗粒，以便燃烧反应的顺利进行。垃圾进入炉内与砂粒接触而升温、干燥、着火、燃尽，同炉排炉一样靠垃圾燃烧放出的热量保持炉温，点火时使用燃料油（柴油），在垃圾热值偏低时，补充燃煤来维持燃烧达到设计工况。正常运行时炉温维持在 850～950℃ 之间。垃圾经适当的预处理后，由给料系统送入流化床燃烧室，调节进入燃烧室的一次风，使其处于流化燃烧状态，由于流化床中的介质处于悬浮状态，气、固间可充分混合返回燃烧室，烟气经尾部烟道进入净化装置净化后排入大气。如果在进料时同时加入石灰粉末，则在焚烧过程中可以去除部分酸性气体。

流化床焚烧炉主要有鼓泡床焚烧炉和循环流化床焚烧炉。典型的鼓泡床焚烧炉结构如图2-44所示。鼓泡床焚烧炉垂直流化速度多在0.6～2m/s之间，而砂床最小深度则取决于必须维持焚烧所需的最低过剩空气量及使废物完全燃烧的条件下的数据，一般约在0.6～1.5m。鼓泡床炉体主要由流化床和悬浮段炉膛两部分组成。循环流化床通过高流化速度使炉床所含粗砂和废物颗粒向上浮出，并经固体回收分离装置（一般用旋风分离器）将烟气中的砂粒和燃烧完全或未完全的废物通过高温底管及返料器再循环送入炉内，从而形成一高度混合的燃烧反应区，使废物能在足够的停留时间内被分解、破坏和焚烧。典型的循环流化床焚烧炉结构如图2-45所示。循环流化床的垂直流化速度一般在3.6～9m/s之间，约为鼓泡

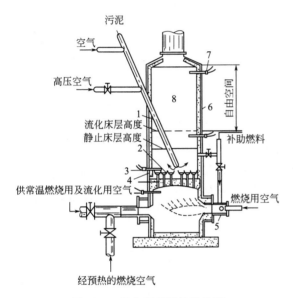

图 2-43　流化床焚烧炉结构图

1—污泥供料管；2—泡罩；3，7—热电偶；4—分配板（耐火材料）；5—补助燃烧喷嘴；6—耐火材料；8—燃烧室

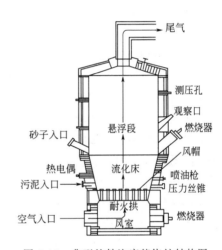

图 2-44　典型的鼓泡床焚烧炉结构图

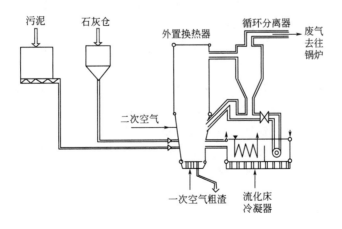

图 2-45　典型的循环流化床焚烧炉结构图

2-23　流化床焚烧炉

床的 2～10 倍。而单位时间内由旋风分离器收集循环进入炉内的固体物料量（含床砂和燃烧过程产生的固体物）除以单位时间内焚烧废物量的值（即固体颗粒循环比）则介于 50～100 之间。通过这种方式，流化床的温度分布将更为均匀一致，在一般操作时焚烧温度的上限多维持在 850～900℃，整体而言，虽比鼓泡床焚烧炉的操作温度低，却具有足以处理有害废物并达到比规定的破坏去除率（DRE）更高的能力。循环流化床燃烧技术是在鼓泡床基础上发展起来的，具有更优异的性能。

　　流化床焚烧炉的优点：从理论上讲，流化床可以使垃圾与空气充分接触，所以，垃圾不仅燃烧速度快而且燃烧完全，焚烧残余物的热灼减率低，可以达到≤3％的效果；能够保证炉温均匀，不致出现局部过热或熔融堵塞现象；以砂子作为载热体，热容量大，焚烧强度高，单位炉床面积的垃圾处理量大；流化床炉的炉体体积小，热损失小，厂房尺寸均较小；飞灰是球形的，不易附在锅炉壁上；结构简单，炉内无运动部件，故噪声小，维修方便。缺点：对垃圾有严格的破碎预处理要求，否则容易发生故障；受进料的限制，单台焚烧炉的处理能力比炉排炉小，一般处理规模在 300～500t/d 左右；由于流化风机需要较高的压头（风机压头一般在 20000Pa 左右），故风机所需功率较大，动力消耗也随之增大；由于飞灰量比较大，烟气对过热器管束等受热面的磨损也较大；稳定燃烧需要的热值为 2000～2500kcal/kg，常必须加煤等辅助燃料；垃圾和砂子在炉内呈流化状态，加上补充燃煤，所以烟气中的粉尘含量较大，除尘器负担加重，飞灰量增多，处理费用增加；燃烧空间温度没有炉排炉高，过高容易结焦；稳定性差，最大运行时间比炉排炉少 10％左右。

图 2-24　流化床流程

图 2-25　立式炉热分解法系统流程

　　流化床焚烧炉的运行和操作技术要求高，若垃圾在炉内的沸腾高度过高，则大量的细小物质会被吹出炉体；相反，鼓风量和压力不够，沸腾不完全，则会降低流化床的处理效率。因此需要非常灵敏的调节手段和相当有经验的技术人员操作。

　　流化床焚烧炉适合燃烧废油脂，工业有机污泥以及低热值、呈颗粒状的废物。对于尺寸较大的废物，一般需要进行破碎等预处理，使其控制在适合的粒度范围。流化床焚烧炉不适宜处理含有低熔点盐类较多的废物，焚烧该类废物容易使床料粒子烧结团聚，从而导致流化状态恶化。

　　（4）静态热解气化炉

　　生活垃圾的热解气化技术，是指将可气化生活垃圾放入热解气化炉中，在高温、缺氧的条件下，经过一段时间热解气化反应，使生活垃圾中有机类组分得到充分的热解气化，在热解气化过程中有机质大分子态裂解成小分子态可燃气体，剩余物为熔融炉渣，各类细菌病原菌被彻底杀灭的工艺过程。

　　静态热解炉由液压进料装置、一次燃烧室、二次燃烧室、空气供给系统及自动清灰装置等组成。静态热解炉的工作分为两个阶段，即热分解阶段与氧化阶段，并分别在两个不同的室内完成。垃圾首先进入炉温较低、供气较少的一次燃烧室，当室内温度达到 500～550℃时，自动控制其进气量，使垃圾在缺氧高温状态下进行静态缺氧热解，以抑制某些酸性气体及飞灰的形成。热分解后，高温烟气进入二次燃烧室，并与充足的空气进行氧化燃烧。

　　静态热解炉的优点：与其它焚烧炉相比，占地面积小、厂房高度较低；设备结构简单，维修方便；无需对垃圾进行分选。静态热解炉存在的主要问题：当垃圾热值偏低或含水量过高时，需加入较多的辅助燃料；易受垃圾特性的影响而使燃烧难以控制，灰渣难以燃尽；环保不易达标，运行成本可达炉排炉的 2 倍以上；热解-氧化控制范围小，对控制系统的可靠性要求及管理水平要求比机械炉型高。

---

① 机械炉排焚烧炉：适用于生活垃圾焚烧，不适用于处理含水率高的污泥。

② 回转窑焚烧炉：适用于处理成分复杂、热值较高的一般工业固体废物。

③ 流化床焚烧炉：适用于处理污泥、预处理后的生活垃圾及一般工业固体废物，对物料的理化特性有较高要求。

④ 固定床等：适用于一些处理规模较小的固体废物处理工程。

2.3.3 焚烧二次污染的控制与管理

任务导入：城市生活垃圾焚烧厂会产生哪些二次污染？应如何进行控制管理？

2.3.3.1 烟气净化

（1）认识烟气污染物

与煤、木材等燃料的燃烧过程一样，垃圾焚烧会产生烟气，同时释放出能量。由于垃圾成分的复杂性，其焚烧产生的烟气含有许多有害物质（如颗粒物、酸性气体、金属等），这些物质视其数量和性质对环境都有不同程度的危害。因此，垃圾焚烧所产生的烟气是焚烧处理过程产生污染的主要来源。鉴于这些物质对环境和人类健康造成的危害，焚烧烟气在排入大气之前，必须进行净化处理，使之达标排放。

焚烧烟气中污染物的种类和浓度受生活垃圾的成分和燃烧条件等多种因素的影响，每种污染物的产生机理也各不相同。充分掌握焚烧烟气中污染物的种类、产生机理和原始浓度波动范围是烟气净化工艺的基础。高效的焚烧烟气净化系统的设计和运行管理是防止垃圾焚烧发电厂二次污染的关键。

① 烟气的特点　垃圾在焚烧炉中燃烧产生烟气，焚烧烟气的特点有：焚烧烟气的排烟温度高，为 $200 \sim 600 ℃$，在进行了余热回收后焚烧烟气的温度为 $150 \sim 250 ℃$。焚烧烟气中污染物种类繁多，除产生常规的 HCl、SO_2、NO_x、CO、CO_2 和粉尘等大气污染物及灰渣等固体废弃物外，还会产生其它燃料燃烧所生成的污染物。当垃圾中含有含氯的塑料或其它有机物、无机物时，还会产生氯气和光气等有毒气体。当燃烧不充分时，会产生甲烷、苯和氰化氢等物质。当垃圾含有重金属（如电池、各种添加剂）时会大大增加焚烧生产物中的重金属含量。焚烧烟气中污染物的浓度低，一般为 10^{-6} 或 10^{-9} 数量级。焚烧烟气的特点决定了焚烧系统的烟气处理设备与一般的空气处理设备既有相同的地方又有其特殊性，净化装置必须效率高，且要具有耐高温和耐酸腐蚀的能力。

垃圾焚烧烟气具有如下特性：

① 烟气中的颗粒物具有强磨琢性和冲击性。

② 具有氧化性：烟气含氧量一般为 $6\% \sim 9\%$，实际运行中最高可达 12%，还有 Br_2、NO_2 等氧化性物质。

③ 具有水解性：烟气中水分一般为 $15\% \sim 25\%$，实际运行中可达到 35%。

④ 烟气在低温潮湿环境中，粉尘容易变潮并在冷区结块、黏结。

⑤ 对一些非连续生产的设备，可能会频繁经过露点，要解决好腐蚀和结露问题。

⑥ 烟气中可能含有油性物质，易造成滤料的堵塞或影响清灰。

② 烟气中的污染物　由于生活垃圾成分的复杂性、性质的多样性和不均匀性，焚烧过程中发生了许多不同的化学反应，产生的烟气中主要成分是 N_2、O_2、CO_2 和 H_2O 等四种无害物质，占烟气容积的 99%。因垃圾成分不可控和燃烧过程的多变性，焚烧烟气中还含有 1% 左右的有害污染物，根据烟气污染物的性质的不同，可将其分为粉尘、酸性气体、重金属和有机污染物四大类。

> **垃圾焚烧炉出口烟气中含有的污染物：**
> ① 粉尘：废物中的惰性金属盐类、金属氧化物或不完全燃烧物质等颗粒物。
> ② 酸性气体：如 NO_x、SO_x、HCl 等。
> ③ 重金属：主要是 Hg、Pb、Cd 及其化合物。
> ④ 有机污染物：主要是二噁英、呋喃。

（2）烟气排放标准

表 2-11 列出了垃圾焚烧发电厂大气污染物不同标准的排放限值。

表 2-11　垃圾焚烧发电厂大气污染物不同标准的排放限值

序号	污染物名称	单位	GB 18485—2014 限值		欧盟 2000/76/EC 限值	
			1h 均值	24h 均值	1h 均值	24h 均值
1	烟尘	mg/m^3	30	20	10	30
2	烟气黑度	林格曼黑度,级	Ⅰ级	Ⅰ级	—	—
3	一氧化碳	mg/m^3	100	80	50	100
4	氮氧化物	mg/m^3	300	250	200	400
5	二氧化硫	mg/m^3	100	80	50	200
6	氯化氢	mg/m^3	60	50	10	60
7	氟化氢	mg/m^3	—	—	1	4
8	TOC	mg/m^3	—	—	10	20
9	Hg	mg/m^3	0.05(测定均值)		0.05	0.05
10	Cd+Ti	mg/m^3	0.1(测定均值)		0.05	0.05
11	Pb+Cr 等其它重金属	mg/m^3	1.0(测定均值)		0.5	0.5
12	二噁英类	$ng\ TEQ/m^3$	0.1(测定均值)		0.1	0.1

注：1. 本表规定的各项标准限值，均以标准状态下含 11% O_2 的干烟气为参考值换算。

2. 烟气最高黑度时间，在任何 1h 内累计不得超过 5min。

3. 2000/76/EC 中 Hg、Cd+Ti、Pb+Cr 等其它重金属、二噁英类为测定均值。

（3）颗粒污染物的净化

颗粒污染物净化的常用工艺有静电除尘、袋式除尘和文丘里洗涤等。垃圾焚烧烟气中的颗粒物粒度很小（$d<10\mu m$ 的颗粒物含量相对较高），文丘里洗涤器虽然可以达到很高的除尘效率，但能耗高而且存在后续的废水处理问题。随着环保要求的日益严格，电除尘器不仅不能满足脱除有机物（二噁英等）、重金属的需要，同时也不能满足粉尘排放的要求，现在已基本不再采用电除尘器作为垃圾焚烧厂末端的粉尘处理装置。根据《生活垃圾焚烧处理工程技术规范》（CJJ 90—2009）和《生活垃圾焚烧污染控制标准》（GB 18485—2014），垃圾焚烧厂烟气净化系统的末端设备必须选用袋式除尘器。

袋式除尘器可除去粒状污染物及重金属。袋式除尘器通常包含多组密闭集尘单元，其中包含多个由笼骨支撑的滤袋。烟气由袋式除尘器下半部进入，然后由下向上流动，当含尘烟气流经滤袋时，粒状污染物被滤布过滤，并附着在滤布上。滤袋清灰方法通常有下列三种方式：反吹清灰法、机械振打清除法及脉冲喷射清除法。清除下来的粉尘掉落至灰斗并被运走。在袋式除尘器的设计上，气布比是非常重要的因素，对投资费用及去除效率有决定性的影响。

袋式除尘器通常以清灰方式分类，在城市垃圾焚烧设施中，较常使用的类型为脉冲清灰法。脉冲喷射清除法具有较大的过滤速度，废气由外向滤袋内流动，因此其尘饼累积在滤袋外。在清除过程时，执行清除的集尘单元将暂停正常操作，由滤袋出口端产生高压脉冲气流以清除尘饼。脉冲喷射清除法将使滤袋弯曲，造成尘饼破碎，从而掉落在灰斗中。

袋式除尘器同时兼有二次酸气清除的功能，上游的酸气清除设备中未反应的碱性物附着在滤袋上，在烟气通过时可再次和酸气反应。

袋式除尘器的缺点是滤袋材质脆弱，对烟气高温、化学腐蚀、堵塞及破裂等问题较敏感。20世纪80年代后，各种新材料滤料被开发，尤其是聚四氟乙烯薄膜滤料（PTFE）在袋式除尘器上被应用，使袋式除尘器的上述弊端得以极大改善。薄膜式过滤袋利用薄膜表面，以均匀微细的孔径，取代传统的一次尘饼，去除粉尘的效率非常高。由于薄膜本身的低表面摩擦系数、疏水性及耐温、抗化学特性，使过滤材料具有极佳的捕集效果。袋式除尘器目前已广泛应用于城市垃圾焚烧厂除尘。袋式除尘器性能见表2-12。

表 2-12 袋式除尘器性能表

项目		袋式除尘器
除尘效果/(mg/m^3)		$10\sim25$
除尘率/%	$<1\mu m$	>90
	$1\sim10\mu m$	>99
	$>10\mu m$	>99
重金属和二噁英去除效果		较好
耐酸碱性		取决于滤袋材质
压头损失/Pa		约1000
动力消耗		略低
运行维护费用		较高

（4）酸性气体的净化

① 脱酸工艺 根据垃圾焚烧厂烟气中污染物的浓度和排放控制标准，可以选择干法、湿法、半干法三种工艺，加之与袋式除尘器组合，以保证烟气净化效果达到规定的指标。

垃圾焚烧过程中产生的酸性气体主要是 HCl、SO_x，其净化方法有湿法、干法和半干法三种。干法与半干法工艺（表2-13）发展迅速，目前国内外应用广泛。湿法在火电站应用较多，湿法脱酸塔对酸性气体的去除效率高，吸收剂耗量又少，但会产生大量洗涤污水，处理成本较高。发达国家烟气排放标准严格，其垃圾焚烧厂应用湿法脱酸的较多。

从目前国内焚烧厂运行效果来看，半干法是介于干法和湿法之间的工艺，技术成熟，能达到较高的污染物去除效率，而且运行费用较低。这种净化装置的缺点是对自控水平要求高。另外，对喷嘴的要求也高，不但雾化效果要好，而且要抗腐蚀、耐磨损、不易堵塞。

表 2-13 干法与半干法工艺比较

项目	干法	半干法
初期建设费用	系统简单,组成的设备少,与半干法相比便宜,约为半干法系统设备费的 80%	需要消石灰浆供应系统,需要昂贵的旋转雾化器
药剂消耗量	干法使用的消石灰量与半干法相同时,SO_x 的去除率比半干法的低,湿法洗涤塔消耗的烧碱量要增加	半干法使用的消石灰量与干法相同时,SO_x 的去除率比干法高一些,湿法洗涤塔消耗的烧碱量少一点
对湿法废水排放影响	脱酸效率较低,湿法废水量大	脱酸效率高,湿法废水量较低
运行操作性	消石灰是干燥的粉状,易于使用	因使用消石灰浆,需要特别注意石灰浆浓度的控制
系统维护	系统简单,设备少,易于维护。与半干法相比,维护费便宜	旋转雾化器需要定期清洗。长期停炉时需要清扫石灰浆管道。包含了旋转雾化器的修理、更换费用在内的维护费高于干法

② 脱氮工艺 现阶段烟气脱氮技术主要是还原法和氧化法两类。还原法主要是选择性催化还原法（SCR）和选择性非催化还原法（SNCR）两种。氧化法主要是光催化氧化法、电子束法等。

选择性催化还原法（SCR），脱除效率高，被认为是最好的固定源脱氮技术，但是投资和运行费用高，还原剂的泄漏也是需要关注的问题；选择性非催化还原法（SNCR），与SCR 相比，脱除效率低，运行费用低，技术已工业化，但缺点是温度控制较难，氨气泄漏可能造成二次污染；光催化氧化法，TiO_2 对高浓度 NO_x 的脱除效率低，而且会产生有害的中间产物；电子束或电晕放电法能耗高，产生的 X 射线会对人体产生危害；循环流化床法，尚未工业化，许多实际问题还未解决。

脱氮常用的方式有 SNCR 法和 SCR 法。SNCR 法是在高温（800～1000℃）条件下，利用还原剂氨或碳酰胺（尿素）将 NO_x 还原为 N_2 的方法。SCR 以氨水为还原剂在专用的催化脱氮器中完成。两种方法的比较如表 2-14 所示。对于脱氮工艺，若要求脱氮效率高达80% 以上，则需采用 SCR 工艺，若脱氮效率要求可以低一些，则可用 SNCR 工艺。SNCR工艺的脱氮效率对新设计的焚烧炉，如喷氨位置的温度合适，则其效率可达 50% 左右。SNCR 工艺最大的优点是投资低，占地面积小，约为 SCR 工艺的 1/7～1/3，很有吸引力，一般小型锅炉上采用较多。

表 2-14 SNCR 法和 SCR 法的比较

项目	SNCR	SCR
反应温度	850～1000℃	120～450℃
反应地点	炉膛内	炉外的催化脱氮器
还原剂	尿素或氨水	氨水
净化效率	30%～50%	>80%
烟气再加热	不需要	需要加热到200℃以上,因此需要设置烟气再加热器
运行费用	少	高(烟气需要重新加热)
NO_x 的最高保证值	190～200mg/m³ (O_2 11%,干基)	50～100mg/m³ (O_2 11%,干基)
占地面积	无需烟气再加热器和催化剂反应塔,占地面积较小	需要设置烟气再加热器和催化剂反应塔,占地面积较大
二噁英的去除效果	无	有
投资	小	大

（5）重金属的去除

焚烧设备排放的尾气中所含重金属的形态和质量，与废物种类和性质、重金属存在形式、焚烧炉的操作和空气污染控制方式密切相关。去除尾气中重金属的方法主要有以下四种。

① 除尘器去除　当重金属降温达到饱和温度时，就会凝结成粒状物。通过降低尾气温度，利用除尘设备就可去除之。布袋除尘器与干式或半干式洗气塔并用时，对重金属（汞金属除外）的去除效果非常好。且进入除尘器的尾气温度愈低，去除效果愈好。

② 活性炭吸附法　在布袋除尘器前喷入活性炭，或于流程尾端使用活性炭滤床来吸附重金属。

③ 化学药剂法　在布袋除尘器前喷入能与汞金属反应生成不溶物的化学药剂，可去除汞金属。如，喷入 Na_2S 药剂，使其与汞反应生成 HgS 颗粒，然后再通过除尘系统去除掉 HgS 颗粒。

④ 湿式洗涤塔吸收　部分重金属的化合物为水溶性物质，通过湿式洗气塔的作用，把它们先吸收到洗涤液中，然后再加以利用。

（6）二噁英的去除

目前，国内外对二噁英进行控制主要采用"3T1E"技术（进行高温燃烧分解），在低温段 $250\sim400℃$ 控制其再合成。燃烧控制技术先进的可将二噁英控制在 $3ng\ TEQ/m^3$ 以下，一般情况在 $5ng\ TEQ/m^3$ 左右。经过加活性炭吸附和袋式除尘后，国内一般也能达到 $0.1ng\ TEQ/m^3$ 以下。在燃烧控制水平高和活性炭加入量足够时，排放浓度甚至更低，但不能稳定达到 $0.01ng\ TEQ/m^3$ 以下，必须进一步处理。

① 活性炭吸附与高效除尘　活性炭具有巨大的表面积及良好的吸附性，不仅能吸附固态的二噁英颗粒，而且能将气态二噁英组分凝固吸收，目前烟气净化系统通常在除尘前段管道中注入活性炭粉末来吸附烟气二噁英，在下游用除尘器捕集。这就对除尘器提出两个要求：一是高效除尘；二是限制二噁英形成。布袋过滤装置作为一种高效的颗粒分离设备，能够同时满足高效除尘和低温运行两个要求，是目前最理想的垃圾焚烧烟气除尘设备，与活性炭吸附结合形成了多种组合工艺。这捕集了大量的二噁英，但是活性炭吸附的二噁英并没有分解，必须对吸附后的活性炭进行进一步无害化处理。

② 二噁英催化技术　一些催化剂，如 V、Ti 和 W 的氧化物在 $300\sim400℃$ 可以选择性催化还原（SCR）二噁英。有关资料介绍，采用 TiO_2-V_2O_5-WO_3 催化剂在 SCR 装置中研究了垃圾焚烧烟气中二噁英和相关化合物的分解。实验结果表明，90%以上的二噁英高分解转化或较高分解转化，且气态组分的分解转化要高于粒子组分的分解转化。

二噁英催化反应脱除技术已有工业应用。由于考虑到催化剂中毒问题，SCR 通常安装在湿法脱酸塔和袋式除尘器之后，而烟气在袋式除尘器出口的温度一般为 $150℃$，采用湿法后温度会更低，在此温度下无法进行二噁英的催化还原，所以需要对烟气再进行加热，从而增加了成本。

③ 化学处理　可在烟气中喷入 NH_3 以控制前驱物的产生或喷入 CaO 以吸收 HCl，这两种方法已被证实有相当大的去除二噁英的能力。

④ 电子束照射　使用电子束让烟气中的空气和水生成活性氧等易反应性物质，进而破坏二噁英的化学结构。日本原子能研究所的科学家使用电子束照射烟气的方法分解、清除其中的二噁英，取得了良好效果，但未达到工业应用阶段。

（7）烟气净化典型案例

① 采用 SNCR 技术和半干式反应器的烟气净化工艺　如图 2-46 所示，垃圾在炉膛内燃烧后产生大量烟气。首先对其进行脱硝，在焚烧炉膛上部选取合适（温度在 850～950℃）的位置喷入氨水以除去烟气中的 NO_x，然后经过半干式反应器，由其顶部的雾化器喷出石灰浆脱酸，而后在布袋前喷入活性炭以吸附重金属、二噁英等有害物，最后烟气经过布袋除尘器除去其中的粉尘、活性炭等颗粒物，由引风机送入烟囱。

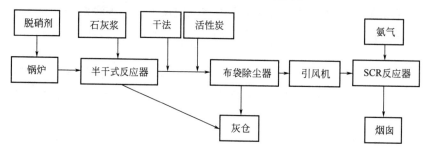

图 2-46　SNCR 技术和半干式反应器的烟气净化工艺

此种烟气净化工艺在半干式反应器和布袋之间增加了干法投入口，在半干式反应器故障或烟气酸性成分超标时投运，以保证达标排放。同时，采用 SNCR（炉内脱硝）技术对 NO_x 的去除率不够高，为了达标排放，往往需要再投加过量的氨水，导致氨逃逸率过高。但是此种烟气净化工艺流程简单，投入成本低，设备维护方便。

② 采用 SNCR/SCR 联合技术和半干式反应器的烟气净化工艺　随着垃圾发电的不断发展，烟气排放标准的日益严格，光大环保南京项目率先采用了此种烟气净化工艺，NO_x 排放低于 $80mg/m^3$。此种工艺在引风机和烟囱之间增加了 SCR 反应器，在炉膛内喷入的过量氨水会在 SCR 反应器内与 NO_x 反应，生成氮气和水，且无副反应，有效地控制了 NO_x 的同时也控制了氨逃逸。但是此种烟气净化工艺需要经常调整 SNCR 和 SCR 的供氨比例，SCR 反应器的投用也较复杂，且成本较高。

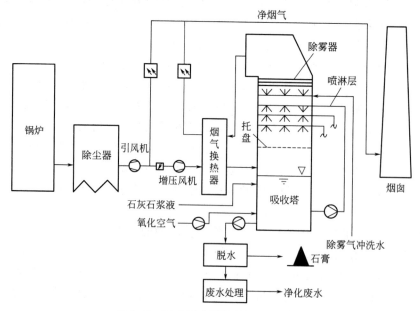

图 2-47　湿式反应器的烟气净化工艺

③ 采用湿式反应器的烟气净化工艺 湿式反应器烟气净化流程和以上两种大不相同且种类多变，以下介绍其中较完备的一种，如图 2-47 所示。锅炉内的烟气首先经除尘器除去其中的粉尘，然后经过引风机由增压风机送入吸收塔（湿式反应器），经过吸收塔内的液体脱酸剂脱酸。最后经除雾除湿装置后进入烟囱。此种烟气净化工艺由于烟气和脱酸剂接触全面，烟气指标往往很容易控制，但是吸收塔产生的废液不易处理，运行维护不便，运行成本高。

2.3.3.2 炉渣利用处置

（1）认识炉渣

炉渣是一种浅灰色的锅炉底渣，随着含炭量的增加颜色变深。炉渣由多种粒子构成，其中非晶体颗粒占总量的 50% 以上。其颗粒组成为漂珠占 0.1%～0.3%，实心微珠占 45%～58%，炭粒占 1%～3%，不规则多孔体占 28%～39%，石英占 5%～8%，其它占 5%。含水率会直接影响集料压实程度、压实后最大密度、强度和抗变形能力。炉渣中的主要元素为 O、Si、Fe、Al、Na、K、Ca、C（表 2-15）。

表 2-15 炉渣无机化学成分

序号	化学成分	含量/%	序号	化学成分	含量/%
1	SiO_2	47.6	8	BaO	0.12
2	Al_2O_3	6.26	9	Cr_2O_3	0.061
3	Fe_2O_3	7.23	10	PbO	0.29
4	CaO	11.35	11	SO_3	1.35
5	MgO	7.94	12	C	3.52
6	K_2O	1.63	13	H_2O	3.28
7	Na_2O	3.92	14	其它	5.449

（2）炉渣的利用和处置

垃圾焚烧后的炉渣经出渣机加水冷却降温后，送到后续振动输送机经除铁后送入渣池，再由公用的渣吊车抓至汽车运输。

振动输送带在振动传送的过程中使炉渣中的金属物分离外露，由装在振动输送带上方的磁选机将铁件吸起送出。收集起来的废铁用金属打包机压缩成方块，运往钢铁厂回炉再利用。具体见图 2-48。

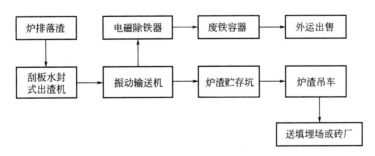

图 2-48 排炉渣系统工艺流程图

经高温焚烧后的水冷炉渣是一种密实和无菌的化学性质稳定的残渣，经筛分和磁选分离出一些金属物质。研究表明，水冷炉渣的土木工程特性与砂石相近，具有较高的利用价值，弃之为废，用之为宝。

根据一些垃圾焚烧厂对炉渣综合利用的经验，炉渣一般可用于铺路、围墙或作其它综合利用。为节约土地资源，我国已开始对传统的红砖生产执行"封杀令"，这无疑为轻质炉渣砖提供了大好的发展契机。用炉渣加上一种发泡剂，可生产轻质灰渣砖，这种砖的重量只相当于普通红砖的 1/3～1/2，抗压力却可增加 30% 左右，高层和超高层建筑如果用这种轻质砖作内、外墙，不仅可以降低造价约 30%，还可使建筑物的自重大大减轻。用垃圾焚烧后的灰渣和泡沫塑料垃圾生产新型墙体材料、隔热层和轻质建筑砖的这项技术已经在广州用于高楼大厦的建设。

2.3.3.3 飞灰利用处置

（1）认识飞灰

生活垃圾焚烧飞灰是指生活垃圾焚烧产生的烟气净化系统捕集物和烟道及烟囱底部沉降的底灰。垃圾焚烧产生的灰分为炉灰和烟气净化飞灰。炉灰是余热锅炉尾部烟道灰斗沉降灰，烟气净化飞灰主要来自半干式脱酸系统底部灰和布袋除尘捕捉下来的灰。其中余热锅炉二、三通道灰斗出灰不纳入危险废弃物而直接排入出渣机与炉渣一并处置，而其余炉灰和烟气净化飞灰作为危险废弃物输送到灰库暂存再稳定化处理处置。

一般来说，生活垃圾焚烧飞灰因其组成不同，颜色从白色到灰色和黑色不等。粒径多分布于 38.5～74μm，小于 74μm 部分占总量的 73%，堆积密度为 0.6～0.8g/cm³，真密度为 2.4～2.6g/cm³，比表面积为 1.2～1.5m²/g，具有较高的吸湿能力。飞灰多为粉末状固体。电镜扫描结果显示，飞灰的孔隙率较高，表面凹凸不平。

Si、Al、Ca、Cl、Na、K、Mg、Fe、C 和 S 是飞灰的主要组成元素，具体如表 2-16 和表 2-17 所示。灰的矿物组成较复杂，主要为 SiO_2、$NaCl$、KCl、$CaSO_4$、$CaCO_3$、Al_2SiO_5 和 $CaAl_2Si_2O_8$，还有少量的 CaO、$Ca_2Al_2SiO_7$ 和 Zn_2SiO_4 等物质（表 2-18），飞灰的活性较强。

表 2-16　生活垃圾焚烧飞灰主要元素组成表

元素名称	Si	Al	Ca	Cl	Na	K	Mg	Fe
含量/%	8.0～12.7	3.9～5.0	13.4～36.8	8.4～11.0	2.5～5.6	2.3～4.0	1.4～3.5	1.5～2.9

表 2-17　生活垃圾焚烧飞灰中微量元素组成表

微量元素名称	含量/(mg/kg)	微量元素名称	含量/(mg/kg)
C	15100～16850	Cr	253～384
S	22138～23897	Ni	85～147
Zn	3334～5179	As	27.9～89.2
Pb	878～2594	Cd	44.2～79.6
Mn	806～1119	Co	35.8～48.5
Cu	555～793	Ag	14.2～27.4
Hg	4.57～24.8		

表 2-18　生活垃圾焚烧飞灰矿物组成表

成分	CaO	MgO	Al_2O_3	Fe_2O_3	Na_2O	MnO	P_2O_5	SO_3	Cl(NaCl、KCl)
含量/%	16.95	23.15	9.34	3.48	4.41	0.13	1.75	11.45	6.30

飞灰中溶解盐的含量高达 17.9%～22.1%，主要为 Ca、Na 和 K 的氯化物，处置时不仅有可能污染地下水和附近水体，氯化物的大量存在还会增加其它某些污染物的溶解性，如 Pb 和 Zn，而且不利于飞灰的固化稳定化或熔融处理。

飞灰的酸中和能力约为 3.0～6.0m_{eq}/g（以 pH＝7 为终点），碱性强（浸出液的 pH≥12），对环境 pH 变化的抵抗能力强。由于重金属氢氧化物的溶解度一般都很低，高 pH 值对抑制重金属的浸出有利。

由于垃圾焚烧飞灰是以金属与非金属氧化物等成分的混合物形式存在的，所以垃圾焚烧飞灰的熔点是某一个温度范围。当加热到一定温度时，飞灰中的低熔点成分开始熔化，随着温度的升高，熔化成分逐渐增多，最后全部变为液态，其中包含一些物相的生成反应。一般而言，飞灰的熔点为 1200～1400℃。

根据某个垃圾焚烧发电厂的飞灰浸出毒性试验资料，垃圾焚烧飞灰中的 Pb 显示出相对稳定的超标趋势，根据《危险废物标准鉴别 浸出毒性鉴别》（GB 5085.3—2007）的规定，固体废物浸出液成分中，只要任一种有害成分的浓度超过鉴别标准，则认为该废物是具有浸出毒性的危险废物。

生活垃圾焚烧飞灰被列入《国家危险废物名录》和《危险废物豁免管理清单》：
① 废物类别：焚烧处置残渣（HW18）
② 行业来源：环境治理业
③ 废物代码：772-002-18
④ 危险特性：毒性（T）
⑤ 豁免环节：处置
⑥ 豁免条件：满足《生活垃圾填埋场污染控制标准》（GB 16889—2008）中 6.3 条要求，进入生活垃圾填埋场填埋。
⑦ 豁免内容：填埋过程不按危险废物管理。

（2）飞灰的利用和处置

现行飞灰处理方法主要有稳定法处理、化学处理、安全填埋、高温处理等四大类。其中以无机药剂＋水泥固化的综合稳定化方法，即采用水泥作为固化材料，配以螯合剂的稳定化工艺应用最为广泛。

稳定化处理是通过与飞灰搅拌混合，药剂与飞灰均匀接触，并在碱性环境中形成自然界的磷盐矿物质如磷灰石晶体等，该物质对铅、镉、锌等有非常强的吸引力。当飞灰中所含铅、镉等重金属遇水溶解渗出，接触药剂形成的磷灰石后，将被其吸附，并取代磷灰石物质中的钙元素，发生沉淀反应、络合反应而形成较为稳定、无害、溶解度极低的络合式含铅、镉等磷盐矿物质，并利用添加的水泥进行包容和固化，从而达到重金属稳定化的目的。

本工艺设置三个料仓，分别存储飞灰、药剂和水泥。飞灰由专门的飞灰运输车辆将其从垃圾焚烧发电厂飞灰收集仓运送至飞灰料仓，并利用气泵通过料仓底部的入口将飞灰泵入仓内，药剂和水泥由专门的车辆运送至各自的存储仓内。根据入厂时飞灰的检测数据，按照一定配比，将飞灰、水泥和药剂按顺序从各自的料仓中输送至称量斗内，在称量斗内分别计量，先进入干粉混合设备，将三种物料均匀混合后，再进入加湿搅拌设备搅拌混合，并添加一定比例的水，混合后的产物输送到专用运输车辆，再运送至填埋场进行摊铺填埋处置。通过处理后的飞灰，将达到《生活垃圾填埋场污染控制标准》（GB 16889—2008）中的相关要求，送至附近的应急垃圾卫生填埋场进行填埋。

飞灰稳定化处理工艺流程（图2-49）具有如下特点：

① 物料从料仓出料直至经称量搅拌后进入运输车辆，全部过程均密封操作，并在设备上增加除尘装置，同时在厂房内也设置抽风除尘装置，确保操作场地的干净和操作人员的健康。

② 全程自动控制系统，从飞灰、水泥、药剂的出料、称量、搅拌混合到输送至飞灰专用运输车辆上，均采用自动化控制，从而降低了操作强度，提高了运行效率。

③ 采用了污水回收系统，整个操作过程实现了零排放，避免了二次污染。通过污水收集系统将生产过程和清洗设备时产生的少量污水集中送至设置于地下的沉淀池进行静置沉淀处理。沉淀池的上清液被送回搅拌系统内循环再利用。沉淀池底部的污泥被定期清理后，送至搅拌系统内，与飞灰混合处理。

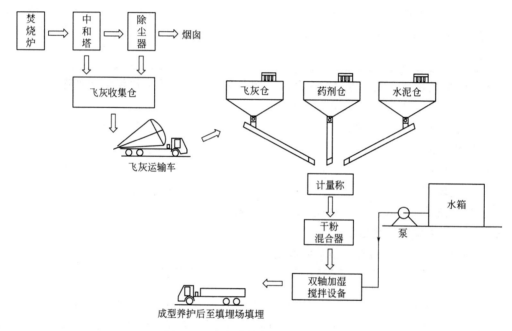

图2-49 飞灰稳定化处理工艺流程图

2.3.3.4 渗滤液处理

（1）认识渗滤液

① 可生化性 渗滤液中的有机物通常可分为三类：低分子量的脂肪酸类、腐殖质类高分子的碳水化合物、中等分子量的灰黄霉酸类物质。这些化合物中含有已被确认的可疑致癌物、促癌物、辅助致癌物以及被列入中国环境优先污染物"黑名单"的有机物等。焚烧厂垃圾池渗滤液中的低分子量可溶性脂肪酸较多，以乙酸、丙酸和丁酸为主，这类物质容易降解；其次还有大量难以降解的高分子和溶解性腐殖质，以及较多的芳香族羧基的灰黄霉酸。生活垃圾在焚烧厂垃圾池中的停留时间很短，渗滤液中的挥发性脂肪酸没有经过充分的水解发酵，不似填埋场渗滤液，挥发性脂肪酸随垃圾填埋时间延长而减少，而灰黄霉酸物质的比重则相对增加，这种有机物组分的变化趋势，意味着焚烧厂渗滤液的BOD/COD值高于填埋场的，即此类渗滤液的可生化性较高。

② 氨氮含量 由于生活垃圾组分中有含氮有机物，且易被溶出或厌氧发酵，所以渗滤

液中的含氮化合物浓度都很高。由于垃圾在焚烧厂垃圾池中的停留时间短，产生的渗滤液中含氮化合物以有机氮形式为主。

③ 重金属离子　渗滤液中通常含有多种金属离子，其浓度与垃圾的类型、组分和厌氧时间等密切相关。由于垃圾本身成分的复杂性及垃圾厌氧反应与代谢过程的复杂性，重金属元素等也会出现在渗滤液中。据报道，生活垃圾中的微量重金属溶出率很低，在水溶液中为0.05%～1.80%，微酸性溶液中为0.5%～5.0%，且垃圾本身对重金属有较强的吸附能力。所以对处理城市生活垃圾焚烧厂渗滤液而言，重金属浓度较其它污染物低得多。除了重金属离子之外，由于垃圾中Fe、Al、Ca的含量较大，所以渗滤液中此类金属的浓度较高。

④ 总溶解性固体　垃圾渗滤液中一般均含有浓度较高的总溶解性固体。水分流经垃圾层时对垃圾中的可溶性固体有萃取作用，所以焚烧厂和填埋场中渗滤液的总溶解性固体浓度都很高。垃圾固相中溶出潜力最大的应是生物可降解的有机组分；PO_4^{3-}、Cl^-和SO_4^{2-}因其良好的可溶性也占有较大比例；Fe、Al、Ca在固相中的含量较大，且有一定的溶解性，因此在渗滤液中也有较高的浓度。尽管渗滤液的组成状况极其复杂，但理论分析和大量的现场监测资料表明，渗滤液的特征污染物是耗氧性有机物（COD、BOD）和NH_3-N，同时由于生成环境长期处于厌氧状态，厌氧生化过程使渗滤液具有典型的高色度与恶臭特征。

生活垃圾焚烧发电厂渗滤液典型水质指标情况见表2-19。

表 2-19　生活垃圾焚烧发电厂渗滤液典型水质指标情况

项目	COD_{Cr} /(mg/L)	BOD_5 /(mg/L)	NH_3-N /(mg/L)	TP /(mg/L)	TN /(mg/L)	SS /(mg/L)	pH （无量纲）
水质	30000～75000	15000～40000	1500～3500	70～100	1800～4000	500～2500	5～7

（2）渗滤液处理方法

生活垃圾焚烧发电厂渗滤液处理工艺可分为预处理、生物处理和深度处理三种。应根据渗滤液的进水水质、水量及排放要求综合选取适宜的工艺组合方式。应用在垃圾渗滤液处理上的工艺除生化外还包括膜技术（包括纳滤和反渗透等）、UASB、蒸发浓缩、氨吹脱、A/O、SBR接触氧化法等多种工艺的组合。

① 回喷炉内焚烧　垃圾渗滤液回喷焚烧处理方法具有处理方式简单实用的优点，在欧美、日本等国应用较多，在我国新建焚烧厂中也有少量应用实例。由于我国生活垃圾热值较低、水分含量高、渗滤液产量大，大量的垃圾渗滤液回喷炉内易造成炉内垃圾燃烧不稳定、炉膛温度降低、蒸汽产量下降，并增加焚烧炉运行操作难度。

② 生物法　生物法是渗滤液处理中最常用的一种方法，分为好氧生物处理、厌氧生物处理以及厌氧-好氧组合生物处理。生物法的运行成本相对较低、处理效率高，因而被广泛采用。

③ 物化法　主要有化学混凝沉淀、砂过滤、电解氧化、化学氧化还原、活性炭吸附、离子交换、膜过滤等多种方法。物化处理可大幅度去除渗滤液中的污染物质，而且受水质水量变化的影响小，出水水质稳定，但单独使用物化法的处理成本较高，一般用于渗滤液预处理或深度处理。常见的渗滤液物化处理方法主要有：蒸发浓缩工艺、混凝沉淀、活性炭吸附、膜工艺（包括反渗透RO、纳滤NF、超滤UF、微滤MF等）、氨吹脱等。

（3）渗滤液处理典型案例

① 厌氧生物处理＋SBR（或A/O）＋超滤＋纳滤/反渗透处理工艺　由于厌氧生物处理

工艺具有节能、运行费用低、能产生沼气等特点，所以一般认为对高浓度有机废水进行处理较宜先采用厌氧工艺，然后再做进一步处理。渗滤液进入厌氧反应器，在酸化细菌的作用下，难溶或大分子有机物水解酸化，生成小分子物质，进而被产甲烷菌利用生成甲烷、二氧化碳等气体，从而去除有机污染物。厌氧出水进入后续的处理工段。厌氧生物反应器需根据进水水质进行选择，通常采用的为升流式厌氧反应器。根据进水水质和排放要求选择纳滤和反渗透进一步处理超滤出水。

本工艺流程中含有厌氧生物处理工艺和好氧处理工艺，运行费用相对较低，对于处理可生化性好的高浓度渗滤液具有较大优势。SBR 工艺通常和浸没式超滤配合使用，A/O 工艺通常和外置式超滤配合使用，A/O 工艺较 SBR 工艺运行更稳定，但能耗高于 SBR 工艺。

本工艺是国内渗滤液处理应用最为普遍的工艺流程，出水可以达到《城市污水再生利用 工业用水水质》（GB/T 19923—2005）表 1 敞开式循环冷却水水质标准要求。

② 厌氧生物处理＋膜生化反应器（MBR）＋化学软化＋MSF 微滤＋反渗透处理工艺 在膜生化反应器（MBR）中用膜分离（通常为超滤）替代了常规生化工艺的二沉池。与传统活性污泥法相比，MBR 对有机物的去除率要高得多，因为在传统活性污泥法中，由于受二沉池对污泥沉降特性要求的影响，当生物处理达到一定程度时，要继续提高系统的去除效率很困难，往往延长很长的水力停留时间也只能少量提高总的去除效率，而在膜生物反应器中，由于分离效率大大提高，生化反应器内微生物浓度可从常规法的 $3\sim5g/L$ 提高到 $15\sim30g/L$，可以在比传统活性污泥法更短的水力停留时间内达到更好的去除效果，减小了生化反应器体积，提高了生化反应效率，出水无菌体和悬浮物，因此在提高系统处理能力和提高出水水质方面表现出很大的优势。MBR 对渗滤液中的氨氮有良好的去除效果，氨氮的去除率基本上维持在 99% 以上，这得益于膜的截留使世代周期长的硝化菌得以富集。

渗滤液经过厌氧生物处理和 MBR 处理后，大部分有机物和氨氮得到降解，通过投加药剂对超滤出水进行软化处理，沉淀物进入污泥脱水系统脱水，出水再通过 MSF 微滤膜过滤（出水污泥密度指数 SDI≤3）后，最后再进入反渗透系统。

本工艺流程中含有厌氧生物处理工艺和好氧处理工艺，后续混凝加药系统及 MSF 微滤膜系统均为反渗透进水的预处理系统，预处理是否达标至关重要，MSF 微滤膜出水硬度对反渗透膜运行的影响非常大。"化学软化＋MSF 微滤"代替了传统的纳滤，此工艺总回收率略高于"纳滤＋反渗透"工艺。

本工艺适用于对总回收率要求比较高（回收率≥65%）的项目，出水可以达到《城市污水再生利用 工业用水水质》（GB/T 19923—2005）表 1 敞开式循环冷却水水质标准要求。

③ 混凝＋多效蒸发＋氨吹脱＋生化处理工艺（图 2-50） 采用混凝/压滤等手段尽量去除渗滤液中的 SS（悬浮物），以减少进入蒸发系统的固体；通过大量实验探索出合理的蒸发

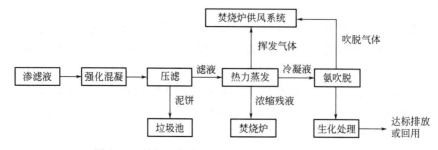

图 2-50　混凝＋多效蒸发＋氨吹脱＋生化处理工艺

条件和各个运行控制参数、改变和设置某些特定的蒸发器结构，以控制蒸发冷凝液中污染物含量尽可能少，减轻氨吹脱和生化处理的难度；通过蒸发设备结构调整和增设酸洗系统以保证系统能长时间连续运行。采用多效蒸发技术处理渗滤液，能够利用垃圾焚烧产生的蒸汽，以尽可能低的成本大幅度降低渗滤液中的 COD，为后续处理提供条件。

④ 纳滤浓缩液＋预处理＋MVC 蒸发处理工艺　预处理流程是向纳滤浓缩液中投加化学药剂去除碱度和硬度，然后进入 MVC 蒸发器，MVC 蒸发是能耗最低的蒸发工艺，尽管其为蒸发工艺，但却不需要输入蒸汽作为热源。通过蒸发使水分子从纳滤浓缩液中蒸发分离，水中非挥发性污染物则继续留在蒸发浓缩液中，如渗滤液中的重金属、无机物及大部分有机物等。

预处理工艺流程为化学处理，预处理去除碱度和硬度对后续蒸发流程至关重要。蒸发工艺流程为物理分离，蒸发处理可将纳滤浓缩液再浓缩 10 倍。

本工艺适合渗滤液处理中需要把浓缩液进一步减量化的项目。

渗滤液处理技术选择要点：

① 垃圾渗滤液具有成分复杂、水质水量波动巨大、有机物和氨氮浓度高等特点，因此在选择垃圾渗滤液生物处理工艺时，必须详细测定垃圾渗滤液的各种成分，分析其特点，采取相应的处理工艺。还应通过小试和中试，取得可靠优化的工艺参数，以获得理想的处理效果。

② 多种方法应用于渗滤液的处理是可行的。生物膜法和活性污泥法有成熟的运行管理经验，近年来采取组合厌氧－好氧工艺生物处理渗滤液的项目较多。

③ 选择处理工艺时要综合考虑投资成本、运行成本、占地面积、垃圾发电厂所在地的用水条件、排放标准等因素，因地制宜地选择合适的工艺。

④ 渗滤液处理产生的浓缩液越来越受到关注，选择深度处理设备时重点要考虑如何减量化以及设备运行的稳定可靠性。

⑤ 垃圾焚烧厂渗滤液 COD 较高，可生化性好，沼气产生量较大。根据厌氧产沼气量的规模情况可选择设置火炬点火、入炉燃烧、沼气发电、沼气提纯等装置。

2.3.4　生活垃圾焚烧厂运行管理

任务导入：如果你应聘到焚烧厂运营管理岗位，运营管理应该怎样做？

2.3.4.1　焚烧厂运营管理基本规定

广东省标准《广东省生活垃圾焚烧厂运营管理规范》（DBJ/T 15-174—2019），对焚烧厂运营管理作了如下基本规定：

① 焚烧厂运营管理应推行《质量管理体系》（GB/T 19001）、《职业健康安全管理体系》（GB/T 28001）和《环境管理体系》（GB/T 24001）。

② 焚烧厂宜根据本厂实际情况加强运营管理信息化、智能化系统建设，提升运营管理水平。

③ 焚烧厂应做好生产准备工作，确保焚烧厂建成后顺利转入正常生产。

④ 焚烧厂应加强日常运行管理，保证设备正常投用，污染治理耗材足量投放，全过程控制污染，切实做到废气、废水等达标排放，飞灰、炉渣等固体废物得到妥善处置。保证在线监控系统稳定运行及数据传输正常。

⑤ 焚烧厂设备、系统及附属设施检修应符合"预防为主、计划检修"的要求，保证检修安全和达到检修质量要求，保障焚烧厂设备、系统及附属设施处于良好可用状态。

⑥ 焚烧厂应提高专业技术人员的业务水平，做好专业技术管理工作。

⑦ 焚烧厂安全管理应坚持"安全第一、预防为主、综合治理"的方针，运用现代安全管理的原理和方法，开展各项安全生产管理工作，确保焚烧厂安全稳定运行。

⑧ 焚烧厂应依据《生活垃圾焚烧厂安全性评价技术导则》（RISN-TG010）开展安全性评价自查工作。

⑨ 焚烧厂环保管理应坚持"保护优先、预防为主、综合治理、公众参与、损害担责"的原则，积极推进清洁生产，发展循环经济，通过不断的技术改进，提升焚烧厂环保管理水平，建设环境友好的焚烧厂。

⑩ 焚烧厂应制定培训管理制度，编制年度培训计划和实施方案，组织各种形式的培训活动，确保生产人员达到"三熟三能"的要求。

⑪ 进厂垃圾称重记录、焚烧炉运行报表、烟气净化系统耗材投入量等生产、技术、经济统计报表及分析文件材料应妥善存档，相关工作应符合《企业文件材料归档范围和档案保管期限规定》（国家档案局第 10 号令）的要求。

⑫ 焚烧厂应制定突发事件综合应急预案和各专项应急预案，与政府相关应急预案衔接。

⑬ 当遇到紧急或特殊情况需处理非生活垃圾时，应按程序报请政府主管部门或启动相应应急预案，做好应对措施。

2.3.4.2　焚烧厂环境管理

生活垃圾焚烧发电厂隶属环保行业，运营管理的核心是安全、环保、经济，环保是生活垃圾焚烧发电厂的生命线，要特别突出环保运营，管理要秉承从细的原则。环保运营决定了垃圾焚烧发电企业的生存与发展。

环保对运营一票否决，应将环境保护与生产运营紧密结合起来，达到经济利益和社会利益的有机统一。环境保护设施与生产设施同时运行，并且要稳定达标运行，不得停运。发生污染事故时，采取紧急处理措施，避免事故扩大，同时向公司上级主管部门报告。加强环境保护宣传工作，提高全厂职工的环境保护意识和环境参与能力。节能减排，将清洁生产贯彻于运营全过程。

（1）一般要求

① 焚烧厂应按有关规定建立环境保护管理机构，制定环境保护责任制度，明确单位负责人和相关人员的环保责任，配置专职环保人员。

② 垃圾焚烧发电厂运营全过程应按其环评影响评价批复限值的要求进行严格的环境管理，建立废气、废水、废渣和噪声等污染物的控制、监测管理体系。

③ 焚烧厂应按有关规定取得排污许可证，按照许可证的规定排放污染物。

④ 在生产全过程中必须保证各环保物料充足，设置存量低限报警，并能够及时响应。

⑤ 焚烧厂应按有关法律和《环境监测管理办法》等规定，建立企业监测制度，并制定监测方案，环境保护行政主管部门应采用随机方式对焚烧厂进行日常监督性监测。

⑥ 环保设施在运营期间全程投入运行，确保环保设备完好率和投入率，当设备有故障时参考电厂 A 类故障检修处理。

⑦ 焚烧厂应制定突发环境事件应急预案，定期演练并记录。

⑧ 全厂水处理系统做到雨、污分流，分类收集、分类处理，循环使用或达标排放，污

水在线监测和数据传输设备有专人维护和定期比对，保证检测数据正确。

⑨ 焚烧厂应定期开展环境保护宣传、教育活动，提高员工的环境保护意识。

⑩ 焚烧厂应建立环保明细台账，台账应包括：环保物料和设备供应商资质证明、监测报告和数据报表等。

⑪ 焚烧厂应在厂大门口设置电子显示屏，公示生产运行中环境监测相关数据信息，并与环境保护行政和行业主管部门监控中心联网。

⑫ 在线监测仪器及其接入和传输设备不得擅自拆除、闲置、更换、改动。

⑬ 烟气在线监测数据要求真实准确，在线监测数据应长期保存。

（2）污染物排放控制要求

① 生活垃圾焚烧厂污染物的排放和监管除应严格执行《生活垃圾焚烧污染控制标准》（GB 18485—2014）和《生活垃圾焚烧厂运行监管标准》（CJJ/T 212—2015）中的各项规定外，其排放限值严格按本工程环评影响评价批复限值的要求进行控制。

② 厂界臭味控制应执行《恶臭污染物排放标准》（GB 14554）中的相关规定，厂内及厂外 500m 内无明显臭味。

③ 厂界噪声排放应执行《工业企业厂界噪声排放控制标准》（GB 12348）中的相关要求。

④ 焚烧厂污水排放应执行零排放的要求，路面冲洗水和车辆清洗废水应收集并进行处理，满足《生活垃圾填埋场污染控制标准》（GB 16889—2008）表 2 的要求后方可排放。

⑤ 焚烧厂飞灰系统必须密闭收集、输送和固化处理，稳定化产物中含水率、重金属和二噁英指标均应满足《生活垃圾填埋场污染控制标准》（GB 16889—2008）中相关指标要求后，送入填埋场的填埋专区进行处理。

⑥ 飞灰应按危险废物进行管理，转移处置应执行国家环保总局（现生态环境部）规定的《危险废物转移联单管理办法》，应做好出厂飞灰量、车辆信息、转移协议和联单等的记录、存档工作。

⑦ 烟气处理所需物料生石灰、熟石灰、活性炭、氨水（尿素）等进厂前必须取样化验，品质应符合《生活垃圾焚烧厂运行监管标准》（CJJ/T 212—2015）中的要求，方可卸装使用。

⑧ 定期校验省煤器进口烟气氧量表、炉膛温度测量表，运行时氧量控制在 6%～10% 之间，保证二次燃烧室烟气温度不低于 850℃、2s 的要求。定期对辅助燃烧器进行试验，保证其随时可用。

⑨ 生活垃圾渗滤液应密闭收集并在焚烧厂内处理，满足《生活垃圾填埋场污染控制标准》（GB 16889—2008）中的要求，同时应满足项目环评的要求。

⑩ 全厂停运检修期间，垃圾储坑除臭装置必须投入运行，满足《恶臭污染物排放标准》（GB 14554）要求后排放。

（3）监测管理

① 焚烧厂应根据监测污染物的种类在规定的排放监控位置设置采样口。

② 焚烧厂应按《关于加强全省生活垃圾处理企业污染物排放监测工作的通知》（粤环函〔2014〕271 号）等有关规定自行开展监测工作及进行信息公开。

③ 焚烧厂对烟气中重金属类污染物和炉渣热灼减率应每月至少监测一次；对烟气中二噁英类污染物应每年至少监测一次。其它大气污染物监测频次、采样时间等按有关环境监测

管理规定和技术规范的要求执行。

④ 环境保护行政主管部门应采用随机方式对焚烧厂进行日常监督性监测，对焚烧炉渣热灼减率与烟气中的颗粒物、氯化氢、氮氧化物、二氧化硫、一氧化碳和重金属的监测应每季度至少监测一次，对烟气中的二噁英类每年至少监测一次。

⑤ 焚烧厂应设置焚烧炉运行工况在线监测装置，并用电子显示板进行公示，在线监测结果应与当地环境保护行政主管部门和行业主管部门监控中心联网。

⑥ 焚烧厂烟气在线监测装置应按《污染源自动监控管理办法》等规定定期进行校对。

⑦ 焚烧厂自行监测结果应上报当地环境保护行政主管部门，并长期保存原始监测记录。

⑧ 飞灰、渗滤液的计量、转移采用四联单制，运输车有 GPS 或北斗定位系统跟踪，轨迹有记录。

⑨ 有专人对每天全厂环保物料进厂量及用量、飞灰转移量、污水处理量等进行统计，编制相应月度报表，经审批后上报当地环境保护行政主管部门。

（4）现场环境控制管理

① 厂区环境应整洁、干净、卫生，标识标志规范清晰，有绿化和保洁人员对厂区生态环境进行维护。

② 垃圾运输车辆应采取密闭措施，不得发生垃圾遗撒、气味泄漏和污水滴漏。每天在完成进料后对垃圾车进厂道路和卸料平台进行清扫与冲洗。

③ 全厂道路和厂房地面不定期冲洗，无渗滤液、污水积存，无垃圾、炉渣遗撒，无明显扬尘。

④ 计量地磅及栈桥污水收集池自动液位控制正常，沟道定期清理。

⑤ 卸料门应能密闭良好，进料时分区打开，进完料后及时关闭，损坏后及时修好，卸料大厅应配置除臭设施并正常运行，减少臭味外溢。

⑥ 垃圾进厂时段、炉渣运出时段应选择避开厂区外围人们生活生产集中的时间。

⑦ 垃圾池、渗滤液收集池应保持微负压运行，卸料门口内侧负压应不高于 $-5Pa$，一次风风口滤网应定期清理。垃圾池恶臭控制应急措施健全，设施完善，全厂停炉期间应能良好运行。

⑧ 启炉时炉膛温度高于 850℃ 后才能投入垃圾，环保物料同时投入。

⑨ 加强焚烧炉的燃烧与调整，保证垃圾燃尽，炉渣热灼减率≤3％。

⑩ 垃圾焚烧炉在正常运行时应保持 $-30 \sim 50Pa$ 负压，防止烟气粉尘外溢。

⑪ 所有生产环保物料氨水（尿素）、生石灰、熟石灰、活性炭等化验合格后卸装，充装时避免扬撒和满仓。各生产物料按排放控制要求足量投加。

⑫ 停炉时助燃系统能及时投运，保证剩余垃圾在炉膛温度 850℃ 以上完全燃烧。

⑬ 在运行过程中设备发生故障时应及时检修，尽快恢复正常。如不能修复且影响垃圾正常焚烧时应立即停炉处理。

⑭ 按时巡检各排灰斗，保持排灰正常，防止飞灰结块、搭桥、挂壁、粘袋。

⑮ 飞灰应密闭收集、运输和处理，避免扬灰和泄漏。飞灰输送设备检修时应采取围蔽作业，散落飞灰收集后固化处理。

⑯ 炉渣运输车辆必须能够密闭运输，无污水滴漏，无垃圾、炉渣遗撒，无明显扬尘。

⑰ 垃圾池渗滤液收集与输送设施应运行良好，防渗、防腐，无"跑冒滴漏"。

⑱ 焚烧厂门口设置的电子显示板将炉膛温度、烟气在线监控指标等环保信息进行公示，

且数据正确及时。

⑲ 厂区绿化率应符合环评要求，并有专人管理。

⑳ 焚烧厂应加强与周边居民沟通协调，获得民众理解，接纳民众意见并改善提高管理水平。宜采取回馈周边居民措施，建立良好居民共建关系。

（5）环保运营

生活垃圾焚烧发电厂污染物包括废气、废水、废渣和噪声四类，其中废气含烟气和臭气，废水含渗滤液和其它废水，废渣含炉渣和飞灰，噪声源含冷却塔、空压面和排气门等。

① 废气管理

a. 废气的种类。垃圾焚烧发电厂可控制影响的废气主要有二噁英、二氧化硫、氮氧化物、烟尘、一氧化碳、氯化氢、垃圾产生的臭气。

b. 废气排放的控制。综合管理与市环卫处协商建筑垃圾及不可燃烧垃圾的入厂，以控制烟气中污染物的排放量。综合管理部地磅人员定期冲洗路面，防止由渗滤液产生的臭气。生产管理部在垃圾燃烧过程中，加强运行调整，使炉温在850℃以上，按运行规程，加强送风量调整，尽量减少氮氧化物的排放量；将锅炉燃烧参数控制在规定范围内，使充分燃烧。

c. 废气排放监测监督。生产管理部做好烟气在线监测系统的检查工作，发现故障及时与运维公司联系及时处理，保证在线系统的正常运行。

② 废水管理　废水主要有工来废水和生活污水。主要工业废水有：垃圾渗滤液、冲洗废水、锅炉排污水、化学中和池废水、分析废液。主要生活污水有：宿舍冲洗水、食堂排水。

对于工业废水，污水处理站要定期对废水处理设施进行维护、保养，确保废水处理设施的投入率与完好率。污水处理站运行人员定期检查污水处理情况，定期化验出水水质，当出现异常时，立即进行调整，保证出水达标排放。

对于生活污水的控制，综合管理部要定期检查宿舍排水管道，防止管理堵塞和破裂。综合管理部要定期检查食堂排放口处，防止杂物堵塞管道。

③ 固体废物管理　危险固体废物有飞灰。一般固体废物有炉渣。

炉渣由人工送至制砖厂。飞灰经罗茨风机送至大灰库，经固化车间固化后送至填埋场，固化块外运须填写转移单，经磅房人员确认后方可放行。

对固体废物储存的设施、设备和场所，安环部应加强管理和维护，保证其正常运行和使用。收集、储存、运输危险废物的场所、设施、设备，必须采取有效防止造成二次污染的措施方可使用。

④ 噪声管理　噪声源主要有引风机，一、二次风机，汽轮发电机，给水泵，排气阀，空压机，冷却塔。

生产管理部对噪声源重点加强设备润滑和维护保养等有效措施，运行人员精心调整运行参数，防止设备超压导致安全阀底座产生噪声。出现设备异常情况时，按运行规程进行操作，尽量缩短排汽时间。

生活垃圾焚烧厂环保运营实用方法：

① 环保管理像安全一样，在运营管理中采取一票否决制度。生活垃圾焚烧发电厂要以社会效益为首，树立"环保就是效益、环保就是生命"的理念；做到人与自然和谐相处，为本地区的生态文明做出应有的贡献。

② 环保运营成本足量投入，花费不足将受罚。要求最低炉温控制在850℃以上，锅炉启停、事故处理过程不纳入考核范围。环保指标超标扣分考核。

③ 练就内功，主动接受老百姓义务监督员的环保监督。积极接受社会监督，除了接受环保部门监督之外，还接受老百姓义务监督员的监督，提高公众环保知情权和参与权，扩大环境监管覆盖面，加大社会监督力度。

（6）安全管理

① 一般要求　生活垃圾焚烧发电厂管理方针：安全第一、预防为主、综合管理。

焚烧厂应建立安全生产组织机构，设置安全生产监督管理部门并按安全生产法律法规要求配备专职安全管理人员。成立公司安全环保委员会，在岗位设置上设专职安全环保经理，把其作为公司安全环保委员会常务副主任；安全环保工作总经理亲自抓，总经理作为公司安全环保委员会主任。在公司安全环保委员会一级网络的领导下，下设部门、车间二级安全环保网络。把安全环保责任落实到每一个人，实行"大安环管理"，即全面安环管理。

焚烧厂应建立、健全安全生产责任制，制定各项安全生产规章制度和操作规程，重点加强"两票三制"的监督，严格执行"工作票制度""操作票制度""交接班制度""巡回检查制度""设备定期轮换和试验制度"。

焚烧厂应识别厂内危险源，建立风险分级管控和隐患排查治理双重预防长效机制。焚烧厂应建立突发事件应急管理体系，应组织制定垃圾池坠落、渗滤液池中毒窒息、焚烧炉清灰打焦等应急预案和处置方案，并定期培训、演练和修改完善。

焚烧厂应对消防设施定期维保检查，垃圾池、渗滤液池、油库等消防安全重点部位重点管理。焚烧厂应按"事故原因未查清不放过、责任人员未处理不放过、责任人和群众未受教育不放过、整改措施未落实不放过"原则对各类事故（事件）开展调查、分析，并进行相关信息报送。

在周一至周五的每天早上召开生产早会，每周五下午进行一次安全环保大检查，每年6月开展安全生产月活动，根据节假日和季节性特点，开展春季、迎峰度夏、秋季等专项安全环保大检查。

② 危险作业安全管理要求　焚烧厂应执行危险作业安全管理制度，危险作业包括但不限于：高空作业、卸料平台作业、渗滤液池等受限空间作业和清灰除焦作业等。

进入垃圾池、渗滤液收集池等受限空间或存在有毒有害气体场所进行检修时应符合下列要求：

① 进入作业前必须采取事先通风、有害气体检测及佩戴个人防护用品等安全防护措施，并应办理工作票后方可进入。

② 作业时必须在外部设监护人员，并应与进入作业人员保持联系。

③ 进出人员应实行签进签出规定。

④ 渗滤液沟道间、助燃油油库等易燃易爆场所检修时，应检测易燃易爆物安全浓度，并加强通风，使用防爆工器具，应做好防静电措施，禁止携带火种和电子设备。该类场所进行检修作业时，必须有监护人员，涉及有限空间作业、动火作业的，应办理相关许可手续。

2.3.4.3 焚烧厂环保运营管理技术要求

（1）垃圾接收系统管理

垃圾接收系统宜由汽车衡、垃圾运输道路、垃圾接收大厅、垃圾池、除臭系统、垃圾抓斗起重机、渗滤液收集系统等组成，应做好进厂垃圾计量、卸料、储存、入炉垃圾计量、投料、渗滤液收集和防止恶臭外泄的管理工作。

焚烧厂应接收处理其服务区域的生活垃圾。未经主管部门同意，不得私自接收处理其它区域生活垃圾。进入焚烧厂焚烧的垃圾需满足《生活垃圾焚烧污染控制标准》中入炉废物要求及环评要求。加强入厂垃圾品质管理，预防和控制建筑垃圾、危废等不合格垃圾入厂，确保入厂垃圾质量满足生产要求，焚烧厂须制定相应管理办法，落实垃圾质量抽查管理工作。

> **对入炉生活垃圾的要求主要有：**
> ① 水分含量不宜大于 50%，灰分含量不宜大于 25%，低位发热量不宜小于 4.18MJ/kg；
> ② 生活垃圾焚烧炉给料系统宜附设生活垃圾渗滤液汇集、外引装置，该装置应有利于生活垃圾渗滤液的后续处理；
> ③ 低位发热量设计上限不小于 6.38MJ/kg 时，生活垃圾进料槽宜设置冷却装置。

焚烧厂要做好入厂垃圾在垃圾池内的混料、渗滤液导排和发酵等存储管理。垃圾池维持微负压运行，除臭系统应在停炉时投用以保持垃圾池微负压状态。

> **垃圾池异味及负压控制管理要求：**
> ① 垃圾吊控制室设置负压监控，垃圾池保持负压运行。
> ② 当锅炉停运垃圾池负压无法保证时应按规定启动垃圾池除臭系统，确保垃圾池负压得到有效控制。
> ③ 在进料时间内合理开启卸料门数，进料结束后应及时关闭卸料门，防止臭气外溢。
> ④ 垃圾仓渗滤液通道风机应保证连续运行，以免有毒易燃易爆气体集聚。

（2）垃圾焚烧系统管理

焚烧厂应根据《生活垃圾焚烧厂运行维护与安全技术标准》（CJJ 128）的要求及本厂设备的技术参数和运行要求编制各系统操作运行规程，操作规程至少应包括：《焚烧余热炉系统运行规程》《环化运行规程》《汽轮机组及其辅助系统运行规程》《电气系统运行规程》《飞灰处理系统运行规程》《渗沥液处理系统运行规程》等。作为焚烧厂运营管理人员，应严格按照各个岗位的运行规程操作和运行。

垃圾在焚烧炉内应充分燃烧，炉膛内焚烧温度、烟气停留时间、炉渣热灼减率、氧含量、一氧化碳等应该符合生活垃圾焚烧主要技术性能指标要求。

焚烧炉应加强燃烧调整，年平均日焚烧垃圾量不宜超过焚烧炉设计机械负荷的10%。

焚烧炉在启动时，应先将炉膛内焚烧温度升至850℃后才能投入生活垃圾。自投入生活垃圾开始，应逐渐增加投入量直至达到额定垃圾处理量；在焚烧炉启动阶段，炉膛内焚烧温度应达到850℃及以上。

炉膛负压设定值应为−50～−20Pa，炉膛负压应保持−50～0Pa 运行。

垃圾燃烧工况不稳定导致炉膛温度无法符合规定的炉膛内焚烧温度时，应启动辅助燃烧器助燃。

焚烧炉在停炉时，当难以维持炉膛主控温度大于或等于850℃时，应自动投入辅助燃烧器，直至炉排上垃圾完全燃尽，并符合规定的炉膛内焚烧温度的要求。

焚烧炉在运行过程中发生故障，应及时检修，尽快恢复正常。如果无法修复应立即停止投加生活垃圾，按照要求操作停炉。每次故障或者事故持续排放污染物时间不应超过4h，全年不超过60h。

启、停炉应执行操作票制度，按照运行规程或耐火材料供货厂家提供的启、停炉曲线控制升温速率。

(3) 烟气净化系统管理

烟气净化系统包括脱硝系统、脱酸系统、活性炭喷射系统、除尘器和烟囱。烟气污染物排放的管理应包括但不限于：控制颗粒物、酸性污染物、氮氧化物、重金属、二噁英的排放浓度，使烟气达标排放。烟气净化系统应严格按焚烧厂的《环化运行规程》操作运行。排放烟气应进行在线监测，每条焚烧生产线应设立独立的在线监测系统。连续在线监测项目应包括烟气的流量、温度、压力、水分、氧浓度、颗粒物、氮氧化物（NO_x）、二氧化硫（SO_2）、氯化氢（HCl）、一氧化碳（CO）。

① 环保耗材品质监督与储量　环保耗材品质的好坏无疑是烟气净化过程中的重要因素，因此，在验收和储存的过程中要格外注意，低品质和变质耗材有时不但起不到净化的作用，反而进一步污染烟气。所以，每一个焚烧厂都应有完备的验收及储存管理条例。焚烧厂应对进厂的每批活性炭、石灰、尿素、氨水等取样检测，质量应满足《生活垃圾焚烧厂运行监管标准》（CJJ/T 212）的要求及设计要求。活性炭、石灰给料系统应实现自动控制、运行可靠、计量准确。各种环保耗材的投加量以"不超标不过量"为标准适当调整，即在保证环保参数不超标的情况下，也不过量投加环保耗材，因为不但增加成本，且有些耗材本身也是污染物，易产生二次污染。

常见的环保耗材品质的监督方向及储量方式：

① 石灰：熟石灰是脱酸主要耗材，进厂需要化验纯度、细度。熟石灰具有很强的吸水性，且吸水后易变质，不宜长时间保存，因此存量不宜超过三天，且应保持储仓干燥，防止板结。

② 氨水：氨水是脱硝的主要耗材，进厂需化验纯度、杂质量、色差。氨水具有可燃性，且轻微有毒害，极易挥发，应储存于密闭容器中，且现场严禁明火。

③ 活性炭：活性炭是吸附重金属、二噁英的主要耗材，进场需化验纯度、细度。活性炭导电、易燃，现场重要电气设备需避免接触，且严禁明火。

---

② 燃烧参数的调整　锅炉燃烧参数的调整对烟气的原始污染物生成影响巨大，例如：过量的氧会产生大量的氮氧化物，氧量不足又会产生大量的一氧化碳；过低的温度会产生大量的二噁英，过高的温度又会直接损伤炉膛。因此燃烧参数的控制也是烟气净化管理中的一个重要环节，需尽可能保持燃烧过程中稳定的氧量和适当的温度。

③ 设备监管维护　烟气净化各设备应有完好的定期切换与试验制度，保证备用设备可用。对于烟气分析仪及采样点等重要设备更是要重点维护，按时校准，必须清楚地认识到，如果原始测量的烟气参数就是错误的，那么再谈其它的都是徒劳。

④ 酸性气体指标控制 国内较多的生活垃圾焚烧厂目前采用半干法和干法结合的脱酸系统。通过燃烧工况的调整与提前控制来使酸性气体能够达标排放。超标后提高石灰浆量及石灰浆浓度，无疑是控制酸性气体指标的最有效方式。氢氧化钙的溶解度较低，20℃时每100g 水中只能溶解 0.16g 的氢氧化钙，通过雾化器喷入反应塔的石灰浆大多是氢氧化钙和水的混合物，因此超过 20% 浓度的石灰浆对进一步提高脱酸效果并不明显，并且由于浓度过高很容易引起滤网及管道堵塞。

> **燃烧工况调整与提前控制：**
> ① 延长反应时间 在允许的情况下，应尽可能减小炉膛负压，降低烟气流速，提高烟气在反应塔中的停留时间，使雾化后的石灰浆与烟气充分混合，提高反应效率。
> ② 控制反应温度 氢氧化钙和氯化氢的最佳反应温度在 150℃ 左右，在允许的情况下，应尽量靠近这一温度以提高反应效率。
> ③ 提高雾化效果 当石灰浆由雾化器喷入反应塔时，雾化器的转速越高，雾化的效果越好，接触反应面积就越大，因此在雾化喷射半径允许时，适当地提高雾化器转速可以提高反应效率。
> ④ 把关原料品质 越是细小的氢氧化钙粉末，与水的混合越充分，在与酸性气体反应时就越充分，因此氢氧化钙细度和纯度直接影响了脱酸效率，应按照相关规定严格控制进厂耗材品质。

⑤ NO_x 的指标控制 每条生产线应配置脱硝装置，控制烟气中的 NO_x 达标排放。通过燃烧工况调整和提前控制来控制 NO_x 的排放。超标后可以适当提高 SNCR 氨水的喷入量，这是去除 NO_x 最有效的方式。若氨水喷入量过多易造成氨逃逸，容易使烟囱冒白烟。对于同时配置 SCR 系统的项目可以明显减小氨逃逸量，若调整没有明显效果，为了保证NO_x 的指标合格，应立即降低锅炉负荷及引风量，以减小 NO_x 的排放量，待查明原因后再进行调整。

> **燃烧工况调整与提前控制：**
> ① 控制 SNCR 氨水喷入口温度 注意 SNCR 氨水喷入炉膛的喷入口温度，在超出反应区间（850～1050℃）时氨水会进一步被氧化，不但起不到去除 NO_x 的效果，反而会产生大量的 NO_x。
> ② 提高 SCR 反应温度 对于配置 SCR 系统的项目，在反应区间（150～550℃）内尽可能提高反应温度可以提高反应效率。
> ③ 控制 NO_x 的生成 垃圾燃烧时 NO_x 的生成和氧量有直接关联，在燃烧稳定的情况下，尽可能降低氧量可以有效控制 NO_x 的生成，从而控制 NO_x 指标。

⑥ 常见事故及应对方式 焚烧厂常见的事故包括石灰仓板结、氨泄漏、氨及活性炭防火、烟囱冒白烟等。

> **石灰仓板结事故及应对方式：**
> 熟石灰的吸水性非常好，常用作干燥剂，因此石灰仓很容易出现板结现象。处理方式为振打疏通。应对方式应以预防为主，保持石灰仓的长期流通、干燥。石灰仓存储量不宜过多，最好能做到日用日补。

> **氨泄漏事故及应对方式：**
> 氨气有毒、可燃，如果在储存或输送的过程中发生泄漏，应立即停止相关运行设备，隔离泄漏点，加强通风，做好中毒救治及救火设想。

> **氨及活性炭防火事故及应对方式：**
> 氨具有可燃性，且有爆炸极限，活性炭属于自燃物品，两者在储存的时候要注意现场防火，配备灭火器，加强消防栓巡检力度等，以预防或及时发现火灾。

> **烟囱冒白烟事故及应对方式：**
> ① 氨逃逸　采用SNCR技术的项目，为了提高脱硝效率，常常会过量投加氨水，因此有过量的氨残留在废气中，并和氯化氢形成氯化铵蒸气沉淀在锅炉管线上，并使烟囱形成白烟。
> ② 酸性气体超标　大量酸性气体排入大气后，极易使烟气中的大量水汽凝结形成酸雾。
> ③ 布袋除尘器破损　导致粉尘飞灰及其他固体小颗粒物泄漏。
> ④ 水汽凝结　垃圾电厂烟囱中排烟的含水量在19%～27%左右，当气温较低或烟囱含水量过高时，在离开烟囱口一段距离后，温度降低，大量水汽凝结，很有可能出现"白烟"，其实是凝结的水汽，飘散一定距离后自行消失。
> 发现烟囱冒白烟时，应针对以上各条逐项排查，确保烟气排放合格。

（4）炉渣收集与利用处置管理

炉渣应与飞灰分别收集、输送，并及时清运处理与处置。炉渣收集、输送应满足其安全、环保等相关要求。应做好出厂炉渣量、车辆信息的记录、存档工作。

生活垃圾焚烧中，炉渣热灼减率的控制是极为重要的。焚烧炉渣的热灼减率是判定焚烧炉正常与否最有力的依据，可以推算焚烧的完成状况。对炉渣热灼减率的控制，可降低垃圾焚烧的机械未燃烧损失，提高燃烧的热效率，同时减少了垃圾残渣量，提高垃圾焚烧后的减容量。炉渣热灼减率可以通过焚烧炉炉排的调节、垃圾的特性及合理配风来控制。炉渣热灼减率应控制在5%以内。

厂内炉渣渣坑应合理控制出渣系统水位，控制渣池内炉渣含水率。渣坑采用除尘系统，渣坑内炉渣堆放应规范化，严禁将炉渣贮存在炉渣池以外的其它任何区域，确保现场环境整洁。焚烧炉渣按一般固体废物处理，焚烧飞灰应按危险废物处理，其它尾气净化装置排放的固体废物按《危险废物鉴别标准浸出毒性鉴别》（GB 5085.3—2007）判断是否属于危险废物，如属于危险废物，则按危险废物处理。

炉渣池须硬化，应采取措施防止因炉渣和污水渗漏、溢流而污染周围环境及当地地下水。运输车装载量应严格控制在额定装载量内，禁止超载运输。运输车辆在装炉渣时，不能将炉渣撒在地面上，如有撒落应及时清理。炉渣出厂运输需有运输车次、炉渣重量的计量装置和记录。炉渣运输车辆应密封、防水、不渗漏。

（5）飞灰处理系统管理

飞灰处理系统的管理应包括飞灰储存罐、稳定化药剂储存罐、输送系统、混炼设备等的管理，其目的是进行飞灰稳定化处理。飞灰处理系统应严格按《环化运行规程》操作运行，符合相关现行国家标准的有关规定。垃圾焚烧厂应建立飞灰管理台账，如实记录飞灰的产生、储存、转移和利用处置情况。焚烧飞灰在垃圾焚烧厂内处置时，应遵照国家相关管理规定，建立健全规章制度及操作流程，确保飞灰收集、储存、运输活动的安全、可靠。根据现行国家标准《生活垃圾填埋场污染控制标准》（GB 16889），飞灰经稳定化处理并达到该标准的要求后可进入生活垃圾填埋场进行专区填埋。

（6）垃圾渗滤液处理系统管理

焚烧厂内渗滤液处理系统的管理包括预处理系统、生化处理系统、膜处理系统、污水处理系统、沼气处理和恶臭防治系统等的管理，保证浓缩液合规处置。焚烧厂应严格按本厂的《渗滤沥液处理系统运行规程》操作运行，符合相关现行国家标准的有关规定。

① 一般要求　安全第一，做好防火、防爆、防人员中毒措施，应在渗滤液密闭场所安装易燃易爆气体在线监测报警装置，防止渗滤液沼气集聚产生爆炸危险。

应做好臭味防控，对渗滤液收集池、调节池、厌氧生物处理区域、脱泥间等臭味易扩散场所采取密闭处理，可以采取生物除臭措施，或者增设风机，把臭气引至炉膛燃烧（须做好臭气成分监测）。

渗滤液处理系统应纳入垃圾焚烧厂的生产管理中，配备专业管理人员和技术人员，由于渗滤液处理存在连续性，运行人员宜采取四班三运转制度，每班最少应配备两名操作人员。为了对日常运行情况进行分析，还应配备化验设备及相关人员。渗滤液处理站最少应配备技术主管、运行操作人员、设备检修及维护人员和化验人员。

应具有工艺操作说明书以及设备使用、维护说明书，各岗位人员应严格执行操作规程，如实填写运行记录，并妥善保存。

运行人员应定期进行岗位培训，熟悉渗滤液处理工艺流程、各处理单元的处理要求，并根据水质条件变化适时调整运行参数，达到相应的操作要求和处理目标。

各个运行岗位应对每天的运行情况进行记录并形成日志，运行主管根据各岗位每日的运行情况形成周报、月报和年报。

② 检测与控制　渗滤液处理站的检测包括在线检测和化验室分析监测，对于流量、pH值、温度、溶解氧等参数，宜采取在线检测仪进行检测。另外渗滤液处理站总排放口（若有）应设有在线检测装置，包括巴氏流量计槽和 pH 值、COD、氨氮等的检测装置。

应根据工艺特点及出水排放标准，确定项目的监测项目，监测项目应采用国标法进行分析测试。若测试水质与近期测量水质差异明显，则应考虑是否取样或测试方法有误，应重新取样进行分析化验，如数值正确，则应增加测量频率，密切观测水质的变化情况。

渗滤液处理站应采用集中监控系统和分散式自动控制系统，以便于日常维护管理。采取成套设备时，设备本身的控制系统应与各系统的控制系统相结合。

③ 日常管理　应建立健全突发环境事件预警及应急机制，包括工艺稳定运行、生产安全等预警及应急机制，以预防和处理污染事故，提高渗滤液处理站应对突发环境事件的能力，维护渗滤液处理设施稳定运行，保障职工生命健康和人身安全，保护环境。

针对生物处理系统的日常运行情况，进行分析判断。日常遇到的运行过程中的问题一般包括：出水 COD 超标、氨氮超标、总氮超标、溶解氧较低、pH 值异常、厌氧系统出水悬浮物较高、温度异常及泡沫过多等。针对这些问题应及时分析原因，找出应对对策并及时调整运行的工艺参数，并保证出水最终达标。

针对膜系统的日常运行情况，运行过程中应及时调整操作参数。膜系统运行操作要点：

距上次清洗后运转的时间,设备投入运行总时间;多介质过滤器、保安过滤器与每一段膜组件前后的压降;各段膜组件进水、产水与浓水压力;各段膜组件进水与产水流量;各段膜组件进水、产水与浓水的电导率或含盐量(TDS);进水、产水和浓水的 pH 值;进水污泥密度指数(SDI)和浊度值。

④ 设备维护 渗滤液处理系统应制订大、中检修计划和主要设备维护和保养规程,并购买足够的备品备件,及时更换损坏设备及部件,提高设备的完好率。

操作人员及维修人员必须严格执行设备的维修和保养规程,进行经常或定期的维护和检修。

2.3.4.4 焚烧厂主要环保设施运行管理与日常维护实务

(1) 半干法脱酸设施运行管理与日常维护

按如下要求进行运行管理和日常维护。

脱酸系统的运行管理:

① 吸收剂品质应符合设备技术要求,充装时应避免扬洒。

② 应保证吸收剂当量用量,根据烟气排放在线检测结果调整吸收剂的用量、浓度,确保 HCl、SO_2、HF 等酸性污染物排放指标符合环境影响评价批复和现行国家标准的规定。

③ 应防止石灰地管和喷嘴堵塞。

④ 脱酸系统出口烟气温度应控制在 150～170℃ 范围内,使袋式除尘器在较佳状态下运行。

⑤ 启炉时,在垃圾推料之前,当锅炉出口烟气温度达到设备技术要求时,烟气脱酸系统应投运。停炉时,等炉排上的垃圾完全燃尽,炉排停运后,烟气脱酸系统方能停运。

脱酸系统的日常维护:

① 应定期巡检吸收剂贮存设备,按照技术要求进行维护。

② 应定期巡检吸收剂浆液制备系统,按照技术要求进行维护。

③ 应定期巡检雾化设备,按照技术要求进行维护。

④ 应定期巡检反应器,按照技术要求进行维护,反应器内结垢应及时清理。

⑤ 烟气脱酸系统停止运行,应清洗吸收剂浆贮罐、管路及喷入设备。

---

(2) 袋式除尘系统运行管理与日常维护

按如下要求进行运行管理和日常维护。

袋式除尘系统的运行管理:

① 投运前应按滤袋技术要求,进行预喷涂。

② 应定期巡查烟气流量、进出口烟气温度、压差等工艺参数,根据运行工况调整、优化反吹频率。当系统压差不正常或烟尘指标超标时,应及时检查滤袋,确保无破损、脱落、泄漏等情况。

③ 应保证除尘器本体或系统管道无泄漏或堵塞现象,保持系统排灰正常,防止灰搭桥、挂壁。

④ 停止运行前应去除滤袋表面的飞灰。

袋式除尘系统的日常维护：

① 应定期巡检布袋除尘器，按照技术要求进行维护。

② 临时停运期间，袋式除尘器外壳及灰斗应保持加热状态，内部滤袋应保持与外界隔绝，防止飞灰吸潮受潮。

③ 停运检修期时应巡检滤袋破损情况，并应及时更换破损滤袋。

④ 在工艺系统停止之后，应保持袋式除尘器和风机继续工作一段时间，以除去除尘设备内的潮气和粉尘。

（3）活性炭系统运行管理与日常维护

按如下要求进行运行管理和日常维护。

活性炭系统的运行管理：

① 应严格控制活性炭品质及当量用量。

② 应防止活性炭仓高温。

③ 应定期巡检振打系统，防止活性炭架桥。

④ 应定期巡检活性炭喷射装置，防止泄漏和堵塞。

⑤ 启炉时，当垃圾开始推料时，应同时启动活性炭喷射系统。停炉时，等炉排上的垃圾完全燃尽，炉排停运后，活性炭喷射系统方能停运。

⑥ 活性炭贮存及输送过程中应采取防爆措施，活性炭输送管线应考虑设置静电消除设备。

活性炭系统的日常维护：

① 应定期巡检活性炭输送系统主要设备，按照技术要求进行维护。

② 应定期巡检活性炭喷入系统管道磨损和堵塞情况，发现异常应及时处理。

（4）脱硝系统运行管理与日常维护

按如下要求进行运行管理和日常维护。

脱硝系统的运行管理：

① 应保证 NH_3、尿素等还原剂的品质和当量用量，根据烟气排放在线检测结果调整 NH_3、尿素等还原剂的流量、浓度，确保 NO_x 等污染物排放指标符合环境影响评价批复和现行国家标准的规定。

② 当炉膛温度大于 850℃时，SNCR 脱硝系统方可投运。

③ 采用液氨作为还原剂时，应防止装卸过程中液氨泄漏对环境造成的污染。

脱硝系统的日常维护：

① 应定期对各类设备，电气、自控仪表及建（构）筑物进行检查维护，确保装置稳定可靠地运行。

② 应定期巡检液氨贮存与制备系统，按照技术要求进行维护。

③ 应定期巡检尿素制氨系统，按照技术要求进行维护。

④ 应定期巡检催化反应系统，按照技术要求进行维护。

⑤ 应定期巡检废水处理系统，避免对环境造成二次污染，按照技术要求进行维护。

⑥ 当用 SCR 方式脱硝时，应定期巡检加热蒸汽系统，按照技术要求进行维护。

（5）渗滤液处理系统运行管理与日常维护

按如下要求进行运行管理和日常维护。

渗滤液处理系统的运行管理：

① 生活污水的收集、输送及处理应按城市污水处理运行管理的相关规定执行。

② 生产废水宜集中处理，防止二次污染，生产废水经处理后应优先循环使用，或达标排放。

③ 污水处理系统压力管道、容器的安全运行维护应符合有关规定，污水处理设施的安全运行维护应符合国家现行标准《城市污水处理厂运行、维护及其安全技术规程》（CJJ 60）的规定。

④ 垃圾渗滤液及其产生的有害气体应及时收集、处理，随时监控有害气体的浓度，做好防爆措施。

⑤ 垃圾渗滤液处理区域应有通风防爆措施。

⑥ 垃圾渗滤液收集、处理过程中应采取防止泄漏和恶臭污染的措施。

⑦ 出水排放应同时满足现行国家标准、特许经营协议、环境影响评价批复或竣工环境保护验收的要求，并应优先循环利用。

⑧ 采用纳滤/反渗透处理工艺时，其浓缩液宜回喷炉内焚烧处理。

⑨ 产生的污泥经脱水后，宜送回炉内焚烧处理。

渗滤液处理系统的日常维护：

① 应定期检查设备的易结垢部位，并应及时消除结垢。

② 应及时更换腐蚀部件，并应定期做防腐处理。

③ 应定期巡视垃圾渗滤液处理区域的有害气体监测仪，对潮湿环境应做好防范措施，对有害气体的工作环境应采取有效的安全保障措施。

2.3.4.5 焚烧厂职业病防护要求

（1）职业病防护设备设施

职业病防护设备设施应与工作场所的职业病危害相适应，符合作业者生理、心理健康要求，布局合理，符合有害与无害作业分开的原则，并应按需设置配套的更衣间、洗浴间、孕妇休息间等卫生设施。职业病防护设备设施是生产设备设施的一部分，以垃圾焚烧发电厂为例，其主要职业病防护设备设施有：

① 防尘：布袋除尘器。

② 防毒：石灰浆制备系统、喷雾反应系统除酸性气体，活性炭喷射系统、布袋除尘器系统除重金属及二噁英，SNCR 系统除氮氧化物。

③ 个人防护用品：防化服、防化手套、防化呼吸器、防毒呼吸器、常备应急药品、劳保服、劳保手套、筒靴、安全帽、护目镜等。

④ 应急救援设施：冲淋装置及洗眼设备等。

⑤ 报警装置：焚烧区域设置固定式一氧化碳报警仪、垃圾处理区域设置硫化氢报警

器等。

　　购置的职业病防护设备设施应具备合格证和使用说明书，载明防护性能、适用对象、适用方法及注意事项。同时，应具有资质的职业卫生技术服务机构出具的控制效果结论检测报告。新安装的职业危害因素防治设备设施应符合国家相关法规要求，否则不得采购、建设，或不予验收及投入使用。职业病防护设施应按规定进行职业病危害控制效果评价，并报经安全生产监督管理部门验收，验收合格后方可投入使用。

　　焚烧厂应定期委托具备资质的单位对生产区域粉尘、毒物等有害物进行监测，发现超过国家标准的要及时予以整改，需要增添相关防护设施的要及时增加，确保作业人员的安全健康。

　　焚烧厂应建立并实施防护设备设施管理规章制度，建立技术档案，内容应包括：防护设备设施技术文件（设计方案、技术图纸、各种技术参数等）；检测、评价和鉴定资料；操作规程和管理制度；使用、检查和日常维护保养记录；职业卫生技术服务机构评价报告等。同时，进行经常性的巡查、检修、维护，定期检测其性能和效果，以确保设备设施的完整、有效，不得擅自拆除、停止使用或改造。

　　职业病防护设备发生故障时，必须采取防护措施，停止或限量排放有害物质。经更新改造后性能仍不能满足职业危害因素防治防护设计要求和保证处理后作业点排放达标的应予以报废。

　　（2）职业病防治措施

　　焚烧厂应制定职业病防治计划和实施方案，除落实上述职业病防治和管理要求外，还应积极改善劳动条件，消除职业危害。对于接触职业危害因素的所有岗位，均配备相应的劳动保护用品，劳动者必须佩戴劳动保护用品，各岗位必须妥善保管，正确使用。对从事有毒、有害物质作业的人员，可逐步采取轮换、短期脱离、缩短工时、进行预防性治疗或职业性疗养等措施。

　　焚烧厂应重视改革工艺过程，减少或消除有毒、有害物质的产生和使用，选购职业病防治性能优良的生产设备，革新防护设施，隔离或降低职业病危害影响，这是消除尘毒危害的根本途径。例如在垃圾焚烧发电中，职业病防治措施包括：

　　① 防尘毒措施　粉尘危害因素主要存在于除渣器、除尘器、飞灰输送皮带和飞灰贮仓，石灰粉尘存在于石灰浆制备贮存设备。化学性危害因素主要存在于垃圾贮坑、垃圾焚烧炉及喷雾塔。

焚烧厂防尘毒措施：

① 设置落灰收集漏斗，减少进入除尘器的灰量；

② 选用内设有脉冲气动清灰装置的高效布袋除尘器，保证系统的除尘效率；

③ 输送皮带和飞灰贮仓采用密闭装置；

④ 外来垃圾通过卸料门进入垃圾贮坑，在无外来垃圾时要求尽量密闭，贮坑上部设有机械排风装置，使贮坑保持微负压运行，防止贮坑内恶臭、粉尘向外逸散；

⑤ 选用符合国家标准《生活垃圾焚烧污染控制标准》的垃圾焚烧炉，调节空气输入量使垃圾燃烧更加充分，控制烟气中一氧化碳的含量及二噁英的生成量；

⑥ 烟气在850℃以上的炉膛环境中停留时间≥2s，使二噁英得到完全分解；

⑦ 当烟气温度降到300～500℃范围时，有少量已经分解的二噁英将重新生成，尽量减小余热锅炉尾部的截面积，使烟气流速提高，尽量减少烟气从高温到低温过程的停留时间，以减少二噁英的再生成，在烟气处理系统中用活性炭吸附剂吸附；

⑧ 使用高效布袋除尘器将附有二噁英的飞灰过滤收集；

⑨ 将飞灰用水泥固化；

⑩ 飞灰输送机为密闭通道，布袋除尘器使用的布袋定期清理；

⑪ 各作业岗位均为自动化、密闭化生产，设中央控制室远距离控制，工作人员巡检作业。

② 防噪措施

防噪措施：

① 采用 DCS 控制室做隔声处理；

② 工人采用巡视的方式对生产线进行监视，减少噪声接触时间；

③ 在符合工艺流程的情况下合理布置产噪设备；

④ 对噪声强度高的设备采取吸声、消声、隔声措施；

⑤ 对可能产生噪声的管道和阀门采用更换低噪声阀门、用柔软连接的措施。

③ 防高温措施

防高温措施：

① 主厂房主要采取自然通风的方式，辅助采用机械通风方式，保证室内空气流动；

② 操作人员巡检作业配备防护用具，避免操作人员直接接触热源；

③ 中控室设置空气调节系统，室内温度保持在人体感觉舒适的程度；

④ 高温季节调整作息时间，发放清凉饮料，避免中暑事故发生。

2.3.5 开展垃圾焚烧发电行业达标排放专项行动

良好生态环境是实现中华民族永续发展的内在要求，是增进民生福祉的优先领域，是建设美丽中国的重要基础。加强生态环境保护、打好污染防治攻坚战是党和国家的重大决策部署，《中共中央 国务院关于全面加强生态环境保护 坚决打好污染防治攻坚战的意见》《中共中央 国务院关于深入打好污染防治攻坚战的意见》对打好污染防治攻坚战进行了全面部署与安排。解决突出环境问题，打好污染防治攻坚战，要深入贯彻习近平生态文明思想，坚持以人民为中心的发展思想，立足新发展阶段，完整、准确、全面贯彻新发展理念，构建新发展格局，以实现减污降碳协同增效为总抓手，以改善生态环境质量为核心，以精准治污、科学治污、依法治污为工作方针，统筹污染治理、生态保护、应对气候变化，保持力度、延伸深度、拓宽广度，以更高标准打好蓝天、碧水、净土保卫战，以高水平保护推动高质量发展、创造高品质生活，努力建设人与自然和谐共生的现代化。

深入打好污染防治攻坚战，要实施垃圾分类和减量化、资源化，加强白色污染治理，加强危险废物医疗废物收集处理，强化重金属污染防治，重视新污染物治理。

垃圾焚烧发电行业达标排放专项行动是污染防治攻坚战的重要组成部分，是实施四大专项行动之一。生活垃圾焚烧发电厂是重要的市政工程，也是重大的民生工程，是治污单位，也是排污单位。保障焚烧厂高效清洁运行，化解"邻避"问题，与周边群众和谐相处，是生态环境部门开展生活垃圾焚烧发电行业环境监督管理的重要目标。

近年来，生态环境部持续推动生活垃圾焚烧发电行业达标排放专项整治行动。2017 年，督促全国焚烧厂完成"装、树、联"（依法依规安装污染物排放自动监测设备，在厂区门口树立电子显示屏公布污染物排放和焚烧炉运行数据，自动监测设备与生态环境部门联网），实现烟气五项污染物和炉温实时在线联网；2018年，扎实稳步推进该行业专项整治，采取现场帮扶、交办、督办等形式，要求焚烧厂加强内部管理和升级改造，切实传导压力，助推达标排放；2019年，印发《生活垃圾焚烧发电厂自动监测数据应用管理规定》《关于加强生活垃圾焚烧发电厂自动监控和监管执法工作的通知》等文件，强化烟气五项污染物日均值和炉温监管，并明确要求新建焚烧厂投产两个月内主动向社会公开烟气五项污染物日均值和炉温的自动监测数据。自2020年1月起，全国405家焚烧厂五项污染物和炉温连续自动监测数据向社会公开，接受公众监督。截至2021年4月20日，全国已有567家焚烧厂自动监测数据向社会公开，基本实现了行业全面联网、数据全面公开的目标。生态环境部持续加强生活垃圾焚烧发电行业信息公开工作，并按季度统计全国焚烧厂环境违法行为的处理处罚情况。截至2021年4月底，生态环境部已向社会公开2020年4个季度18家焚烧厂环境违法行为的处理处罚情况。

生态环境部在专项整治行动中勇于创新，将临时性的专项整治行动措施常态化、制度化，建立了一整套符合行业特点的污染防治执法监管体系。首先，推出国家层面的自动监测数据网站，向全社会公开排污数据。其次，将自动监测数据用作执法证据。再次，使用工况指标监控方式。最后，采取"一竿子插到底"环境垂直管理模式。这些新举措促进了"互联网＋监管"真正落地，有效实现精准治污、科学治污和依法治污。

生态环境部将继续开展大数据分析，组织各地依法查处自动监测设备不正常运行等违法行为，对虚假标记逃避监管、篡改伪造自动监测数据等违法行为持续严厉打击，形成高压震慑，不断增强焚烧厂自我守法意识，促进生活垃圾焚烧发电行业健康发展。

2.3.6 创新治理模式有效破解"邻避"困境

坚持良好生态环境是最普惠的民生福祉。环境就是民生，青山就是美丽，蓝天也是幸福。生态环境是关系党的使命宗旨的重大政治问题，也是关系民生的重大社会问题。从生态环境看，人民群众从过去"盼温饱"到现在"盼环保"、从过去"求生存"到现在"求生态"，期盼享有更加优美的生态环境。

正是因为人民群众对日益增长的优美生态环境的需要，更加关注环保基础设施的建设，生活垃圾焚烧行业的"邻避效应"较为突出。

1977年美国学者欧海尔（O'Hare）首次提出不要在我家后院"NIMBY"（Not in My Backyard）的理念，"邻避"一词来源于"NIMBY"的音译。概括而言，邻避是指出于公共利益考量所建立的公共设施在影响私人利益时所带来的各种抗争和抵制行为。随着我国城市化的推进，居民对邻避设施的抵制屡见不鲜，比如：北京西郊六里屯垃圾焚烧事件（2006）、广州番禺垃圾焚烧事件（2009年）、上海松江垃圾焚烧事件（2012年）、余杭中泰垃圾焚烧事件（2014年）等。"好是好，但不要建在我家后花园。"在垃圾焚烧发电项目筹建初始，当地群众对垃圾焚烧发电项目普遍存在担忧和顾虑，认为垃圾焚烧发电项目会对周边环境造成严重影响，认为政府和企业会联手隐瞒相关信息。在此情况下，迫切需要思考如何实现从"邻避"向"邻利"的转型。

为有效破解"邻避"困境，2017年，原环境保护部、住房和城乡建设部在全国范围内启动环保设施和城市污水垃圾处理设施向公众开放工作。各垃圾焚烧发电厂也积极推进环保设施开放。目前，许多垃圾焚烧发电厂都打造了美观和谐的花园式工厂，从"邻避"走向

"邻利"，大大地解决了"垃圾围城"这个突出环境问题。

　　坚持以人民为中心，是破解"邻避"困境的重要法宝。环保设施向公众开放，拓展了公众参与生态环境保护的渠道，既保障了公众知情权、参与权和监督权，又增强了公众对生态环境保护的理解和支持，更激发了公众保护生态环境的积极性和主动性。同时，也可以有效降低公众因"邻避效应"所产生的疑虑。

　　强化政府主导作用，是破解"邻避"困境的有力保障。环保设施开放需要政府、企业、社会组织和公众共同努力，形成合力；政府要发挥主导作用，强化顶层设计；健全公众参与机制，畅通公众参与渠道，充分发挥社会组织的积极作用；加强宣传引导，发挥先进典型示范引领作用，构建生态环境保护社会行动体系。

2.3.7　参观城市生活垃圾焚烧发电厂

| 来做一做 |

任务要求：参观城市生活垃圾焚烧发电厂，了解所参观的垃圾焚烧发电厂企业的组织管理架构、相关管理制度及企业文化，了解所参观的垃圾焚烧发电厂的工艺流程及说明、相关设备选型及说明、自动控制指标情况、关键工艺及设备运行管理情况、污染物控制措施及排放情况。

实施过程：由企业指导老师带领进行参观学习，通过老师讲解、现场学习、提问解答等完成任务。

成果提交：任务完成后，提交参观实习报告，可用海报、PPT、视频等形式汇报成果。

2.3.8　城市生活垃圾焚烧厂工艺流程绘制

| 来做一做 |

任务要求：利用 AutoCAD 绘制垃圾焚烧工艺流程图。

实施过程：经过实地参观垃圾焚烧厂或仿真工厂后，按照工厂的实际流程，利用 AutoCAD 绘制垃圾焚烧工艺流程图。

成果提交：任务完成后，提交流程图图纸。

2.3.9　城市生活垃圾焚烧仿真工厂运营管理操作

| 来做一做 |

任务要求：城市生活垃圾焚烧仿真工厂运营管理操作。

实施过程：参观城市生活垃圾焚烧仿真工厂，认知设备、管线连接、控制系统，并按照操作规程分组分角色完成仿真工厂运营管理操作（包括焚烧炉启动、飞灰输送、烟气净化、异常情况排除及处理等）。

成果提交：任务完成后，提交实训报告。

知识拓展

关于生活垃圾焚烧厂运营管理的一些专业术语和管理制度

一、三熟三能

运行人员的"三熟"指：熟悉设备、系统和基本原理；熟悉操作和异常情况处理；熟悉本岗位的规范和制度。运行人员的"三能"指：能正确地进行操作和分析运行状况；能及时地发现故障和排除故障；能掌握常见设备的维护和消缺方法。检修人员的"三熟"指：熟悉设备的系统和基本原理；熟悉设备的检修工艺、检修质量标准和设备运行知识；熟悉本岗位的规范和制度。检修人员的"三能"指：能熟练地进行本工种的修理工作和排除故障；能看懂图纸和绘制简单的加工图；能掌握一般的钳工工艺和常用材料性能。

二、两票三制

"两票"指操作票、工作票，"三制"指设备定期切换制度、设备巡回检查制度和交接班制度。

（1）操作票

操作票即焚烧厂运行人员进行相关设备（系统）操作时使用的书面命令，通过明确操作任务及操作步骤、指令应严格按书面步骤内容及顺序进行操作、运行人员执行时必须随时携带等，保障安全生产和防止发生误操作。

（2）工作票

工作票即准许在焚烧厂设备（系统）上进行相关检修工作并保障安全的一种书面命令，通过明确工作内容、范围、地点、时限、安全措施及相关责任人等，保证系统（设备）安全运行、人身安全及相关检修工作安全完成。

（3）操作票和工作票管理制度

焚烧厂应执行操作票和工作票管理制度，工作票和操作票的管理应符合下列规定：

① 操作票规定完成指定操作任务的操作命令。复杂的、操作步骤不能颠倒的，一旦操作失误可能造成事故的，需要切换系统运行方式或隔离系统进行检修的操作必须执行操作票。

② 焚烧厂应根据实际情况制定启炉、停炉、电气倒闸等操作票，经审核批准后严格执行。

③ 工作票是正确实施安全措施、准许工作的书面依据，工作票应包括但不限于电气工作票、热力机械工作票、热控工作票、一级动火工作票、二级动火工作票。

④ 焚烧厂应制定工作票管理标准，严格执行工作票审批程序，工作票应至少有签发人、工作负责人、工作许可人的签字。

（4）设备定期切换制度

运行人员应执行设备定期试验与轮换制度，确保设备长期运行的安全性和可靠性。设备定期试验与轮换应符合下列要求：

① 运行人员应按规定日期、工作内容做好设备定期试验切换校验，并做好相关记录。

② 设备有严重缺陷或异常情况不能做轮换、试验时，应报告并做好记录。缺陷或异常消除后，应立即进行轮换、试验。

（5）设备巡回检查制度

运行人员应执行设备巡回检查制度，对现场的设备系统进行巡回检查，掌握设备运行情况，及时发现缺陷，消除事故隐患。巡回检查应符合下列要求：

① 应当带上电筒、检查工具和对讲机等用具。

② 应考虑天气变化对设备的影响。

③ 应运用听、嗅、观、触等感觉方式，对照仪表指示，判断和掌握设备运行状况，分析仪表指示的准确性。

④ 应重点检查新投入运行和刚检修过的设备、当班和前几个班操作过的设备、频繁启停的设备、已发生异常的同类设备、带缺陷运行的设备、系统发生事故影响的设备。

⑤ 巡回检查中发现的设备缺陷，应根据缺陷程度按运行规程及有关规定处理，并将缺陷填入缺陷登记簿，重要缺陷要及时报告。

（6）交接班制度

运行交接班是焚烧厂连续生产过程中的一个重要环节，应执行交接班管理制度。交接班管理应符合下列要求：

① 接班人员应按规定着装，精神状况良好，运行人员交接班前后应对设备系统进行全面检查；

② 接班人员应查阅当班记录，了解运行方式、发生的重大操作及影响安全的缺陷。

2.4 城市生活垃圾卫生填埋工艺选择与运行管理

任务目标

知识目标

（1）了解卫生填埋场功能与选址；

（2）了解卫生填埋场的建设过程及要求；

（3）掌握卫生填埋工艺流程，熟悉卫生填埋的防渗系统；

（4）掌握卫生填埋二次污染的控制措施；

（5）掌握卫生填埋运行管理操作规范。

能力目标

（1）能合理选择和初步设计生活垃圾的卫生填埋工艺；

（2）能辅助制定卫生填埋运行方案和实施计划；

（3）能按照卫生填埋的技术规范要求开展填埋和污染物排放管理。

素质目标

（1）学习贯彻习近平生态文明思想，积极投身"双碳"行动；

（2）具备较强的信息化素养和创新精神；

（3）爱岗敬业、吃苦耐劳，具备奋斗有我的精神。

案例导入

据生态环境部开放的环保设施介绍，保定市无害化处理中心承担保定市三区生活垃圾的转运和填埋工作，占地460亩。垃圾填埋区设计日处理生活垃圾1000t，总填埋容量372万立方米，于2001年投入运行，2017年9月13日填埋区不再接收原生态生活垃圾。

1000t转运站于2015年6月开工建设，2017年9月13日投入试运行，占地16440.50m²，设计日转运生活垃圾1000t。转运站采用垂直压缩工艺，流程如下：入场称重—卸料—压缩—满容器装车—称重—转运—焚烧厂卸料—空容器复位。自运行以来每天转运生活垃圾1100t左右，目前共计已转运46万多吨，运行情况良好。

中心院内建有 1500m² 化粪池一座，设计处理能力 50t/d，粪便发酵周期为 30 天，将其中的病菌和寄生虫卵基本杀灭。粪渣优先作为农肥利用，剩余部分于垃圾场填埋区内填埋处置。沼气进行发电利用，项目于 2017 年初投入运行。

按照《生活垃圾填埋污染控制标准》（GB 16889—2008）要求，建成日处理 150t 的渗滤液处理车间，负责处理垃圾填埋产生的渗滤液。处理工艺采用"中温厌氧＋二极反硝化、硝化＋生化反应器系统＋纳滤＋反渗透"技术达标后排入污水处理厂。

2.4.1　卫生填埋场的功能及选址

任务导入：（1）怎样的固体废弃物适合卫生填埋？

　　　　　　（2）如何进行卫生填埋场的选址？

2.4.1.1　卫生填埋

2-26　卫生
填埋场

填埋是按照工程理论和土工标准将固体废物掩埋覆盖，并使其稳定化的最终处置方法。卫生填埋是采取防渗、雨污分流、压实、覆盖等工程措施，并对渗滤液、填埋气体及臭味等进行控制的生活垃圾处理方法。其主要处理对象是居民家庭垃圾、园林绿化废弃物、商业服务网点垃圾、清扫保洁垃圾、交通物流场站垃圾、企事业单位的生活垃圾及其它具有生活垃圾属性的一般固体废弃物。

卫生填埋是从简易的垃圾堆放和填地处理发展起来的一种垃圾处理技术，是利用自然界的代谢机能，按照工程理论和土工标准，寻求垃圾无害化和稳定化的一种处置方法，与传统的堆放和简易填埋有着本质的区别，它要完全符合现行的环保要求，并符合安全性和经济性的要求，是一种对固体废物进行有控管理的综合性科学工程方法。

卫生填埋起步于 20 世纪 30 年代，经过多年的研究和发展，人们在卫生填埋场的规划（含选址）、设计、施工、管理等方面积累了丰富的经验。卫生填埋仍然是当前世界范围内解决生活垃圾污染最主要的和最常见的终端处理处置措施，在我国亦是如此。据统计，2015 年，我国城市生活垃圾填埋设施有 640 座，垃圾处理总量达到 1.15 亿吨，设施数量和处理总量仍持续增长，填埋处理仍然是我国城市生活垃圾处置的最主要方式。但生活垃圾填埋设施的增长率已连续四年低于焚烧设施增长率。由于卫生填埋始终存在占用较大土地面积、人工衬垫材料的耐久性和后续需要长时间的维护等方面的问题难以解决，再加上近年来生活垃圾分类的大力推进和焚烧处理技术的进步，我国城市生活垃圾焚烧处理总量增长迅速，使得填埋总量所占无害化处理总量的比例持续下降，比如 2014 年的生活垃圾填埋占比从 65.5% 下降到 63.7%，但是填埋处理仍然是我国城市生活垃圾处置的最主要方式。为了提高填埋效率，加速填埋场稳定，减少二次污染，也有一些新的填埋技术出现，包括填埋前机械-生物预处理、准好氧填埋技术、反应器型厌氧填埋技术、高位填埋等。

卫生填埋过程中，要采用必要的场地防护手段和合理的填埋场结构，力争最大限度地减缓和消除生活垃圾对环境的污染，尤其是对地下水的污染。因此卫生填埋的防渗漏结构就显得尤为重要，一方面要阻隔对地下水的污染，另一方面要将填埋堆体产生的渗滤液完整收集，可以说卫生填埋效果的好坏与防渗漏的优劣直接相关，只有完善和有效的防渗漏结构和设施才能保证填埋效果，这也是卫生填埋区别于简易垃圾堆放的重要特征。

在我国当前的经济发展水平下，生活垃圾焚烧处置方法成本较高，堆肥处置的普适性较差，而卫生填埋则相对成本较低，环保效果比较显著，因此卫生填埋仍是我国城市生活垃圾稳定化、无害化的主要最终处置方式。归纳起来，卫生填埋的优点包括：它是完全独立的城市生活垃圾无害化处理方法；是一般固体废物的最终处理方法；相对于其它的生活垃圾处理方法，卫生填埋法是最简单、无须进行预处理、成本较低的方法，容易推广普及。卫生填埋工艺简单，能够处理大量的城市生活垃圾，处理量每天可达上千吨；填埋场产生的填埋气，经过收集净化后，可进行沼气发电，实现废物资源化；填埋场封场后，填埋垃圾经过若干年后会形成矿化垃圾，可以用于开采和利用；填埋后场地可有多种用途，可用于建生态公园、高尔夫球场等。

2.4.1.2 卫生填埋场的功能

卫生填埋场的主体功能是借助使用的工程方法，将生活垃圾局限在一个小的封闭区域内，在生活垃圾稳定化过程中，通过收集渗滤液和沼气，采取二次污染防治措施，降低对环境的影响。因此，卫生填埋应具有储留、隔水和处理三个方面的功能。

（1）储留功能

储留功能是填埋场的基本功能。不同类型的卫生填埋场都是利用形成的一定空间，将垃圾储留其中，待空间充满后进行封场，恢复该区的原貌。

（2）隔水功能

隔水功能是填埋场的主要功能。通过设置防渗层、渗滤液集排水系统、地下水导流系统和降水（场内周边和填埋期场内）集排水系统，隔断垃圾与外界环境的水力联系，防止垃圾分解产生的渗滤液与地下水、降水接触造成水体污染。

（3）处理功能

处理功能是一定程度上的拓展功能，主要针对生活垃圾填埋场的降解和稳定化过程。它具有两个方面的含义：一是利用填埋体中的微生物和其它物化作用加速垃圾稳定化过程；二是在运行管理上优化填埋场运行方式，控制渗滤液污染强度及填埋气体的产出条件。

2.4.1.3 卫生填埋场的类型

卫生填埋场根据分类标准的不同有不同的分类方法，比如可以按照反应机制的不同进行分类，也可以按填埋地形特征分类，还可以根据垃圾填埋场的规模大小进行分类等等。常见的分类有以下几种。

（1）根据填埋场中垃圾降解机理的不同分类

① 好氧填埋场　好氧填埋场是在垃圾体内布设通风管网，用鼓风机向垃圾体内送入空气。垃圾有充足的氧气，使好氧分解加速，垃圾性质较快稳定，堆体迅速沉降，反应过程中产生较高温度（60℃左右），使垃圾中大肠杆菌等得以消灭。通风会加快垃圾渗滤液的蒸发，因此填埋场底部的防渗漏处理可适当降低要求。好氧填埋适用于干旱少雨地区的中小型城市，适用于填埋有机物含量高、含水率低的生活垃圾。好氧填埋场结构复杂，施工要求较高，单位造价高，所以采用得不多。

② 准好氧填埋场　准好氧填埋场是利用自然通风，使得空气通过敞开式的集水管向填埋层中流动，通过与垃圾填埋层的接触，对垃圾进行好氧分解。但由于没有强制通风，随着填埋层高度的增加，会导致空气扩散难度增加而无法到达整个填埋层，从而出现靠近填埋层地表，集水管附近、立渠或排气设施等接近空气源的地方为好氧状态，而填埋层中央部分等空气难以扩散到的地方则为厌氧状态。这种好氧厌氧共存的填埋方式称为准好氧填埋，准好氧填埋在造价上与厌氧填埋差别不大，在有机物分解方面不比厌氧填埋差，因此采用较广泛。

③ 厌氧填埋场　厌氧填埋场的垃圾堆体无需通风供氧，垃圾处于厌氧分解状态。由于

无需强制鼓风供氧，结构简单，电耗、造价和运营成本大幅减少，简化了管理，且厌氧填埋不受气候条件、填埋成分和高度的限制，适应性广，因此是目前应用最广泛的方式。

（2）根据填埋场地形特征差异分类

① 山谷型填埋场　通常地处重丘山地，利用天然山谷空间作为垃圾堆体的储存空间。此类填埋场填埋区库容量大，单位用地处理垃圾量最多，经济效益、环境效益较好，资源化建设明显。其不足之处在于一般山谷汇水面积较大，地表雨水渗漏量大，雨水截流较困难，山谷底部和侧面土层较浅，对防治地下水污染不利。山谷型填埋场的填埋一般采用斜坡作业法，由低往高按单元进行垃圾填埋，运行管理较困难，雨污分流难度大。

② 平原型填埋场　通常是在平原地带建设的填埋场，适用于地形比较平坦且地下水埋藏较浅的地区。通常采用填埋场的底部开挖基坑，高层埋放垃圾的方式，采用高于地平面的填埋高度，填埋时必须充分考虑到作业的边坡比。平原型填埋场一般施工容易，投资省，容易开展分单元填埋和雨污分流，但平原地带一般需要占用耕地，征地费用高，加上需要堆高，外围不易形成屏障，对周围环境易造成影响。

③ 滩涂型填埋场　滩涂型填埋场是在海边或江边滩涂地上建设的填埋场，适用于沿海城市，通过围堤筑路，排水清基，将滩涂废地辟建为填埋场填埋区。滩涂地一般处于城市地下水和地表水流向的下游，不会对城市的用水造成污染，产生的污水可以利用滩涂地的湿地进行处理，从而降低污水处理的投资和运行费用。滩涂型填埋场同样容易开展分单元填埋和雨污分流。不足之处在于滩涂填埋场一般地下水位较浅，对防止地下水污染不利，且滩涂地往往需要做底部加固处理。

不同类型的填埋场样貌参见图 2-51。

山谷型　　　　　　　　平原型　　　　　　　　滩涂型

图 2-51　不同类型的填埋场

（3）根据填埋场建设规模或者处理能力不同分类

根据填埋场建设规模或者处理能力的不同，卫生填埋可以分为四类，表 2-20 分别介绍了四类填埋场的建设规模和处理能力差异。

表 2-20　填埋场建设规模和处理能力分类表

按照填埋场建设规模		按照填埋场日处理能力	
Ⅰ类	总容量≥1200 万立方米	Ⅰ级	处理能力≥1200t/d
Ⅱ类	500 万立方米≤总容量<1200 万立方米	Ⅱ级	500t/d≤总容量<1200t/d
Ⅲ类	200 万立方米≤总容量<500 万立方米	Ⅲ级	200t/d≤总容量<500t/d
Ⅳ类	100 万立方米≤总容量<200 万立方米	Ⅳ级	100t/d≤总容量<200t/d

此外，卫生填埋场按气象水文条件可分为干式、湿式和混合填埋场，按构造分为自然衰

减型、全封闭型、半封闭型填埋场，按地质分为包容性场地、衰减性场地、快速迁移场地等，但相对来说采用得不多。

2.4.1.4 卫生填埋场的选址

卫生填埋场的选址工作在填埋场的整个建设过程中十分重要，选址直接关系到建设过程和后续的经营管理，又与填埋场是否能实现生活垃圾减量化、资源化和无害化的整体目标直接相关。同时，卫生填埋场的选址还是一项综合性非常强的工作。影响选址的因素很多，包括社会发展方面因素、经济学方面因素、工程建设方面因素、环境影响方面因素等。

卫生填埋场选址总的原则是有利于以合理的技术、经济的方案、尽量少的投资，达到最理想的经济效益，实现保护环境和社会效益最大化。要避免注重填埋场的技术工艺设计而忽视填埋场的选址问题。

(1) 卫生填埋场选址的影响因素

① 社会因素 卫生填埋场的选址首先要符合城市总体规划和环境卫生专业规划等方面的要求，不要妨碍城市、区域的发展规划。因为卫生填埋场作为城市环卫基础设施的一个重要组成部分，填埋场的建设规模等要与城市建设规模和经济发展水平相一致。随着可供选择的地址逐步减少以及居民生态环境意识的提升，开展民意调查了解群众的看法和意见，征得大众的理解和支持对于填埋场今后的建设和运行十分重要。填埋场选址尽量不占或少占耕地及拆迁工程量小，尽可能降低对居民区的影响，防止场址及周边群众因对垃圾的厌恶情绪而滋生的对填埋场建设的抵触情绪，可能发生群体性环境信访问题，给填埋场运行管理带来不利影响。

② 环境因素 卫生填埋场的选址应充分考虑到给周围生态环境带来的影响，尤其是对地下水和地表水环境的影响，以及对周围大气环境和水土资源的影响，尽可能地减少对周围环境景观、地形地貌、生态环境等的破坏。

③ 工程因素 工程因素是卫生填埋场选址的主要影响因素。主要包括自然地理、水文地质、工程地质和气象因素等。

卫生填埋场在选址时要保证容积足够。卫生填埋场的使用年限一般应在 10 年以上，特殊情况下不小于 8 年；选址地的地质条件良好，避开地震区、海浪影响区、湿地和低洼地、山洪区等危及安全的区域。卫生填埋场选址时，必须考虑到避开洪泛区、航道、饮用水水源，填埋场底部高于地下水水位，卫生填埋场离河流和湖泊的距离宜在 50m 以上。

④ 经济因素 经济因素主要包括建设规模大小、选址与城区的运输距离、征地面积和价格等，还包括覆土等资源的获取便利等。一般情况下，一个填埋场的合理建设规模至少应该满足 10 年以上的合理使用年限，与城区的距离不宜大于 15km，填埋场地附近最好有大量的黏土和砂石等资源用以作为辅助材料。

(2) 卫生填埋场选址的程序

卫生填埋场的选址需要按照科学的程序进行，主要包括确定初选范围，开展资料收集调查、场址初选、初步踏勘、场址优选、场地的综合地质初步勘察等多个技术环节和步骤，方能初步确定卫生填埋场选址。

① 确定初选范围 确定填埋场的选址区域范围，根据城市总体规划区域图形，以所服务区域的城市中心为圆心，以一定的半径画圆，确定出一个范围，将法定限制的土地排除，从中选择合适的场址。如果划定区域无合适选址，则需要扩大半径范围，直到选择出合适的场址区域为止。

② 选址资料收集 包括城市整体规划和城市环境卫生专业规划，土地利用价值及征地费用，附近居住情况与公众反映，填埋气体利用的可行性，地形地貌及相关地形图，工程地质与水文地质条件，设计频率洪水位、降水量、蒸发量、夏季主导风向及风速，基本风压值；道路、交通运输、给排水、供电、土石料条件及当地的工程建设经验；服务范围的生活垃圾量、性质及收集运输情况。

③ 场址初选 应在全面调查与分析的基础上，初定3个或3个以上候选场址，通过对候选场址进行踏勘，对场地的地形、地貌、植被、地质、水文、气象、供电、给排水、覆盖土源、交通运输及场址周围人群居住情况等进行对比分析，宜推荐2个或2个以上预选场址。

④ 现场初步踏勘 结合收集的资料开展现场调查，了解拟选场址的稳定性和适应性。稳定性主要包括拟选场址的不良地质作用和地质灾害发育情况，区域地质、区域构造和地震活动情况，地层岩性、岩土构造、成因类型及分布特征，地下水埋藏条件、地表水资源分布、地表覆土类型，洪水影响等方面。适应性方面要评估工程建设对下游及周边环境的影响，拟采用的地基基础类型、地基处理难易程度和工程建设的适应性等方面。

⑤ 场址优选和初定 应对预选场址方案进行技术、经济、社会及环境比较，推荐一个拟定场址。并应对拟定场址进行地形测量、选址勘察和初步工艺方案设计，完成选址报告或可行性研究报告，通过审查确定场址。

⑥ 选址的初步勘察 卫生填埋场址预选定后应开展可行性研究报告，在征得管理部门的肯定和同意后，对场地进行综合地质初步勘察工作，查明场地的地质结构、水文情况和工程地质特征等，并提出地质勘察技术报告，由项目管理单位做出是否可作为选址的判定依据。选址确定后，方可转入下一步场地详勘和工程实施阶段。

科学地选择适宜的场地，采用可靠、有效的勘察方法和手段，正确地评价场地的主要工程地质问题，为卫生填埋场的设计、施工和安全运营提供可靠的工程参数，是选择最佳安全填埋场、严谨设计填埋场结构和保证整个系统正常运转的关键。

（3）卫生填埋场选址的要求

卫生填埋场选址有严格的规定，卫生填埋场选址还需要满足相关的法律法规和政策要求。如根据《生活垃圾卫生填埋处理技术规范》（GB 50869—2013），在卫生填埋场选址时，应符合下列规定：

① 应与当地城市总体规划和城市环境卫生专业规划协调一致；

② 应与当地的大气防护、水土资源保护、自然保护及生态平衡要求相一致；

③ 应交通方便，运距合理；人口密度、土地利用价值及征地费用均应合理；

④ 应位于地下水贫乏地区、环境保护目标区域的地下水流向下游地区及夏季主导风向下风向；

⑤ 选址应有建设项目所在地的建设、规划、环保、环卫、国土资源、水利、卫生监督等有关部门和专业设计单位的有关专业技术人员参加；

⑥ 应符合环境影响评价的要求。

下列地区不应设置卫生填埋场：

① 地下水集中供水水源地及补给区，水源保护区，洪泛区和泄洪道；

② 填埋库区与敞开式渗滤液处理区边界距居民居住区或人畜供水点的卫生防护距离在500m以内的地区；

③ 填埋库区与渗滤液处理区边界距河流和湖泊50m以内的地区；

④ 填埋库区与渗滤液处理区边界距民用机场 3km 以内的地区，尚未开采的地下蕴矿区；

⑤ 珍贵动植物保护区和国家、地方自然保护区；

⑥ 公园，风景游览区，文物古迹区，考古学、历史学及生物学研究考察区；

⑦ 军事要地、军工基地和国家保密地区。

2.4.1.5　卫生填埋场的总体设计

卫生填埋场的总体设计是一项综合性工作，需要考虑的因素较多，整体上要充分考虑场地内各项设施的合理布置，优化设施之间的相互关系，方便后续填埋场的运行管理。

2-27　填埋场
典型布置图

（1）卫生填埋场的构成

卫生填埋场内各项工程设施从使用功能上可以分为三类，主要包括主体工程设施、辅助工程设施和生产管理与生活服务设施。

填埋场主体工程构成内容应包括：计量设施，地基处理与防渗系统，防洪、雨污分流及地下水导排系统，场区道路，垃圾坝，渗滤液收集和处理系统，填埋气体导排和处理（可含利用）系统，封场工程及监测井等。

填埋场辅助工程构成内容应包括：进场道路，备料场，供配电、给排水设施，生活和行政办公管理设施，设备维修设施，消防和安全卫生设施，车辆冲洗、通信、监控等附属设施或设备，并宜设置应急设施（包括垃圾临时存放、紧急照明等设施）。Ⅲ类以上填埋场宜设置环境监测室、停车场等设施。

生产管理与生活服务设施主要是为填埋场员工提供办公和生活的设施，包括办公楼、生活楼、食堂、文体设施等。

（2）卫生填埋场总体设计的一般规定

① 填埋场总体设计应采用成熟的技术和设备，做到技术可靠、节约用地、安全卫生、防止污染、方便作业、经济合理。

② 填埋场总占地面积应按远期规模确定。填埋场的各项用地指标应符合国家有关规定及当地土地、规划等行政主管部门的要求。宜根据填埋场处理规模和建设条件做出分期和分区建设的总体设计。

③ 卫生填埋场设计过程需要遵循的主要标准有：《城市生活垃圾卫生填埋技术规范》（GB 50869—2013），《生活垃圾填埋场污染控制标准》（GB 16889—2008），《生活垃圾填埋场环境监测技术标准》（CJ/T 3037），以及其它有关市政、水利、给排水和电力等的设计或者施工规范。

（3）卫生填埋场处理规模和库容的确定

根据填埋场处理规模，可将卫生填埋场分为Ⅰ、Ⅱ、Ⅲ和Ⅳ类填埋场。填埋场日平均填埋量应根据城市环境卫生专业规划和该工程服务范围的生活垃圾现状产生量及预测产生量和使用年限确定。填埋库容应保证填埋场使用年限在 10 年及以上，特殊情况下不应低于 8 年。

填埋库容的计算方法有方格网法、三角网法、等高线剖切法等。地形图完备时，填埋库容的计算可优先选用结合计算机辅助的方格网法，库底复杂起伏变化情况较大时，填埋库容计算可选择三角网法。填埋库容计算可选用等高线剖切法进行校核。根据地形计算出来的库容为填埋库区的总容量，包括有效库区（实际容纳的垃圾体积）和非有效库容（覆盖和防渗透材料占用的体积）。

① 填埋库容的方格网法计算　将场地划分成若干个正方形格网,再将场底设计标高和封场标高分别标注在规则网格各个角点上,封场标高与场底设计标高的差值应为各角点的高度。计算每个四棱柱的体积,再将所有四棱柱的体积汇总为总的填埋场库容。方格网法库容可按下式计算:

$$V = \sum_{i=1}^{n} a^2 (h_{i1} + h_{i2} + h_{i3} + h_{i4})/4$$

式中　h_{i1},h_{i2},h_{i3},h_{i4}——第 i 个方格网各个角点高度,m;

　　　　　V——填埋库容,m³;

　　　　　a——方格网的边长,m;

　　　　　n——方格网个数。

计算时可将库区划分为边长 10~40m 的正方形方格网,方格网越小,精度越高。可采用基于网格法的土方计算软件进行填埋库容计算。

② 填埋库容的三角网法计算　在已设计好的库区图纸(同时包含库底设计标高和封场设计标高)上,根据库区内有限个点集将填埋场库区划分为相连的三角面网络。再将场地设计标高和封场标高分别标注在三角网各个角点上,封场标高与场地设计标高的差值即为各角点的高度。分别计算出每个单元的高度,然后汇总即可求得整个填埋场的库容。三角网法的计算公式如下:

$$V = \sum_{i=1}^{n} P_i (h_{i1} + h_{i2} + h_{i3})/3$$

式中　h_{i1},h_{i2},h_{i3}——第 i 个三角网各个角点高度,m;

　　　　　V——填埋场库容,m³;

　　　　　P_i——第 i 个三角网格的面积;m²;

　　　　　n——三角网个数。

③ 有效库容的系数计算法　有效库容为有效库容系数与填埋库容的乘积,按照下式进行计算:

$$V' = \zeta V$$

式中　V'——有效库容,m³;

　　　　　V——填埋库容,m³;

　　　　　ζ——有效库容系数。

其中,有效库容系数的计算为填埋库容减去防渗系统、覆盖层和封场所占库容与填埋库容之比。系数的具体计算方法可参见标准《生活垃圾卫生填埋处理技术规范》(GB 50869—2013)附录 A。

(4) 卫生填埋场总平面布置

填埋场总平面布置应根据场址地形(山谷型、平原型与坡地型),结合风向(夏季主导风)、地质条件、周围自然环境、外部工程条件等,并应考虑施工、作业等因素,经过技术经济比较确定。

总平面应按功能分区合理布置,主要功能区包括填埋库区、渗滤液处理区、辅助生产区、管理区等,根据工艺要求还可增设填埋气体处理及利用区、生活垃圾机械-生物预处理区等。

填埋库区的占地面积宜为总面积的 70%~90%,不得小于 60%。每平方米填埋库区垃圾填埋量不宜低于 10m³。填埋库区应按照分区进行布置,库区分区的大小主要应考虑易于实施雨污分流,分区的顺序应有利于垃圾场内运输和填埋作业,应考虑与各库区进场道路的衔接。

渗滤液处理区的处理构筑物间距应合理，符合国家建设设计防火规范，并应满足各构筑物施工、设备安装和埋设各种管道以及养护、维修和管理的要求。臭气集中处理设施、脱水污泥堆放区域宜布置在夏季主导风向下风向。

辅助生产区、管理区宜布置在夏季主导风向的上风向，与填埋库区之间宜设绿化隔离带。管理区各项建（构）筑物的组成及其面积应符合国家有关规定。

雨污分流导排和填埋气体输送管线应全面安排，做到导排通畅。渗滤液处理构筑物间输送渗滤液、污泥、上清液和沼气的管线布置应避免相互干扰，应使管线长度短、水头损失小、流通顺畅、不易堵塞和便于清通。各种管线宜用不同颜色加以区别。

环境监测井布置应符合国家标准《生活垃圾卫生填埋场环境监测技术要求》（GB/T 188772）的有关规定。

平面布局应充分考虑选址所处地形，因地制宜地确定进出场道路和填埋区位置。渗滤液处理设施及填埋气处理设施尽可能靠近填埋区，方便流体输送。生产、生活服务设施尽量位于填埋场的上风向，与填埋区保持适当距离，避免臭气等污染影响工作人员。

以广州兴丰垃圾填埋场为例，兴丰垃圾填埋场由生活区、进场区、填埋区、渗滤液调节池、地表水沉淀池、渗滤液处理厂、填埋气发电厂及其它配套设施组成。生活区主要包括办公楼、宿舍、饭堂、绿化等。进场区主要有计量设施。填埋区包括基础处理与防渗系统、地表水及地下水导排系统、垃圾坝、渗滤液导流系统、填埋气导排系统，以及一些监测设施。图 2-52 为兴丰垃圾填埋场的总平面布置图。

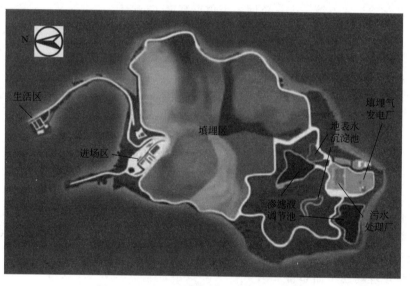

图 2-52　兴丰垃圾填埋场的总平面布置图

（5）其它

填埋场竖向设计应结合原有地形，做到有利于雨污分流和减少土方工程量，并宜使土石方平衡。填埋库区的垂直分区标高宜结合边坡土工膜的锚固平台高程确定。填埋库区库底渗滤液导排系统纵向坡度不宜小于 2%，在截洪沟、排水沟等的走线设置上应充分利用原有地形，坡度应使雨水导排流畅且避免冲刷过度。

填埋场道路应根据其功能要求分为永久性道路和库区内临时性道路进行布局。道路设计应根据填埋场地形、地质、填埋作业顺序、各填埋阶段标高以及堆土区、渗滤液处理区和管理区位置合理布局。道路设计应满足垃圾运输车辆交通量、车载负荷及填埋场使用年限要求，并与填埋场竖向设计和绿化相协调。

2.4.2　卫生填埋场的填埋工艺流程

任务导入：用框线绘制卫生填埋场工艺流程图，并对工艺环节进行说明。

2.4.2.1　卫生填埋工艺流程

现代卫生填埋场的工艺流程简要示意图如图 2-53 所示，填埋场的填埋运行工艺生命周期可参见图 2-54，具体的填埋操作工艺流程过程见图 2-55。

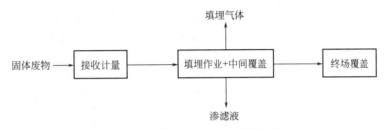

图 2-53　现代卫生填埋工艺流程简图

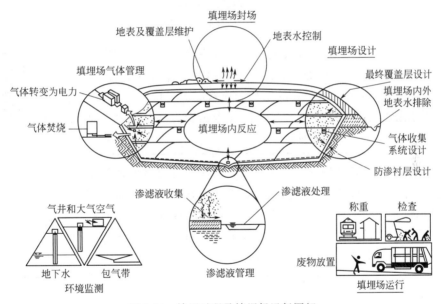

图 2-54　填埋过程及填埋场运行图解

2.4.2.2　卫生填埋场主要操作单元

（1）垃圾入场

垃圾填埋场对垃圾的进场有严格的规定。生活垃圾进入填埋场应进行检查和计量。生活垃圾通过垃圾运输车进入垃圾填埋场，在入场前要进行计量称重、检验等步骤，然后经过指定道路到达填埋作业区，进行垃圾倾卸，垃圾倾卸完后，垃圾运输车辆离开填埋场前宜冲洗轮胎和底盘。垃圾主要通过地磅房称重，地磅房计量计算机会记录每辆垃圾车每天清运的垃圾量、运输单位、进出场时间、垃圾来源和垃圾性质等。同时，通过数据统计，记录每日每月每年的垃圾进场量，为政府决策和经费预算等提供数据依据。

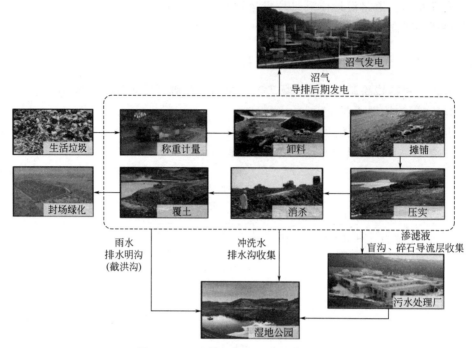

图 2-55　卫生填埋场的工艺操作流程图

卫生填埋场有相应的填埋物入场要求，具有爆炸性、易燃性、浸出毒性、腐蚀性、传染性、放射性等的有毒有害废物不应进入卫生填埋场，不得直接填埋医疗废物和与衬层不相容的废物。地磅房应与垃圾场环境监测人员配合，不定期对进场垃圾进行成分检测，检查是否有违禁废物进入填埋库区，以便及时发现问题和上报处理。

2-28　填埋操作

地磅房应设置在填埋场的交通入口处，并应具有良好的通视条件。地磅进车端的道路坡度不宜过大，宜设置为平坡直线段，地磅前方 10m 处宜设置减速装置。计量地磅宜采用动静态电子地磅，地磅规格宜按垃圾车最大满载重量的 1.3~1.7 倍配置，称量精度不宜小于贸易计量Ⅲ级。填埋场的计量设施应具有称重、记录、打印与数据处理、传输功能，宜配置备用电源。

（2）填埋作业

填埋作业主要包括卸料、摊铺、压实和覆土，具体填埋作业流程图参见图 2-56。用于完成这些工作的设备包括：推土机、挖掘机、装载机、压实机等，相关设备参见图 2-57。

图 2-56　填埋作业流程图

① 卸料　经过计量称重后的垃圾车，直接运送垃圾到填埋区的指定区域进行倾斜。通过控制垃圾运输车辆倾倒垃圾的位置，可以使垃圾摊铺、压实和覆土作业变得规划有序。比如让运输车辆通过以前填平的区域，这个区域将被压得更实。采用填坑作业法卸料时，往往

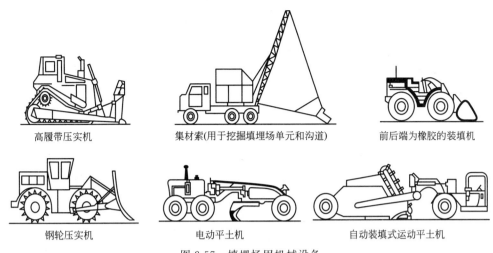

| 高履带压实机 | 集材索(用于挖掘填埋场单元和沟道) | 前后端为橡胶的装填机 |
| 钢轮压实机 | 电动平土机 | 自动装填式运动平土机 |

图 2-57 填埋场用机械设备

设置过渡平台和卸料平台，而采用斜面作业法时，则可直接卸料。

垃圾运输车辆离开填埋场前还需冲洗轮胎和底盘。填埋区作业面应控制在较小面积范围内。一般日处理量在 1000t 以下的填埋场，填埋作业区的裸露面宜小于 1000m²。雨季应备应急作业单元和卸车平台。

② 摊铺 垃圾卸车后，操作人员应及时摊铺垃圾。推土机将运来的垃圾在规定的地域平面摊铺成垃圾层，每次垃圾层的摊铺厚度应根据填埋作业设备的压实性能、压实次数及生活垃圾的可压缩性确定，厚度不宜超过 60cm，每次垃圾摊铺厚度达到 30～60cm 时可开始进行压实，且宜从作业单位的边坡底部到顶部摊铺。压实机压实后进行再次垃圾摊铺，再压实，这样循环反复，直至最终压实垃圾层的单元厚度为 2～4m，最厚不得超过 6m。具体过程参见图 2-58。

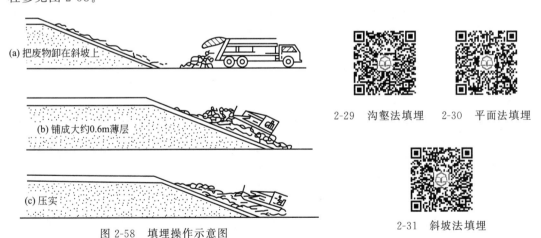

(a) 把废物卸在斜坡上

(b) 铺成大约0.6m薄层

(c) 压实

图 2-58 填埋操作示意图

2-29 沟壑法填埋   2-30 平面法填埋

2-31 斜坡法填埋

③ 压实 压实是填埋场作业中的重要工序，一般进入填埋场的垃圾体初始密度为 300～800kg/m³，通过实施压实作业，密度可达到 1t/m³，相当于有效增加了有效填埋库容，延长填埋场使用年限，提高了土地资源利用效率。压实能够减小垃圾空隙率，可以防止垃圾坍塌，减少或阻止填埋场的不均匀沉陷。另外，压实有利于厌氧环境形成，降低外水入渗及蝇蛆滋生，还方便填埋机械在垃圾层上的移动作业。

为了得到最佳的压实密度，压实机的通过遍数一般最好为 3～4 次，通过遍数超过 4 次，压实密度基本没有什么变化，所以不应盲目增加通过遍数来提高压实密度。压实时，坡度可适当保持小一点，一般单位的坡度不宜大于 1∶3。此外，对垃圾进行破碎也有利于提高压实效率，而且可提高垃圾分解和稳定速度。

压实过程中，每一单元的生活垃圾高度宜为 2～4m，最高不得超过 6m。单元作业宽度按填埋作业设备的宽度及高峰期同时进行作业的车辆数确定，最小宽度不宜小于 6m。

④ 消杀　卫生填埋场容易滋生蚊蝇，填埋区应进行定期消杀，对蚊蝇、鼠类等情况进行调查，根据消杀情况及时调整消杀方案。消杀应在未成蝇前消杀，如在傍晚时分，在蚊蝇生长繁殖区有针对性地消杀。灭蝇应使用低毒、高效、高针对性环保型药物，并根据消杀情况定期调整药物，减少对生态环境的影响。从消除蚊蝇滋生地考虑，应定期对场区内设施、路面、绿地等范围进行环境卫生检查，消除积水。

消杀车辆应定期进行维护保养，并根据使用情况及时清洗。目前所采用灭蝇、灭鼠药物均对人体有不同程度的影响，药物应严格按危险品规定处理，应远离生活场所，严格执行单独房屋存放、专人保管等危险品管理规定。药品用完后的容器应妥善处理，不准随意丢弃。消杀人员在药物配备和喷洒作业时必须佩带必要的安全防护用品，如手套、口罩、防护服等劳动保护用品。

消杀人员应严格按照药物喷洒作业规程作业。消杀作业时应与现场填埋作业人员保持 20m 以上距离，不得逆风喷洒，药物不得喷洒到人体和动物身上等。

⑤ 覆土　卫生填埋场的覆土分为日覆盖、中间覆盖和封场覆盖三种，其功能各异。

日覆盖的主要目的是控制疾病、垃圾飞扬、臭味和渗滤液，同时还可控制火灾。日覆盖要求确保填埋场稳定且不碍垃圾的生物分解，因而覆盖材料要具有良好的透气性能，一般选用沙质土。垃圾经压实后，为避免长时间暴露，在每日的填埋工作结束后还需要进行日覆盖，覆盖厚度不小于 15cm。日覆盖也可采用高密度聚乙烯（HDPE）膜或线型低密度聚乙烯（LLDPE）膜覆盖，膜的厚度不宜小于 0.5cm。

中间覆盖用于填埋场部分区域需要长期维持开放的特殊情况，作用是可以防止填埋气体的无序排放，防止雨水下渗，将层面的降雨排到填埋场外等。中间覆盖要求覆盖材料有较好的防渗透性，一般选用黏土，厚度要达 30cm 以上，如果采用膜覆盖，膜厚度不宜小于 0.75cm。

封场覆盖是填埋场运行的最后阶段，在填埋场的填埋作业达到设计高度时应进行封场覆盖。

（3）渗滤液收集与处理

卫生填埋会产生大量的渗滤液。渗滤液主要来源于垃圾本身、雨水及地表径流的渗入。渗滤液中含有多种污染物，一旦渗出会污染地下水源。填埋场要实行雨水和污水分流的制度，减少运行过程中渗滤液的产生量。对卫生填埋场渗滤液收集与处理是贯穿填埋场设计、运行和封场全过程的关键。

（4）填埋气体收集与利用

垃圾被填埋后产生的气体主要有甲烷和二氧化碳，必须对其进行收集和利用，难以回收和无利用价值时宜将其导出处理后排放。

（5）封场绿化

卫生填埋场在填埋后要进行封场，对填埋场进行绿化，进行生态修复，减少填埋场对周围环境的影响。垃圾填埋的最后封场应注意地貌的美观，及时清埋场地。"封场"是一项很复杂的系统工程：首先要对垃圾进行平整覆土，撒上石灰，并进行蚊蝇消毒工作；接着还要覆盖碎石，加入黏土，铺设防渗材料，将垃圾"打包"。要分别进行防水、透气工作。

填埋场封场设计应考虑堆体整形与边坡处理、封场覆盖结构类型、填埋场生态恢复、土地利用与水土保持、堆体的稳定性等因素。最终封场工程的总体方案应根据填埋区垃圾堆体的面积、高度、形状、环境影响状况、安全性、原有设施情况、土地利用规划等因素经技术经济比较后确定。

卫生填埋场最终封场工程应包括以下工程：①垃圾堆体整形、覆盖工程、地下水污染控制工程（当地下水受到填埋场污染时）。②当原系统不完善时，工程内容应包括填埋气体收集和处理与利用工程、渗滤液导排与处理工程、防洪与雨水导排工程。③垃圾堆体绿化、环境与安全监测、封场后维护与场地再利用等。

局部封场工程的工程内容和规模应根据所需封场的垃圾堆体终场覆盖面积、气体导排、渗滤液导排和雨水导排要求以及垃圾堆体在整场中的位置及最终封场工程总体方案综合确定。

垃圾堆体终场覆盖工程宜在雨季到来之前完成施工，工程量大，需要跨雨季施工的，应对未完成部分采取临时覆盖措施，减少雨水向垃圾堆体渗透。垃圾堆体封场覆盖系统的各层应具有排气、防渗、排水、绿化等功能，封场覆盖结构示意图如图 2-59 所示。填埋场封场覆盖结构各层由下至上依次为：排气层、防渗层、排水层与绿化土层（植被层）。

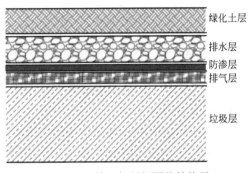

绿化土层
排水层
防渗层
排气层
垃圾层

图 2-59 填埋场封场覆盖结构图

排气层：堆体顶面宜采用粗粒或多孔材料，厚度不宜小于 30cm，边坡宜采用土工复合排水网，厚度不应小于 5mm。

防渗层：采用 HDPE 或 LLDPE 土工膜，厚度不应小于 1mm，膜上应敷设非织造土工布，规格不宜小于 $300g/m^2$；膜下应敷设保护层。采用黏土，黏土层的渗透系数不应大于 $1.0 \times 10^{-7} cm/s$，厚度不应小于 30cm。

排水层：堆体顶面宜采用粗粒或多孔材料，厚度不宜小于 30cm。边坡宜采用土工复合排水网，厚度不应小于 5mm，也可采用加筋土工网垫，规格不宜小于 $600g/m^2$。

植被层：应采用自然土加表层营养土，厚度应根据种植植物的根系深浅确定，厚度不宜小于 50cm，其中营养土厚度不宜小于 15cm。

填埋场封场覆盖后，应及时种植植被逐步实施生态恢复，并应与周边环境相协调。垃圾卫生填埋场封场后应继续对填埋气体、渗滤液的收集与处理及环境与安全监测等进行管理，直至填埋堆体稳定。填埋堆体达到稳定安全期后方可进行土地再利用，使用前应做出场地鉴定和使用规划。

垃圾堆体整形方案应根据垃圾堆体整体形状、垃圾堆体稳定性、土地再利用要求等因素确定。

修整后的垃圾堆体边坡坡度不宜大于 1 : 3，并应根据当地降雨强度和边坡长度确定边坡台阶及排水设施的设置方案，边坡台阶两台阶之间的高差宜为 5～10m，平台宽度不宜小于 3m。

垃圾堆体的顶部坡度宜为 5%～10%，坡度的设置应考虑堆体沉降因素，防止因沉降形成倒坡。

填埋场封场后的土地利用应符合下列规定：填埋场封场后的土地利用应符合国家的相关规定，填埋场土地利用前应做场地稳定化鉴定、土地利用论证及经有关部门审定。未经环境卫生、岩土、环保专业技术鉴定前，填埋场地严禁作为永久性封闭式建（构）筑物用地。

老生活垃圾填埋场封场工程必须符合上面的规定，同时也要符合下列规定：无气体导排设施的或导排设施失效存在安全隐患的，应采用钻孔法设置或完善填埋气体导排系统；已覆盖土层的垃圾堆体可采用开挖网状排气盲沟的方式形成排气层；无渗滤液导排设施或导排设施失效的，应设置渗滤液导排系统；渗滤液、填埋气体发生地下横向迁移的，应设置垂直防渗系统。

2.4.3 卫生填埋场防渗系统

任务导入：卫生填埋为什么要防渗？应如何进行防渗？

2.4.3.1 防渗系统的主要作用

防渗系统是现代卫生填埋场区别于传统填埋场的重要标志，是现代卫生填埋场的一个极其关键和重要的组成部分。

防渗系统是指在填埋场场地和四周边坡铺设低渗透性防渗材料所形成的完整有效的防渗屏障。其目的是实现对垃圾堆体密封，阻隔垃圾堆体产生的渗滤液和填埋气体进入周围环境，同时还可防止地下水进入填埋场。

生活垃圾卫生填埋后，通常需要较长的时间才能实现稳定化和无害化，因此要求防渗系统同时还要具有相应的抗化学腐蚀能力和抗衰老能力。防渗系统应在垃圾填埋场的使用期限和封场后的稳定期限内能有效地发挥功能。防渗系统工程设计应符合垃圾填埋场工程设计要求。

防渗系统就是在填埋库区底部及库区边坡采取工程措施建立一种水力屏障。一个良好的填埋场防渗系统应具有以下功能：尽量封闭渗滤液于填埋场中，使其进入渗滤液收集系统，防止其渗透流到填埋场之外，对周围土壤、地下水及地表水造成污染；防止地下径流进入填埋场，避免产生过多渗滤液，使处理量增加；避免填埋场内产生的气体向外迁移，使之得到有控释放，提高收集效率；与渗滤液有很好的化学相容性，能抵抗渗滤液的侵蚀，能有效阻滞渗滤液中的有害污染物质；具有足够的强度和耐久性，保证填埋工作寿命之内防渗系统的安全性；具有较好的环境效应，本身不会对环境产生负面影响和破坏。

防渗系统的主要作用：

① 将填埋场内的垃圾体与外界隔离，防止渗滤液污染地下水、地表水及周围土壤，同时阻止场外地表水、地下水进入垃圾体内，有效地减少渗滤液产生量；

② 有利于渗滤液收集与导出；

③ 阻止了填埋气体（沼气）的横向迁移，有利于填埋气体的收集与利用。

2.4.3.2 防渗系统设计要求

防渗系统的设计要求很多，一般来说需要满足下列要求：

① 防渗系统的设计应依据垃圾填埋场分区来设计，以便于垃圾的分区填埋。整个填埋场的防渗系统应整体设计，但可以分期来施工。

② 垃圾填埋场基础必须具有足够的承载能力，保障防渗系统的结构稳定，应有有效的保障措施防止基础层失稳。

③ 防渗系统要选用可靠的防渗材料及相应的保护层；设置渗滤液收集导排系统；垃圾填埋场底部必须设置纵、横坡度，保证渗滤液顺利导排，降低防渗层上的渗滤液水头，且场底的纵、横坡度不宜小于2%。为防止地下水对防渗系统造成危害和破坏，垃圾填埋场工程应根据水文地质条件，设置地下水收集导排系统，地下水收集导排系统应具有长期的导排性能。

2.4.3.3 防渗方式

防渗方式应根据填埋场工程地质与水文地质条件进行选择。

(1) 天然防渗

天然防渗是指填埋库区具有天然防渗层，其隔水性能达到防渗要求，不需要利用人工材料进行防渗，此类填埋场一般位于黏土和膨润土的土层。黏土状土壤是天然不透水材料，极大地限制了水分迁移速率，而在大多数卫生填埋场，黏土衬层的建造通过添加水分和机械压实以改变黏土的结构来满足工程特性。一般天然防渗方式适合于防渗要求低、抗损性低的情况。

当天然基础层饱和渗透系数小于 10^{-7}cm/s，且场底及四壁衬里厚度不小于2m时，可采用天然黏土类衬里结构。当填埋场区及其附近没有合适的黏土资源或者黏土的性能无法达到防渗要求时，也可将亚黏土、亚砂土等天然材料中加入添加剂进行人工改性压实，当改性后的防渗性能可以达到天然黏土衬里结构的等效防渗性能要求时，也可采用改性压实黏土类衬里作为防渗结构。

(2) 人工防渗

由于大部分填埋场的地质条件无法达到天然防渗的要求，因此目前的卫生填埋场一般采用人工防渗方式。人工防渗是指采用人工合成有机材料（柔性膜）与黏土结合作为防渗衬层的防渗方法，也是目前填埋场防渗方式里面采用最多的一种。

在人工防渗方式中，防渗结构的类型可以分为单层防渗结构和双层防渗结构。实际上，即使是单层防渗结构，由于采用的防渗层材料不同，又有单层衬垫（只有一种防渗材料组成的一层防渗层，比如只有HDPE膜层）和复合衬垫（只有一层防渗层，但一层防渗层由两种防渗材料紧密铺贴在一起而形成）之分。

人工合成衬里的防渗系统应采用复合衬里防渗结构，位于地下水贫乏地区的防渗系统也可采用单层衬垫防渗结构。在特殊地质及环境要求较高的地区，应采用双层衬垫防渗结构。

2.4.3.4 防渗结构

各种防渗结构并无显著差异，只是防渗性能有所差异。防渗结构的类型分为单层防渗结构和双层防渗结构。

(1) 单层防渗

单层防渗结构的层次从上至下为：渗滤液收集导排系统、防渗层（含防渗材料及保护材料）、基础层、地下水收集导排系统。单层防渗系统的结构主要有四种，分别参见图2-60(a)～(d)。

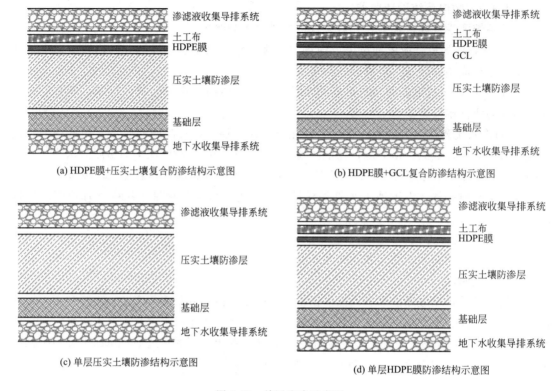

(a) HDPE膜+压实土壤复合防渗结构示意图

(b) HDPE膜+GCL复合防渗结构示意图

(c) 单层压实土壤防渗结构示意图

(d) 单层HDPE膜防渗结构示意图

图 2-60　单层防渗示意图

单层防渗系统中，各层级结构说明和相关要求如下：

① 渗滤液收集导排系统　在防渗系统上部，用于收集和导排渗滤液的设施。渗滤液收集导排系统应包括渗滤液导流层、盲沟和渗滤液排出系统。

渗滤液收集导排系统的设计必须保证能及时有效地收集和导排汇集于垃圾填埋场场底和边坡防渗层以上的垃圾渗滤液；具有防淤堵能力；不对防渗层造成破坏；保证收集导排系统的可靠性。渗滤液收集导排系统中的所有材料应具有足够的强度，以承受垃圾、覆盖材料等荷载及操作设备的压力。

导流层应选用卵石或碎石等材料，材料的碳酸钙含量不应大于 10%，铺设厚度不应小于 300mm，渗透系数不应小于 10^{-3} m/s，在四周边坡上宜采用土工复合排水网等土工合成材料作为排水材料。

盲沟内的排水材料宜选用卵石或碎石等材料；盲沟内宜铺设排水管材，宜采用 HDPE 穿孔管；盲沟应由土工布包裹，土工布规格不得小于 150g/m²。

渗滤液收集导排系统的上部宜铺设反滤材料，防止淤堵。渗滤液排出系统宜采用重力流排出方式，不能利用重力流排出时，应设置泵井。渗滤液排出管需要穿过土工膜时，应保证衔接处密封。

为保障不同填埋层渗滤液的顺利导出，在整个卫生填埋场的平面图上，还会根据需要设置渗滤液导流井（或泵井）。渗滤液导流井应具有防渗能力和防腐能力；应保证合理的井容积；应合理配置排水泵；应采取必要的安全措施。

② 防渗层　在防渗系统中，为构筑渗滤液防渗屏障所选用的防渗材料的组合。在单层防渗结构中，防渗层的组合主要有四种，分别对应图 2-60 中（a）~（d）四种组合，分别为：

HDPE 膜和压实土壤的复合防渗层、HDPE 膜和 GCL 的复合防渗层、单层压实土壤的防渗层和单层 HDPE 膜防渗层。

单层防渗结构的防渗层设计的规定：

a. HDPE 膜和压实土壤的复合防渗结构：HDPE 膜上应采用非织造土工布作为保护层，规格不得小于 $600g/m^2$。HDPE 膜的厚度不应小于 1.5mm。压实土壤渗透系数不得大于 $10^{-9}m/s$，厚度不得小于 750mm。

b. HDPE 膜和 GCL 的复合防渗结构：HDPE 膜上应采用非织造土工布作为保护层，规格不得小于 $600g/m^2$。HDPE 膜的厚度不应小于 1.5mm。GCL 渗透系数不得大于 $5 \times 10^{-11}m/s$，规格不得小于 $4800g/m^2$。GCL 下应采用一定厚度的压实土壤作为保护层，压实土壤渗透系数不得大于 $10^{-7}m/s$。

c. 单层压实土壤的防渗结构：压实土壤渗透系数不得大于 $10^{-9}m/s$。压实土壤厚度不得小于 2m。

d. 单层 HDPE 膜防渗结构：HDPE 膜上应采用非织造土工布作为保护层，规格不得小于 $600g/m^2$。HDPE 膜的厚度不应小于 1.5mm。HDPE 膜下应采用压实土壤作为保护层，压实土壤渗透系数不得大于 $10^{-7}m/s$，厚度不得小于 750mm。

高密度聚乙烯膜（HDPE 膜）：

土工膜是以高分子聚合物为基础原料生产的防水阻隔型材料，高密度聚乙烯膜是土工膜的一种，是指以高密度聚乙烯树脂（PE-HD）为原料生产的土工膜，土工膜密度要达到 $0.94g/cm^3$ 以上。

钠基膨润土防水毯（GCL）：

钠基膨润土防水毯是一种新型的土工合成材料，主要分为针刺法钠基膨润土防水毯、针刺覆膜法钠基膨润土防水毯和胶黏法钠基膨润土防水毯，在地铁、隧道、人工湖、垃圾填埋场、机场、水利、路桥、建筑等领域的防水、防渗工程中都有使用。

针刺法钠基膨润土防水毯，是由两层土工布包裹钠基膨润土颗粒针刺而成的毯状材料，用 GCL-NP 表示 [图 2-61(a)]；针刺覆膜法钠基膨润土防水毯，是在针刺法钠基膨润土防水毯的非织造土工布外表面上复合一层高密度聚乙烯薄膜，用 GCL-OF 表示 [图 2-61(b)]；胶黏法钠基膨润土防水毯是用胶黏剂把膨润土颗粒黏结到高密度聚乙烯板上，压缩生产的一种钠基膨润土防水毯，用 GCL-AH 表示 [图 2-61(c)]。

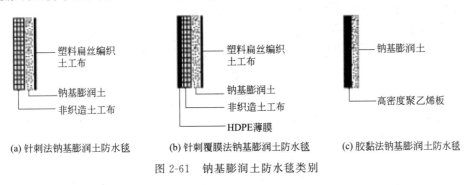

图 2-61　钠基膨润土防水毯类别

③ 基础层　防渗材料的基础，分为场底基础层和四周边坡基础层。基础层应平整、压

实、无裂缝、无松土，表面应无积水、石块、树根及尖锐杂物。防渗系统的场底基础层应根据渗滤液收集导排要求设计纵、横坡度，且向边坡基础层过渡平缓，压实度不得小于93%。防渗系统的四周边坡基础层应结构稳定，压实度不得小于90%。边坡坡度陡于1：2时，应做边坡稳定性分析。

④ 地下水收集导排系统　根据填埋场场址水文地质情况，当可能发生地下水破坏基础层稳定性或破坏防渗系统的潜在危害时，应设置地下水收集导排系统。在防渗系统基础层下方，应设置用于收集和导排地下水的设施。当地下水水位较高并对场底基础层的稳定性产生危害时，或者垃圾填埋场周边地表水下渗对四周边坡基础层产生危害时，必须设置地下水收集导排系统。

地下水收集导排系统的设计必须能及时有效地收集导排地下水和下渗地表水，具有防淤堵能力。地下水收集导排系统顶部距防渗系统基础层底部不得小于1000mm，保证地下水收集导排系统的长期可靠性。地下水收集导排系统宜按渗滤液收集导排系统进行设计。地下水收集管管径可根据地下水水量进行计算确定，干管外径不应小于250mm，支管外径不宜小于200mm。

根据地下水导排情形的不同，地下水收集导排系统可以选用以下几种形式：a. 地下盲沟。应确定合理的盲沟尺寸、间距和埋深。b. 碎石导流层。碎石层上、下宜铺设反滤层，以防止淤堵。碎石层厚度不应小于300mm。c. 土工复合排水网导流层。应根据地下水的渗流量，选择相应的土工复合排水网。用于地下水导排的土工复合排水网应具有相当的抗拉强度和抗压强度。

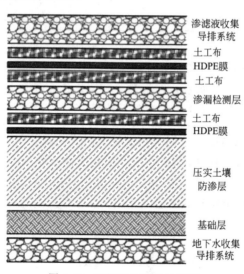

渗滤液收集导排系统
土工布
HDPE膜
土工布
渗漏检测层
土工布
HDPE膜
压实土壤防渗层
基础层
地下水收集导排系统

图 2-62　双层防渗结构示意图

（2）双层防渗

双层防渗结构的层次从上至下为：渗滤液收集导排系统、主防渗层（含防渗材料及保护材料）、渗漏检测层、次防渗层（含防渗材料及保护材料）、基础层、地下水收集导排系统。双层防渗结构如图2-62所示。

在双层防渗结构里面，防渗层有两层，分为主防渗层和次防渗层，这是与单层防渗的最主要差别。在两层防渗层中间还铺设有渗漏检测层。

双层防渗系统中，各层级结构说明和相关要求如下：

① 渗滤液收集导排系统　在防渗系统上部，用于收集和导排渗滤液的设施。在双层防渗结构中，渗滤液收集导排系统的设计应与单层防渗系统的要求相同。

② 主防渗层　在防渗系统中，起到主要的防渗作用，为构筑渗滤液防渗屏障所选用的各种材料的组合。双层防渗结构中，双层防渗比单层防渗多了一个防渗层。

主防渗层和次防渗层均应采用 HDPE 膜作为防渗材料，HDPE 膜厚度不应小于1.5mm。主防渗层 HDPE 膜上应采用非织造土工布作为保护层，规格不得小于 $600g/m^2$；HDPE 膜下宜采用非织造土工布作为保护层。

③ 渗漏检测层　用于检测垃圾填埋场防渗系统可靠性的材料层。在双层防渗结构中，应能够通过渗漏检测层及时检测到主防渗层的渗漏。

④ 次防渗层　在防渗系统中，结构与主防渗层相同，位于主防渗层下方。次防渗层 HDPE 膜上宜采用非织造土工布作为保护层，HDPE 膜下应采用压实土壤作为保护层，压实土壤渗透系数不得大于 $10^{-7}\mathrm{m/s}$，厚度不宜小于 750mm。主防渗层和次防渗层之间的排水层宜采用复合土工排水网。

⑤ 基础层　防渗材料的基础，分为场底基础层和四周边坡基础层。基础层的设计与单层防渗相同。

⑥ 地下水收集导排系统　在防渗系统基础层下方，用于收集和导排地下水的设施。双层防渗的地下水收集导排系统的设计与单层防渗相同。

2.4.4　卫生填埋场二次污染控制与管理

任务导入：卫生填埋产生哪些二次污染？如何控制和管理？

2.4.4.1　垃圾渗滤液的收集及处理

渗滤液是指在填埋场中，由于雨水、地表水及地下水渗入填埋场，以及填埋场本身垃圾堆体的生物化学反应，产生的高浓度污染物液体。生活垃圾卫生填埋场必须设置有效的渗滤液收集系统和采取有效的渗滤液处理措施，严防渗滤液污染环境。渗滤液如果不能有效收集和导排，会导致渗滤液水位升高，浸泡垃圾堆体，影响垃圾堆体的稳定性，甚至造成渗滤液外渗事故，因此为了检查渗滤液收集系统是否有效，应对垃圾堆体中的渗滤液水位进行监测。

不同的卫生填埋场，其渗滤液的产生量有所差别。一般而言，渗滤液的产生量主要与当地降雨量、垃圾堆体情况以及填埋场的终场覆盖和收集体系有关。同一个填埋场，在填埋运行期间以及封场后，渗滤液产生量也有所不同。为降低渗滤液对周围环境的污染，需要对产生的渗滤液进行处理直到达到相应的排放标准。

（1）渗滤液收集系统

前面介绍卫生填埋场的防渗结构时，已对渗滤液收集系统进行了简要介绍。渗滤液收集系统是位于底部防渗层上面的，由砂或砾石构成的排水层，在排水层内设有穿孔管网，以及为了防治阻塞而铺设在排水层表面和包在管外的无纺布。填埋库区渗滤液收集系统应包括导流层、盲沟、竖向收集井、集液井（池）、泵房、调节池及渗滤液水位监测井。

① 渗滤液导流层设计的要求　导流层宜采用卵（砾）石或碎石铺设，厚度不宜小于 300mm，粒径宜为 20～60mm，由下至上粒径逐渐减小。导流层与垃圾层之间应铺设反滤层，反滤层可采用土工滤网，单位面积质量宜大于 $200\mathrm{g/m^2}$。导流层内应设置导排盲沟和渗滤液收集导排管网。导流层应保证渗滤液通畅导排，降低防渗层上的渗滤液水头。导流层下可增设土工复合排水网，强化渗滤液导流。边坡导流层宜采用土工复合排水网铺设。

② 盲沟设计的要求　盲沟是指采用高滤过性能材料，用于导排渗滤液或者地下水的暗沟（床），沟内可以铺设管道。由于垃圾填埋过程中是分层填埋，为了收集不同层次之间产生的垃圾渗滤液，可以通过在该层级垃圾堆体中铺设盲沟（盲沟内设置渗滤液导流管），将盲沟与竖向收集井连接，从而不同层次垃圾堆体产生的渗滤液均可由竖向井流向最底部的渗滤液收集系统。

盲沟宜采用砾石、卵石或碎石（$CaCO_3$ 含量不应大于 10%）铺设，石料的渗透系数不应小于 10^{-3}cm/s。主盲沟石料厚度不宜小于 40cm，粒径从上到下依次为 20～30mm、30～40mm、40～60mm。盲沟内应设置 HDPE 收集管，管径应根据所收集面积的渗滤液最大日流量、设计坡度等条件计算，HDPE 收集干管公称外径不应小于 315mm，支管外径不应小于 200mm。HDPE 收集管的开孔率应保证环刚度要求。HDPE 收集管的布置宜呈直线。I 类以上填埋场 HDPE 收集管宜设置高压水射流疏通设施、端头井等反冲洗设施。主盲沟坡度应保证渗滤液能快速通过渗滤液 HDPE 干管进入调节池，纵、横向坡度不宜小于 2%。盲沟系统宜采用鱼刺状或网状布置形式，也可根据不同地形采用特殊布置形式（反锅底形等）。盲沟断面形式可采用菱形断面或梯形断面，断面尺寸应根据渗滤液汇流面积、HDPE 管管径及数量确定。中间覆盖层的盲沟应与竖向收集井相连接，其坡度应能保证渗滤液快速进入收集井。导气井可兼作渗滤液竖向收集井，形成立体导排系统，收集垃圾堆体产生的渗滤液，竖向收集井间距宜通过计算确定。集液井（池）宜按库区分区情况设置，并宜设在填埋库区外侧。

③ 渗滤液调节池设计的要求　调节池容积不应小于三个月的渗滤液处理量。调节池可采用 HDPE 土工膜防渗结构，也可采用钢筋混凝土结构。HDPE 土工膜防渗结构调节池的池坡比宜小于 1：2，防渗结构设计可参考上节关于防渗的内容。钢筋混凝土结构调节池池壁应做防腐蚀处理。调节池宜设置 HDPE 膜覆盖系统，覆盖系统设计应考虑覆盖膜顶面的雨水导排、膜下的沼气导排及池底污泥的清理。调节池应有相应的防渗措施。调节池属于厂区恶臭污染源之一，应加盖密封，并采取臭气处理措施。

（2）渗滤液水质与水量

渗滤液水质参数的设计值选取应考虑初期渗滤液、中后期渗滤液和封场后渗滤液的水质差异。新建填埋场的渗滤液水质参数可根据表 2-21 提供的国内典型填埋场不同年限渗滤液水质范围确定，也可参考同类地区同类型的填埋场实际情况合理选取。改造、扩建填埋场的渗滤液水质参数应以实际运行的监测资料为基准，并预测未来水质变化趋势。计算生活垃圾填埋场渗滤液产生量时应充分考虑当地降雨量、蒸发量、地面水损失、其它外部来水渗入、垃圾的特性、表面覆土和防渗系统下层排水设施的排水能力等因素。

表 2-21　生活垃圾填埋场（调节池）不同年限渗滤液水质范围

项目	填埋初期渗滤液（<5 年）	填埋中后期渗滤液（5 年）	封场后渗滤液
COD/(mg/L)	6000～20000	2000～10000	1000～5000
BOD$_5$/(mg/L)	3000～10000	1000～4000	300～2000
NH$_3$-N/(mg/L)	600～2500	800～3000	1000～3000
SS/(mg/L)	500～1500	500～1500	200～1000
pH 值	5～8	6～8	6～9

渗滤液产生量计算取值指标应包括最大日产生量、日平均产生量及逐月平均产生量的计算；设计计算渗滤液处理规模时应采用日平均产生量；设计计算渗滤液导排系统时应采用最大日产生量；设计计算调节池容量时应采用逐月平均产生量。

（3）渗滤液的处理

渗滤液处理后排放指标应达到现行国家标准《生活垃圾填埋场污染控制标准》（GB 16889—2008）规定的指标（如表 2-22 所示）或当地环保部门规定执行的排放标准的要求。

表 2-22 现有和新建生活垃圾填埋场水污染物排放质量浓度限值

序号	控制污染物	排放质量浓度限值	污染物排放监控位置
1	色度(稀释倍数)	40	常规污水处理设施排放口
2	COD_{Cr}/(mg/L)	100	常规污水处理设施排放口
3	BOD_5/(mg/L)	30	常规污水处理设施排放口
4	SS/(mg/L)	30	常规污水处理设施排放口
5	总氮/(mg/L)	40	常规污水处理设施排放口
6	氨氮/(mg/L)	25	常规污水处理设施排放口
7	总磷/(mg/L)	3	常规污水处理设施排放口
8	粪大肠菌群数/(个/L)	10000	常规污水处理设施排放口
9	总汞/(mg/L)	0.001	常规污水处理设施排放口
10	总镉/(mg/L)	0.01	常规污水处理设施排放口
11	总铬/(mg/L)	0.1	常规污水处理设施排放口
12	六价铬/(mg/L)	0.05	常规污水处理设施排放口
13	总砷/(mg/L)	0.1	常规污水处理设施排放口
14	总铅/(mg/L)	0.1	常规污水处理设施排放口

渗滤液处理工艺应根据渗滤液的水质特性、产生量和达到的排放标准等因素，通过多方案技术经济比较进行选择。选择处理工艺之前，应了解填埋场的使用年限、填埋作业方式、当地经济条件等影响水质的因素。选择渗滤液处理工艺时，应以稳定连续达标排放为前提，综合考虑垃圾填埋场的填埋年限和渗滤液的水质、水量以及处理工艺的经济性、合理性、可操作性，经技术、经济比选后确定。

① 工艺流程 生活垃圾填埋场渗滤液处理工艺可分为预处理、生物处理和深度处理三种。应根据渗滤液的进水水质、水量及排放要求综合选取适宜的工艺组合方式，推荐选用"预处理＋生物处理＋深度处理"组合工艺（工艺流程如图 2-63 所示）。

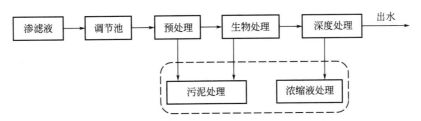

图 2-63 垃圾渗滤液处理的常规工艺流程图

也可采用组合工艺对垃圾渗滤液进行处理，组合工业有：预处理＋深度处理；生物处理＋深度处理。

预处理工艺可采用生物法、物理法和化学法，可采用水解酸化、混凝沉淀、砂滤等工艺，目的主要是去除氨氮或无机杂质，或改善渗滤液的可生化性。生物处理工艺可采用厌氧生物处理法和好氧生物处理法，宜以膜生物反应器法（MBR）为主，处理对象主要是渗滤液中的有机污染物和氮、磷等。渗滤液深度处理可采用膜处理、吸附法、高级化学氧化等工艺。膜处理有纳滤、反渗透、吸附过滤等方法，处理对象主要是渗滤液中的悬浮物、溶解物和胶体等。深度处理宜以纳滤和反渗透为主，并根据处理要求合理选择。

当渗滤液处理工艺过程中产生污泥时，应对污泥进行适当无害化处理处置。纳滤和反渗透产生的浓缩液应进行处理，可采用蒸发、焚烧等方法。浓缩液回灌填埋堆体应保证不影响渗滤液处理系统正常运行。

② 工艺参数

a. 预处理工艺参数。

水解酸化技术工艺参数：水力停留时间宜为 2.5～5.0h；pH 值宜为 6.5～7.5。

混凝技术工艺参数：采用混凝技术作为预处理工艺时，应根据渗滤液混凝沉淀的工艺情况、实验结果和药剂的质量等因素综合确定药剂的种类、投加量和投加方式。常用的药剂有硫酸铝、聚合氯化铝、硫酸亚铁、三氯化铁和聚丙烯酰胺（PAM）等。

b. 厌氧生物处理工艺参数。厌氧生物处理工艺可采用升流式厌氧污泥床法（UASB）及其变形、改良工艺。采用升流式厌氧污泥床法时，常温范围宜控制在 20～30℃，中温范围宜为 35～38℃，容积负荷宜为 5～15kg COD/$(m^3 \cdot d)$，pH 值宜为 6.5～7.8，应设置生物气体利用或安全燃烧装置。

c. 好氧生物处理工艺参数。好氧生物处理工艺可采用活性污泥法或生物膜法。活性污泥法宜选择膜生物反应器法、氧化沟活性污泥法和纯氧曝气法等。生物膜法宜选择接触氧化法、生物转盘法。

采用膜生物反应器时，膜生物反应器分为内置式和外置式两种，内置式宜选用板式微滤膜组件、板式超滤膜组件、中空纤维微滤膜组件或中空纤维超滤膜组件，外置式宜选用管式超滤膜组件，温度宜控制在 20～35℃，进水化学需氧量宜为 1000～20000mg/L，膜生物反应器设计运行参数如表 2-23 所示。

表 2-23 膜生物反应器的设计运行参数

项目	内置式膜生物反应器	外置式膜生物反应器
污泥浓度/(mg MLVSS/L)	8000～10000	10000～15000
五日生化需氧量污泥负荷/[kg BOD$_5$/(kg MLVSS·d)]	0.08～0.30	0.20～0.60
硝态氮污泥负荷/[kg NO$_3^-$-N/(kg MLVSS·d)]	0.05～0.25	0.05～0.30
剩余污泥产泥系数/(kg MLVSS/kg COD)	0.10～0.30	0.10～0.30

采用氧化沟时，氧化沟进水化学需氧量宜为 2000～5000mg/L，污泥负荷宜为 0.05～0.20kg BOD$_5$/kg MLSS，混合液污泥浓度宜为 3000～5500mg/L，污泥龄宜为 15～20d，氧化沟池深宜为 3.50～5.00m。

采用纯氧曝气法时，氧气浓度不宜低于 90%，溶解氧宜为 10～20mg/L，混合液污泥浓度宜为 10000～20000mg/L，进水化学需氧量宜为 1000～6000mg/L，水力停留时间宜为 12～24h。

好氧生物处理工艺后接沉淀池时，沉淀时间宜为 1.50～2.50h，表面水力负荷不宜大于 0.8m^3/$(m^2 \cdot h)$，出水堰最大负荷不宜大于 1.7L/(s·m)。

d. 深度处理工艺参数。纳滤过程中，悬浮物浓度不宜大于 100mg/L，进水电导率（20℃）不宜大于 40000μS/cm，温度宜为 8～30℃，pH 值宜为 5.0～7.0，纳滤膜通量宜为 15～20L/$(m^2 \cdot h)$，水回收率不得低于 80%。

反渗透过程中，悬浮物浓度不宜大于 50mg/L，进水电导率（20℃）不宜大于 25000μS/cm，温度宜为 8～30℃，pH 值宜为 5.0～7.0，反渗透膜通量宜为 10～15L/$(m^2 \cdot h)$，水回收率不得低于 70%。

深度处理的吸附过滤工艺，应根据前段处理出水水质、排放要求、吸附剂来源等多种因素综合选择吸附剂种类，宜优先选择活性炭作为吸附剂。当选用粒状活性炭吸附处理工艺时，宜进行静态选炭及炭柱动态试验，确定用炭量、接触时间、水力负荷与再生周期等。

渗滤液处理中产生的污泥宜与城市污水厂污泥一并处理，当进入垃圾填埋场填埋处理或单独处理时，含水率不宜大于 80%。纳滤和反渗透工艺产生的浓缩液宜单独处理，可采用焚烧、蒸发或其它适宜的处理方式。

渗滤液处理过程中会产生恶臭，主要恶臭污染源（调节池、厌氧反应设施、曝气设施、污泥脱水设施等）宜采取密闭、局部隔离及负压抽吸等措施，经集中处理后排放，处理后气体的排放应符合国家或地方的相应标准。渗滤液处理工程曝气过程中产生的泡沫，宜采用喷淋水或消泡剂等抑制。

2.4.4.2 垃圾填埋气的收集及处理

填埋气，俗称沼气，是由垃圾中的有机物在厌氧条件下生化反应产生的。其成分和热值是随着填埋年份而变化的，同时还与垃圾成分有关，其主要成分是 CH_4（甲烷）和 CO_2（二氧化碳）。在通常条件下，填埋气产生速率在前 2 年达到高峰，然后开始缓慢下降，在多数情况下可以延续 25 年或更长的时间。

填埋场必须设置有效的填埋气体导排设施，严防填埋气体自然聚集、迁移引起的火灾和爆炸。当设计填埋库容大于或等于 2.5×10^6 t，填埋厚度大于或等于 20m 时，应考虑填埋气体的利用。填埋场不具备填埋气体利用条件时，应采用火炬法燃烧处理，并宜采用能够有效减少甲烷产生和排放的填埋工艺。未达到安全稳定的老填埋场应设置有效的填埋气体导排设施。

（1）填埋气的导排

填埋气体导排设施宜采用导气井，也可采用导气井和导气盲沟相连的导排设施，见图 2-64。

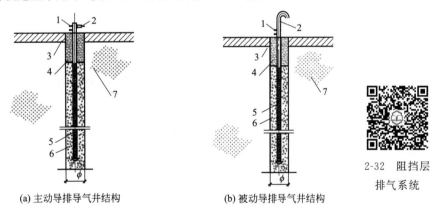

(a) 主动导排导气井结构　　(b) 被动导排导气井结构

2-32　阻挡层排气系统

图 2-64　主动和被动导排导气井结构图

1—检测取样口；2—输气管接口；3—具有防渗功能的最终覆盖层；
4—膨润土或黏土；5—多孔管；6—回填碎石滤料；7—垃圾层

导气井可采用随填埋作业层升高分段设置和连接的石笼导气井，也可采用在填埋体中钻孔形成的导气井。石笼导气井在导气管四周宜用 $d = 20 \sim 80$mm 级配的碎石等材料填充，外部宜采用能伸缩连接的土工网格或钢丝网等材料作为井筒，井底部宜铺设不破坏防渗层的基础。钻孔导气井钻孔深度不应小于填埋深度的 2/3，钻孔应采用防爆施工设备，并应有保护场底防渗层的措施。石笼导气井直径（ϕ）不应小于 600mm，中心多孔管应采用 HDPE 管材，公称外径不应小于 110mm，管材开孔率不宜小于 2%。

导气井兼作渗滤液竖向收集井时，中心多孔管公称外径不宜小于 200mm。导气井内水位过高时，应采取降低水位的措施。导气井宜在填埋库区底部主、次盲沟交汇点取点设置，并应以设置点为基准，沿次盲沟铺设方向，采用等边三角形、正六边形、正方形等形状布置。

导气井的影响半径宜通过现场抽气测试确定。不能进行现场测试时，单一导气井的影响半径可按该井所在位置填埋厚度的 0.75～1.5 倍取值。堆体中部的主动导排导气井间距不宜大于 50m，沿堆体边缘布置的导气井间距不宜大于 25m，被动导排导气井间距不宜大于 30m。

被动导气井的导气管管口宜高于堆体表面 1m 以上。主动导排导气井井口周围应采用膨润土或黏土等低渗透性材料密封，密封厚度宜为 1～2m。填埋库容大于或等于 1.0×10^6 t，垃圾填埋深度大于或等于 10m 时，应采用主动导排导气井。导气井与垃圾堆体覆盖层交叉处，应采取密封措施，减少雨水的渗入。主动导排系统，当导气井内水位过高时，应采取降低井内水位的措施。

导气盲沟宜用级配石料等粒状物填充，断面宽、高均不宜小于 1000mm。盲沟中心管宜采用柔性软管，管内径不应小于 150mm。当采用多孔管时，开孔率应保证管强度。水平导气管应有不低于 2% 的坡度，并接至导气总管或场外较低处。每条导气盲沟的长度不宜大于 100m。相邻标高的水平盲沟宜交错布置，盲沟水平间距可按 30～50m 设置，垂直间距可按 10～15m 设置。被动导排的导气盲沟，其排放管的排放口应高于垃圾堆体表面 2m 以上。

应考虑堆体沉降对导气井和导气盲沟的影响，防止气体导排设施阻塞、断裂而失去导排功能。

防止填埋气体在局部聚集的措施：
① 裂隙、溶洞及其它腔型结构应充填密实；
② 不均匀沉降造成的裂隙及时充填密实；
③ 对填埋物中可能造成腔型结构的大件垃圾进行破碎。

（2）填埋气体输送

填埋气体输送系统宜采用集气单元方式将临近的导气井或导气盲沟的连接管道进行布置。填埋气体输送系统应设置流量控制阀门，根据气体流量的大小和压力调整阀门开度，达到产气量和抽气量平衡。填埋气体抽气系统应具有填埋气体含量及流量的监测和控制功能，以确保抽气系统的正常安全运行。

输送管道设计应留有允许材料热胀冷缩的伸缩余地，管道固定应设置缓冲区，保证输气管道的密封性。应选用耐腐蚀、伸缩性强、具有良好的力学性能和气密性能的材料及配件。

在保证安全运行的条件下，输气管道布置应缩短输气线路。填埋气体输送管道中的冷凝液排放应符合下列规定：输送管道应设置不小于 1% 的坡度；输送管道一定管段的最低处应设置冷凝液排放装置；排出的冷凝液应及时收集；收集的冷凝液可直接回喷到填埋堆体中。

（3）填埋气的利用

填埋气体利用和燃烧系统应统筹设计，应优先满足利用系统的用气，剩余填埋气体应能自动分配到火炬系统进行燃烧。填埋气体利用方式和规模应根据填埋场的产气量及当地条件等因素，通过多方案技术经济比较后确定。气体利用率不宜小于 70%。

填埋气体利用系统应设置预处理工序，预处理工艺和设备的选择应根据气体利用方案、用气设备的要求和污染排放标准确定。

填埋气体燃烧火炬应有较宽的负荷适应范围以确保稳定燃烧，具有主动和被动两种保护措施，并应具有点火、灭火安全保护功能及阻火器等安全装置。

（4）填埋气安全

填埋库区应按生产的火灾危险性分类中戊类防火区的要求采取防火措施。

填埋场达到稳定安全期前，填埋库区及防火隔离带范围内严禁设置封闭式建（构）筑物，严禁堆放易燃易爆物品，严禁将火种带入填埋库区。填埋场上方甲烷气体含量必须小于5%，填埋场建（构）筑物内甲烷气体含量严禁超过1.25%。进入填埋作业区的车辆、填埋作业设备应保持良好的机械性能，应避免产生火花。

2.4.5 填埋作业与运行管理

任务导入：如何对填埋作业进行运行管理？如何做卫生填埋场环保运营管理？

2.4.5.1 卫生填埋场运行监管内容

根据《生活垃圾卫生填埋场运行监管标准》（CJJ/T 213—2016），填埋场监管的内容应包括填埋场运行全过程、污染防治设施运行效果、安全生产与劳动保护、场内监测及资料管理等。

（1）运行重点监管内容

① 垃圾计量与检验；

② 填埋作业及阶段性封场；

③ 雨污分流及地表水、地下水导排设施；

④ 渗滤液收集与处理设施；

⑤ 臭气污染防治；

⑥ 场界大气污染物；

⑦ 填埋气收集与处理；

⑧ 安全生产；

⑨ 材料消耗。

（2）一般性监管内容

① 填埋作业机械运行维护；

② 地表水与地下水；

③ 场界噪声；

④ 环境卫生；

⑤ 劳动保护；

⑥ 监测管理；

⑦ 相关档案与资料；

⑧ 直观感受。

2.4.5.2 垃圾计量与检验运行管理

（1）计量过程运行管理要求

① 进场垃圾信息登记内容应包括垃圾运输车车牌号、运输单位、进场日期及时间、离场时间以及垃圾来源、种类、性质、重量等情况。

② 垃圾计量系统应保持完好，应定期对计量设施进行鉴定，计量站房内各种设备应保

持使用正常。

③ 垃圾计量作业人员应做好每日进场垃圾资料备份和每月统计报表工作。

④ 作业人员应做好当班工作记录和交接班记录。

⑤ 操作人员应定期检查地磅计量误差。计量系统出现故障时，应立即启动备用计量方案，保证计量工作正常进行；当全部计量系统均不能正常工作时，采用手工记录，待系统修复后将人工记录数据输入计算机，保证记录完整准确。

（2）检验过程运行管理要求

① 填埋场入口处操作人员应对进场垃圾适时观察，随机抽查进场垃圾成分，常规进场垃圾车每天随机抽查数目不少于进场车辆总数的 3%～5%，临时申报进场车辆必须每车检查。发现生活垃圾中混有易燃、易爆、医疗垃圾等危险废物和违禁物料时，严禁其进场；带有火种的垃圾不得卸入填埋场；已进场卸下的，要及时清理出场。

② 应定期核实垃圾性质与检验，填埋场应定期对进场垃圾成分、含水率等指标进行检测并登记，可自行检测或委托有资质的第三方检测。

③ 填埋作业现场倾卸垃圾时，发现有不符合进场要求的固体废物，应及时阻止倾卸并做相应的处置，并对其作详细记录、备案，按照安全作业制度及时上报。

2.4.5.3 填埋作业运行管理

（1）制定填埋作业规划及单元作业方案

垃圾卫生填埋场应根据垃圾量、垃圾种类、垃圾成分、填埋作业区场地条件、填埋机械设备条件等因素制定分区、分类填埋方案和年、月填埋作业计划并执行，生活垃圾不应在填埋区无序填埋。分区方案应有利于渗滤液控制及填埋工艺的执行。填埋应采用分区、单元、分层作业，逐区、逐层进行垃圾填埋作业。填埋作业要制定完备的作业规程，根据设计制定分区分单元填埋作业计划。作业规划应根据垃圾量、垃圾种类、垃圾成分、填埋作业区场地条件、填埋机械设备条件等因素制定。内容包括：填埋场分期分区作业规划，分单元分层填埋作业规划，分阶段覆盖以及终场覆盖作业计划，填埋场标高、容量和时间控制性规划等。

依据填埋作业规划，应制定详细的单元作业方案，确定每个阶段作业平台及垃圾填埋的位置，使填埋分区规划的可控工作到位。方案中应确定的内容包括作业通道、作业平台（含平台的设置数量、面积、材料、长度、宽度等参数要求）、场内运输、工作面转换、边坡保护、排水沟修筑、填埋气井安装、渗滤液导渗，还包括垃圾的摊铺、压实、覆盖等内容。

填埋作业规程应制定完备，并应制定填埋气体引起火灾和爆炸等意外事件的应急预案。应根据设计制定分区分单元填埋作业计划，作业分区应采取有利于雨污分流的措施。填埋作业分区的工程设施和满足作业的其它主体工程、配套工程及辅助设施，应按设计要求完成施工。填埋作业应保证全天候运行，宜在填埋作业区设置雨季卸车平台，并应准备充足的垫层材料。

装载、挖掘、运输、摊铺、压实、覆盖等作业设备应按填埋日处理规模和作业工艺设计要求配置。Ⅲ类以上填埋场应配置压实机，在大件垃圾较多的情况下，宜设置破碎设备。

（2）填埋作业运行管理

填埋单元作业工序应为卸车、分层摊铺、压实，达到规定高度后应进行覆盖、再压实。垃圾填埋作业单元应控制在较小面积范围内，填埋场应准备雨季填埋作业区。垃圾进场后应于 24 小时内完成垃圾的摊铺、压实、覆盖工作。

① 卸料　垃圾卸车平台应在作业前准备，修筑材料可用渣土、石料或特制钢板，应根据实际情况控制卸车平台的面积。填埋作业现场应有专人负责指挥调度车辆，指挥垃圾定点

卸料。卸料时应注意：除需要倾卸性质不同的废物外，每次应在一个工作面上集中作业；垃圾车辆应控制车速在5km/h；填埋作业区宜设置防垃圾飞散的固定或移动式屏护网，应有专人及时收集清理填埋作业区周边及拦网拦截的飘飞垃圾，防止纸张、塑料等轻质垃圾飘散，降低大风对作业的影响，以保持填埋区环境。

② 摊铺　垃圾卸车后，操作人员应及时摊铺垃圾，每层垃圾摊铺厚度宜控制在1m以内；单元厚度宜为2～4m；最厚不得超过6m。摊铺过程中推土机始终处于垃圾层之上。摊铺时应注意：大件的废弃物应当压碎或击破，以防止形成空洞；作业车辆车速应控制在5km/h左右；应保证作业表面平整，高低凹凸允许差为5～10cm，无积水，边缘成自然坡度；各阶段开始准备垃圾填埋时，对摊铺于防渗系统上的第一层垃圾库底初始填埋厚度不应超过2.5m，且都应由精选的不含过长的钢材、木条以及较大结块的松散垃圾构成，这些垃圾在监督人员的监督下被摊放，减少刺穿或破坏垃圾填埋场防渗系统和渗滤液收集系统；固体废物和覆盖层表面应倾斜，平面排水坡度应控制在2％左右，以利雨水排出，铺在水平防渗系统和边坡上的第一层垃圾推荐使用挖掘机直接铺设，尽量避免使用推土机作业，不得使用压实机进行压实。

③ 压实　在摊铺后一层垃圾以前前一层垃圾必须完成压实作业，运行中压实次数根据实际情况而定，取得较好压实效果的标志是压缩机可以平稳使出作业面，而不会陷入垃圾中。填埋场应采用专用垃圾压实机分层连续数遍碾压垃圾，压实后垃圾压实密度应大于600kg/m³。平面排水坡度应控制在2％～5％，边坡坡度应小于1:3。

在边坡进行卸料、摊铺、压实作业时，应注意：
① 边坡作业时，工程机械距离边坡应大于1m；
② 场底填埋垃圾3m以上时方可使用压实机；
③ 两台机械作业时前后距离应大于8m，左右应大于1m；
④ 工程机械作业辐射范围5m之内不得有人逗留，行进路径及周边5m之内不得有人逗留。

---

④ 覆盖　每日填埋作业完毕后应及时覆盖，覆盖材料应是低渗透性的。日覆盖层宜采用1mm左右的HDPE膜或塑料防雨薄膜等材料，也可采用土覆盖，厚度不应小于15cm，覆盖土层应压实平整。雨季作业完成后宜在垃圾斜面覆盖防雨薄膜。

每一单元作业完成后，应进行覆盖，覆盖材料可采用1mm左右的HDPE膜或塑料防雨薄膜等材料，也可采用土覆盖，厚度应小于20cm。

每一作业区完成后，应进行中间覆盖，采用土覆盖时厚度不应小于30cm。对暂不填埋垃圾的覆盖面应及时进行绿化或膜覆盖，防止水土流失。终场覆盖厚度按封场要求确定。

在日覆盖和中间覆盖中，可以采用膜材料进行覆盖。膜覆盖过程中要注意：裁膜场地因宽敞、平整，不允许有碎石、树枝等尖锐物；覆盖前应先对垃圾堆体进行整平、压实，堆体坡度控制在不大于1:3；覆盖结束后，人员尽量少在膜上行走；压膜材料应选择软性、不易分化的材料；膜覆盖作业及压膜作业应顺风操作；破损的压膜材料应及时修复或更换，并保持覆盖后的膜表面干净无杂物；垃圾堆体平整时，可根据实际情况开挖垃圾沟或填筑垃圾坝。

2.4.5.4　渗滤液收集与处理系统运行管理

（1）渗滤液收集系统维护保养

渗滤液收集系统可能受管道堵塞、破裂或特殊气候条件影响，失去其导排效果，导致渗滤液污染。在填埋场运行过程中，应注意对渗滤液收集系统进行维护保养，注意事项如下：

① 定期全面检查渗滤液导排收集系统，定期清洗，保持设施完好。

② 对场区内管、井、池、沟等难以进入的狭窄场所，应定期进行检查、维护，并集中清除杂物污垢；对渗滤液收集、排放的管、沟、井、设备等存在安全隐患的地方，应设置警示牌；维护人员应配备必要的维护、检测与防护器具。

③ 大雨和暴雨期间，应有专人值班和巡查排水系统的排水情况，发现设施损坏或堵塞，应及时组织人员处理。

④ 冬季场区内的管道所处环境温度降至0℃以下时，应采取适当的保护措施，防止系统管道堵塞。

（2）渗滤液处理系统运行管理

渗滤液处理系统运行管理应参照相关污水处理设施技术规范，制定详细的运行维护技术规程并执行。应特别注意：

① 渗滤液处理厂可按照《城市污水处理厂运行、维护及其安全技术规程》（CJJ 60）的规定建立运行维护安全操作规程。

② 渗滤液处理系统操作人员必须熟知渗滤液处理工艺流程、各处理单元的处理要求，确保污泥浓度达到设计指标，工艺技术人员应根据水质条件变化适时调整运行参数，使之满足排放标准的要求。

③ 渗滤液处理厂日常运行应建立水质水量监测制度，监测指标应包括渗滤液产生量和处理量、色度、化学需氧量、生化需氧量、悬浮物、总氮、氨氮、总磷，以及进出水的总汞、总镉、总铬、六价铬、总砷、总铅等重金属浓度和粪大肠菌群数等。

④ 应有危险气体（甲烷、硫化氢）和危险化学品的控制和防护措施，运行人员作业时应遵守安全作业和劳动保护规定。

2.4.5.5　填埋气收集与利用处理系统运行管理

填埋气收集处理及利用系统按照《生活垃圾卫生填埋气体收集处理及利用工程运行维护技术规程》（CJJ 175—2012）进行运行管理和维护保养。

（1）填埋气收集系统运行管理

填埋气收集系统管理应遵循以下一般要求：

① 填埋区填入垃圾高度达到5m时应开始设置垂直导排管，填入高度达20m时应设置主动抽排和集中导排系统。

② 在填埋气体收集井不断加高过程中，应保障井内管道连接顺畅。

③ 填埋气体应尽量综合利用，不具备利用条件的，应采用火炬燃烧处理后排放。

④ 对填埋气体收集系统的气体压力、流量等基础数据应定期进行检测，所有填埋气体检测数据应录入计算机管理系统。

⑤ 填埋气体收集井、管、沟应定期进行检查、维护，清除积水、杂物，保持设施完好。

⑥ 填埋气体收集系统上的仪表应定期进行校验和检查维护，并具合格证。

⑦ 填埋区沼气是防火安全重点防护对象，填埋气导排系统是重要的防火安全设施，应设置警示标志和必要的灭火器材。

（2）填埋气利用处理系统运行管理

填埋气利用处理系统管理应遵循以下一般要求：

① 填埋气体利用系统正常运行时，火炬燃烧气量不得超过总收集量的30%，但当利用

系统停运时，填埋气体应全部焚烧。

② 应定期检查填埋气体正压管段的气密性，重点排查法兰连接、密封圈、伸缩接头、焊接等关键部位，应及时更换填埋气体发动机受损或老化的管路、密封圈、软管等配件。

③ 填埋气体收集井安装及钻井过程中应采用防爆施工设备。

④ 场区上方甲烷气体浓度必须小于5％，建（构）筑物内甲烷气体浓度必须控制在1.25％以下，大于此限值应立即采取控制甲烷气体溢出或鼓风扩散等措施，以防发生爆炸事故。

2.4.5.6 卫生填埋场环境管理

（1）环境监测与评价

填埋场监测指填埋场环境保护监测，根据国家的相关规定，必须由取得省计量认证或国家实验室认可资质的部门进行。填埋场检测指由填埋场化验室根据生产的需要和环保部门的要求进行的常规检测工作。环境保护监测应按国家标准《生活垃圾填埋场环境监测技术要求》（GB/T 18772）等相关标准执行，监测的重点主要有地下水、地表水和环境大气。主要要求有：

① 填埋场常规检测应包括填埋气体、苍蝇密度、填埋场排水、填埋场和渗滤液处理厂生产运行中要求检测的项目等。

② 填埋场应配置填埋气体监测仪器，对填埋气体应随时采样监测，采样点应设置在气体收集输导系统的排气口和甲烷气易于积聚的地点。监测项目包括二氧化碳、氧气、甲烷、硫化氢、氨、一氧化碳和二氧化硫。

③ 填埋场应根据气候特征，在苍蝇活跃的季节每月检测苍蝇密度至少2次。

④ 填埋场经处理后排放出场外的水，在厂界排水口处应设排水取样点；连续外排时每日检测不少于一次；定期排放的排放期内检测次数不得少于2次。检测项目包括必检项目：总悬浮物（SS）、五日生化需氧量（BOD_5）、化学需氧量（COD_{Cr}）、氨氮、大肠杆菌值；应检项目：pH值、色度、总氮、铵、硝酸盐氮、亚硝酸盐氮和硫化物。

⑤ 化验室必须建立健全质量管理体系，各种仪器、设备、试剂和样品应分门别类摆放整齐，并设有明显标志；所有的采样、化验检测必须执行现行国家标准的有关规定。化验分析报告应按年、月、日逐一分类整理归档，化验检测数据宜采用计算机处理和管理。

⑥ 应做好场区内外固定环境监测点、井和通道、设施的检查维护工作，确保每次现场监测或采样人员的作业安全。

渗漏液的监测：

填埋场渗滤液是否发生渗漏，一般通过在衬层与含水层间的下包气带内设置数台测渗器来进行监测。早期渗漏警报有利于及时发现问题，以便及时采取补救措施，减少补救行动的费用，因此，设置渗漏监测仪被视为填埋场设计的一个组成部分。测渗器的安装位置及其数量取决于填埋场的设计，一般来说，测渗器应设置在填埋场的边缘附近，以使传输管道长度最短。在自然衰减型填埋场中，测渗器能安装在几乎任何位置。但对封闭型的填埋场，一定要在可能产生最大和最小渗漏处放置测渗器。在填埋场底部衬层顶角处，渗滤液水位最高，预计将产生最大渗漏；而在渗滤液收集管沟底处，预计产生最小渗漏。

（2）地表水和地下水管理

对填埋场地表水和地下水管理应注意：

① 必须保持填埋区外地表水排水渠的畅通，确保填埋区外地表水不得流入填埋区内。

填埋区内地表水应及时通过排水系统排走，不得滞留填埋区内。

② 覆盖区域雨水应通过填埋区内排水沟收集，经沉淀截除泥沙、杂物，并确认未受到垃圾渗滤液污染后，才可汇入地表水系统排走。

③ 地表水应定期进行监测，受到污染的地表水不得排入地表水系统，应经相应处理后排放。

④ 设置地下水监测井对地下水进行定期监测。如发现填埋区地下水受到渗滤液污染，应将受污染的地下水引入渗滤液处理厂。

⑤ 大雨和暴雨期间，应有专人值班，巡查排水系统的排水情况，发现设施损坏或堵塞应及时组织人员处理。

2.4.6 "碳中和"目标下城市生活垃圾填埋气的利用

城市生活垃圾填埋气的主要成分是 CH_4，CH_4 的全球变暖潜能值（GWP）是 CO_2 的 28 倍，CH_4 能够与大气污染物（氟利昂等）发生反应，产生其他温室气体，造成增温效应的叠加。减少 CH_4 排放可以减少大量温室气体的直接排放，比 CO_2 更加有效。因此，城市生活垃圾填埋气的利用是实现"碳中和"目标的有效路径。

我国生活垃圾填埋场存量规模大，2019 年全国填埋处理量约 44 万 t/d，占全国垃圾无害化处理量的 54%。取 CH_4 浓度 45%、每方沼气发电 2.2kWh/m³、每小时每吨垃圾收集沼气 1.6 m³、全国垃圾日填埋量 44 万 t，全国填埋场沼气发电机组理论市场空间约 1500MW，2019 年全国垃圾填埋气装机容量约 450MW，市场渗透率不到 30%，我国垃圾填埋气市场未来潜力巨大。

城市生活垃圾填埋气作为综合能源系统多能互补的要素之一，有助于打造"共建、共赢、共享"的综合能源服务生态圈。将城市生活垃圾填埋气与区域型或园区型综合能源服务相结合，在资源集约化、循环无废的同时，实现多元协同、降本增效、互利共赢的低碳供能模式。

城市生活垃圾填埋气利用，要积极参与国际、国内碳排放权交易。CCER 指中国自愿核证减排额度，是依据国家发改委实施的《温室气体自愿减排交易管理暂行办法》规定，经国家备案并在注册登记系统中登记的碳减排量。企业依法取得向大气排放温室气体的权利，可称之为"碳排放权"。经发改委批准，重点控排企业将能在一定时间内获得"合法"温室气体排放限量，即配额。碳配额的分配和实施是强制减排，CCER 的开发和管理是自愿减排。其目的也是降低总的减排成本。城市生活垃圾填埋气项目属于 CCER 项目，应积极参与国际、国内碳排放权交易，将核证后的碳减排量投放至碳交易市场中，提升项目的经济效益。

2.4.7 编制卫生填埋场运行管理方案

来做一做

> **任务要求**：编制卫生填埋场运行管理方案
>
> **实施过程**：由老师带领进行国家、省、市以及企业关于卫生填埋场运行管理方案学习，同学们根据所学的填埋场环保运行管理知识，编制运行管理方案。方案应包括：①垃圾进场管理；②填埋作业及封场管理；③渗滤液收集与处理管理；④填埋气收集与利用管理；⑤环境保护管理和安全管理等。
>
> **成果提交**：任务完成后，提交方案文本。

2.4.8　分析现场工程师岗位的主要职责和需要具备的素养

> **来做一做**

> **任务目的**：了解卫生填埋场现场岗位的职责，培养爱岗敬业、吃苦耐劳精神
> **任务要求**：分析现场岗位的主要职责和需要具备的素养
> **实施过程**：教师介绍卫生填埋场现场工程师的工作情况，同学们根据卫生填埋场运行管理要求，结合具体工作内容，分析主要岗位职责，并举例说明为完成岗位工作任务，需要具备哪些职业素养。
> **成果提交**：岗位能力分析报告。

知识拓展

填埋废物入场要求

对于生活垃圾卫生填埋场，根据《生活垃圾填埋场污染物控制标准》（GB 16889—2008）的相关现定，检验过程应保证垃圾符合如下填埋场准入要求。

一、可以直接进入生活垃圾填埋场填埋处置的废物

① 由环境卫生机构收集或者自行收集的混合生活垃圾，以及企事业单位产生的办公废物；

② 生活垃圾焚烧炉渣（不包括焚烧飞灰）；

③ 生活垃圾堆肥处理产生的固态残余物；

④ 服装加工、食品加工以及其它城市生活服务行业产生的性质与生活垃圾相近的一般工业固体废物。

二、《医疗废物分类目录》中的感染性废物经过下列方式处理后，可以进入生活垃圾填埋场填埋处置

① 按照 HJ/T 228 要求进行破碎毁形和化学消毒处理，并满足消毒效果检验指标；

② 按照 HJ/T 229 要求进行破碎毁形和微波消毒处理，并满足消毒效果检验指标；

③ 按照 HJ/T 276 要求进行破碎毁形和高温蒸汽处理，并满足处理效果检验指标。

三、生活垃圾焚烧飞灰和医疗废物焚烧残渣（包括飞灰、底渣）经处理后满足下列条件，可以进入生活垃圾填埋场填埋处置

① 含水率小于30%；

② 二噁英含量（或等效毒性量）低于$3\mu g$ TEQ/kg；

③ 按照 HJ/T 300 制备的浸出液中危害成分浓度低于《浸出液污染物质量浓度限值》中规定的限值（表2-24）。

四、一般工业固体废物经处理后，依照 HJ/T 300 制备的浸出液中危害成分浓度低于《浸出液污染物质量浓度限值》规定的限值，可以进入生活垃圾填埋场填埋处置。

五、经处理后满足第3条要求的生活垃圾焚烧飞灰和医疗废物焚烧残渣（包括飞灰、底渣）和满足第4条要求的一般工业固体废物在生活垃圾填埋场中应单独分区填埋。

六、厌氧产沼等生物处理后的固态残余物、粪便经处理后的固态残余物可以进入生活垃圾填埋场填埋处置。

七、处理后分别满足第 2~5 条要求的废物应由地方环境保护行政主管部门认可的监测部门检测，经地方环境保护行政主管部门批准后，方可进入生活垃圾填埋场。

八、下列废物不得在生活垃圾填埋场中填埋处置

（1）除符合第 1 条规定的生活垃圾焚烧飞灰以外的危险废物；

（2）未经处理的餐饮废物；

（3）未经处理的粪便；

（4）禽畜养殖废物；

（5）电子废物及其处理处置残余物；

（6）除本填埋场产生的渗滤液之外的任何液态废物和废水。

国家环境保护标准另有规定的除外。

表 2-24　浸出液污染物质量浓度限值

序号	污染物项目	质量浓度限值/(mg/L)
1	汞	0.05
2	铜	40
3	锌	100
4	铅	0.25
5	镉	0.15
6	铍	0.02
7	钡	25
8	镍	0.5
9	砷	0.3
10	总铬	4.5
11	六价铬	1.5
12	硒	0.1

课后训练

1. 固体废物的收集原则是什么？收集方法有哪些？

2. 介绍我国对生活垃圾分类管理的总体要求和生活垃圾分类的现状。

3. 上海市的生活垃圾是怎样分类的？广州市的生活垃圾是怎样分类的？它们的区别和联系有哪些？

4. 什么是城市生活垃圾的压实处理？它有哪些作用？

5. 固体废物的压实设备有哪几类？常见的压实设备有哪些？

6. 为什么要对固体废物进行破碎处理？主要采用哪些机械设备，各有什么特点？

7. 固体废物分选的方法有哪些？跟固体废物的性质怎样联系的？

8. 什么是生活垃圾焚烧处理？它有哪些作用？

9. 生活垃圾焚烧过程包括哪几个阶段？各阶段有何特点？

10. 影响垃圾焚烧过程的因素有哪些？它们是如何影响垃圾焚烧过程的？

11. 垃圾焚烧发电厂的焚烧系统主要包括哪些子系统？每个子系统起到什么样的作用？

12. 试述机械焚烧炉、旋转窑式焚烧炉、流化床焚烧炉的特点？

13. 垃圾焚烧过程中产生的污染物有哪些？采用什么工艺进行处理？

14. 垃圾焚烧过程中二噁英的产生途径有哪些？应如何进行控制？

15. 焚烧过程中产生的炉渣和飞灰怎样利用处置？

16. 焚烧效果评价指标有哪些？

17. 垃圾焚烧发电厂运营管理有哪些规定？

18. 应该从哪几个方面去做好垃圾焚烧发电厂的环境管理和安全管理？

19. 垃圾焚烧发电厂环保运营管理有哪些技术要求？

20. 垃圾焚烧发电厂对烟气净化和渗滤液处理设施应该怎样进行运营管理和日常维护？

21. 卫生填埋场有哪些类型？卫生填埋场的功能有哪些？

22. 卫生填埋场的选址原则是什么？选址是考虑哪些因素？

23. 卫生填埋场的工艺流程是怎样的？有哪些主要操作单元？

24. 防渗系统的主要作用有哪些？

25. 防渗方式有哪些？卫生填埋场的防渗系统应该怎么做？

26. 填埋气体主要有哪些成分？填埋气体的产生过程分为哪几个阶段？

27. 卫生填埋场会产生哪些二次污染？如何进行控制和管理？

28. 渗滤液的成分有哪些？处理渗滤液典型的工艺有哪些？

29. 如何对卫生填埋场进行运行管理？

30. 如何对卫生填埋场进行环境管理？

项目3 **厨余垃圾利用处置**

本项目主要解决厨余垃圾的收集、好氧堆肥和厌氧消化处理等问题，主要包括认识厨余垃圾、好氧堆肥和厌氧消化工艺与运营管理等内容，共分为3个任务、8个子任务和3个任务实施。

3.1 认识厨余垃圾

任务目标

知识目标

（1）掌握厨余垃圾的特点及适用性；

（2）掌握厨余垃圾的收集与分类。

能力目标

（1）能根据厨余垃圾的特点进行分类；

（2）能根据厨余垃圾的分类进行收集。

素质目标

（1）学习贯彻习近平生态文明思想，熟悉科学发展、绿色发展；

（2）具备探索精神、实践能力、合作能力和创新能力。

案例导入

厨余垃圾指的是居民在日常生活、食品加工、饮食服务和单位供餐等活动中产生的垃圾，主要包括菜叶、果皮、蛋壳、茶叶渣、腐肉、骨头等。这些垃圾主要来源于家庭厨房，以及食堂、餐厅、菜市场等其它食品加工单位。厨余垃圾在生活垃圾中占有很大比重。以深圳市为例，据南方日报报道，该市的厨余垃圾占生活垃圾总量的40%。大量的厨余垃圾极易滋生蚊蝇和病菌，传播疾病。此外，由于富含大量的水分、盐和油脂，厨余垃圾极容易腐败，产生难闻的味道，给居民的日常生活带来不良影响。同时，富含水分的厨余垃圾也给后续的焚烧处理带来困难。如果强行将腐坏的厨余垃圾进行焚烧，一方面会降低整体垃圾处理的效率，另一方面腐坏的厨余垃圾还会腐蚀金属设备，影响垃圾焚烧厂相关设备的正常运行。同时，焚烧厨余垃圾产生的二噁英等气体会污染大气环境。对于日常的厨余垃圾，我们首先要做到分类处理。将厨余垃圾与其它类型的垃圾分开放置，在丢垃圾的过程中定点分类丢弃，从而为厨余垃圾的后续处理带来便利。此外，还可以在家中尽量二次利用厨余垃圾，比如将蔬菜果皮等做成环保酵素，动物内脏、油脂等做成堆肥，用来种植花草等。而餐厅、饭店等地方还可以通过购置专门的餐厨垃圾破碎机等方式来降低厨余垃圾的存储量，并提高其利用效率。

任务导入：厨余垃圾具有什么特点，目前有哪些利用处置方式？

3.1.1 厨余垃圾的特点及适用性

3.1.1.1 厨余垃圾的特点

厨余垃圾是指居民日常生活以及除居民日常生活以外的食品加工、饮食服务、单位供餐等活动中产生的食品废弃物和废弃食用油脂。厨余垃圾在城市垃圾中所占比例：北京37%，天津54%，上海59%，沈阳62%，深圳57%，广州57%，济南41%。与其它垃圾相比，具有含水量高、有机物含量高、油脂含量高、盐分含量高、营养元素丰富等特点，具有很大的回收利用价值。

（1）含水率高

水分占到垃圾总质量的80%～90%。厨余垃圾的热值在2100kJ/kg左右，不能满足垃圾焚烧发电的热值要求。如需脱水，需要消耗大量的能量。

（2）有机物含量高

厨余垃圾中有机物含量高（约占干物质质量的95%以上），易腐败发臭发酵，易滋生病菌、滋生蚊蝇，会造成疾病的传播；会产生大量毒素及散发恶臭气体，污染水体。

（3）营养丰富

富含氮、磷、钾、钙以及各种微量元素，具有营养元素齐全、再利用价值高的特点。

3.1.1.2 厨余垃圾的适用性

由北京市5类餐饮单位的测定结果（表3-1）可见：厨余垃圾的特点为表观油腻、湿淋淋，影响人的视觉和嗅觉等的舒适感和生活卫生；具有显著的废物和资源的二重性；富含淀粉、脂肪、蛋白、纤维素等有机物，氮、磷、钾、钙以及各种微量元素，有毒有害化学物质（如重金属等）含量少，营养丰富，是制作动物饲料和有机肥的丰富资源；腐烂变质速度快，易携带或滋生病菌，如口蹄疫病毒、沙门氏菌、弓形虫、猪瘟病菌等，直接利用和不适当的处理会造成病原菌的传播和感染；处理难度大，在温度较高的条件下，腐烂变质速度快，从产生到处理时间长，会使其回收利用价值降低；含水率（70%～90%）、油脂含量（1%～5%）和NaCl含量（1%～3%）远比国外高。

由此可见，厨余垃圾的生物可处理性是：有机物含量高、营养丰富；富含氮、磷、钾、钙以及各种微量元素，具有营养元素齐全、易于生物处理的特点；有毒有害物质含量相对少，水分适宜；难生物降解物质含量少。

表 3-1 北京市 5 类餐饮单位的测定结果 单位：%

样品	水分	有机质	总养分	粗脂肪	粗蛋白	粗纤维	盐分	灰分	钙	重金属		
										铅	镉	汞
1	73.70	84.3	23.4	21.62	27.61	2.13	4.82	9.93	0.198	ND	ND	ND
2	73.30	78.6	20.1	24.02	24.99	1.44	3.72	7.14	0.264	ND	ND	ND
3	76.29	79.9	20.3	27.70	24.13	1.58	4.97	7.31	0.129	ND	ND	ND
4	71.28	86.1	25.2	33.15	25.81	2.87	4.31	7.26	0.138	ND	ND	ND
5	77.36	71.6	18.1	22.80	21.31	3.68	5.11	6.84	0.382	ND	ND	ND
均值	74.39	80.21	21.41	25.86	24.77	2.34	4.59	7.70	0.22	ND	ND	ND

注：表中"ND"代表未检出。

3.1.2　厨余垃圾的收集与分类

3.1.2.1　厨余垃圾的收集

厨余垃圾含有大量有机物，易腐败发臭，是垃圾清运和处置过程中可能发生各种环境问题的重要原因。厨余垃圾非法收集和回收利用会对环境和居民健康产生威胁。对厨余垃圾单独收集，可以减少进入填埋场的有机物量，减少臭气和垃圾渗滤液的产生，也可以避免水分过多对垃圾焚烧处理造成的不利影响，降低对设备的腐蚀。

厨余垃圾包括剩菜剩饭、骨头、菜根菜叶、果皮等食品类废物，经生物技术就地处理堆肥，每吨可生产约 0.3t 有机肥料。易腐烂发臭的厨余垃圾（"湿垃圾"）会污染"干垃圾"，导致分离回收成本加大、效率降低、污染加重。因此有必要将厨余垃圾作为一个基本类别，单独进行收运和处理，这是控制污染扩散、提高资源回收效率的关键一步。

住房和城乡建设部《关于加快推进部分重点城市生活垃圾分类工作的通知》（建城〔2017〕253 号）也提出："以'干湿分开'为重点，引导居民将滤出水分后的厨余垃圾分类投放。"从我国各个城市生活垃圾分类的实践来看，北京、上海、广州、杭州、台北等城市也都对厨余垃圾进行了单独收集处理。

3.1.2.2　厨余垃圾的分类

2019 年 11 月 15 日，国家市场监督管理总局发布了《生活垃圾分类标志》（GB 19095—2019），该标准于 2019 年 12 月 1 日起正式实施。本次修订主要对生活垃圾分类标志的适用范围、类别构成、图形符号进行了调整。相较于 2008 版标准，标准的适用范围进一步扩大，生活垃圾类别调整为可回收物、有害垃圾、厨余垃圾及其它垃圾 4 个大类和纸类、塑料、金属等 11 个小类，标志图形符号共删除 4 个、新增 4 个、沿用 7 个、修改 4 个。其中厨余垃圾包括剩菜、剩饭、菜叶、果皮、蛋壳、茶叶渣、骨头、贝壳、动物粪尿、咖啡渣、各类有机污泥（含食品等污泥）、市场肉品及果菜下脚料等。

3.1.3　校园厨余垃圾调研

> **来做一做**

任务要求：为全面提高厨余垃圾处理能力，加快厨余垃圾减量化、资源化、无害化过程，实现厨余垃圾资源化综合利用，现设计厨余垃圾分类及调研污染情况任务书。

实施过程：调查可分组完成，调查前查阅相关资料，设计调查方案，小组讨论决策，编制调查问卷。各组开展调查，查阅资料，进行数据分析，小组讨论，并编写调查报告。

成果提交：任务完成后，提交调查方案、调查问卷及调查报告。

知识拓展

餐饮垃圾的估算方式

据《餐厨垃圾处理技术规范》（CJJ 184—2012），餐饮垃圾是指餐馆、饭店、单位食堂等的饮食剩余物以及后厨的果蔬、肉食、油脂、面点等的加工过程废弃物。餐饮垃圾产生量应根据实际统计数据确定，也可按人均日产生量进行估算。宜按下式估算：

$$M_C = Rmk$$

式中　M_C——某城市或区域餐厨垃圾日产生量，kg/d；

　　　R——城市或区域常住人口；

　　　m——人均餐厨垃圾产生量基数，kg/(人·d)；

　　　k——餐厨垃圾产生量修正系数。

（1）人均餐厨垃圾日产生量基数 m 宜取 0.1kg/(人·d)。

（2）餐厨垃圾产生量修正系数 k 的取值可按以下要求确定：

① 经济发达城市、旅游业发达城市、沿海城市可取 1.05～1.10；

② 经济发达旅游城市、经济发达沿海城市可取 1.10～1.15；

③ 普通城市取 1.00。

3.2　厨余垃圾好氧堆肥工艺选择与运行管理

任务目标

知识目标	能力目标
（1）掌握堆肥化工艺的分类、好氧堆肥的定义、堆肥的基本原理和影响因素；	（1）能根据固体废物的性质和处理目的合理选择好氧堆肥处理方法、工艺和设备；
（2）掌握好氧堆肥的过程和控制参数；	（2）能对处理工艺进行初步设计；
（3）掌握好氧堆肥的工艺和设备。	（3）能够对堆肥工艺运行进行管理。

素质目标

（1）学习贯彻习近平生态文明思想，熟悉科学发展、绿色发展；

（2）爱岗敬业、无私奉献，能够踏实肯干、吃苦耐劳；

（3）具备较强的信息化素养和创新精神。

案例导入

根据"无废城市"建设试点先进适用技术评审结果公示，沿海餐厨垃圾好氧发酵资源化利用技术主要适用于沿海城市、县镇、农村以及岛屿内不同行业餐厨垃圾、厨余垃圾、果蔬垃圾等的好氧发酵肥料化处理和资源化利用，技术可应用于日处理量 0.5～10t/d 的不同规模。据介绍，主要技术指标和参数如下。

一、工艺路线及参数

餐厨垃圾首先经过卸料/分拣平台，输送至预处理系统。在预处理系统中，含海产品硬质外壳的餐厨垃圾经双轴式破碎装置的连续超细破碎，破碎后物料粒径 90% 以上达 1～3cm，实现餐厨垃圾物料粒径降低并均匀化；破碎后物料进入双级深度脱水装置，由螺旋变径挤压装置深度脱水，将含高水分的餐厨垃圾破碎物料进行固液分离，分离后液体进入隔油池、化粪池等现有污水处理设施，或外运处理，或通过配套集成化污水处理设施处理达标排放；分离后固体物料含水率下降到 70% 以下，物料体积减小 40%，被输送至好氧发酵仓。

在好氧发酵仓中，餐厨垃圾物料在"迷宫式"多仓强化推流作用下连续进出料，在自主开发的具有针对性的高效复合型微生物菌剂等的作用下进行发酵肥料化反应。同时发酵仓智能控制仓内反应温度、湿度、供氧以及餐厨垃圾盐分、油分浓度，确保新鲜进料与高效成熟菌体充分接触，反应充分利用不同区域内的优势微生物种群，并消除高盐分、油脂对发酵反应的不利影响，使餐厨垃圾发酵充分，形成有机肥料。餐厨垃圾好氧发酵仓连接生物除臭装置，去除发酵过程产生的臭气。

二、工艺流程

餐厨垃圾投入专用可降解垃圾收集桶内，由运输员统一运输至餐厨垃圾处理站内。通过自动上料系统，物料进入破碎系统，大块物料被破碎后更加有利于微生物反应与产物肥料性质的提高，破碎后的垃圾进入脱水模块，液体进入中转站现有污水处理系统，固体进入后续发酵系统。经脱水处理后的有机垃圾水分脱除50%以上，固体物料含水率达到70%以下，前期减容率约40%。同时，以溶解形态存在于有机垃圾中的盐分、油脂进入水相。脱水产生的固体物质进入发酵系统，富含有机质的混合物料在微生物的作用下，降解为小分子的、容易被作物吸收利用的肥料，发酵时间约5～8天。设备产出物即最终产物，一次完全发酵、产出物符合农业部《有机肥料》（NY 525—2012）的要求。外观颜色为褐色或灰褐色，粒状或粉状，均匀，无恶臭，无机械杂质，可作为土壤调理剂和粗制有机肥使用，如经肥料深入加工后可制成复混肥、微生物菌肥等多种商业有机肥销售或使用。最终产品为可以调节作物土壤"生态微环境"的"生物有机肥"，具有极高的经济价值。发酵段产生的废气经排气孔进入生物除臭系统排出。

三、主要技术指标

预处理设备粉碎物料90%以上粒径达1～3cm；预处理设备固液分离后物料含水率低于70%；发酵仓内发酵温度55～65℃；单套设备总体减量化率不低于90%。

四、技术特点

集成连续超细破碎、螺旋变径挤压深度脱水、机械强化高温好氧发酵等关键技术，实现沿海餐厨垃圾的资源化利用。

任务导入：用框线绘制好氧堆肥工艺流程，好氧堆肥过程如何进行管理？

3.2.1　好氧堆肥过程控制与管理

3.2.1.1　好氧堆肥

好氧堆肥是指在充分供氧的条件下，利用好氧微生物分解固体废物中有机物质的过程。具体讲就是依靠自然界广泛分布的细菌、放线菌、真菌等微生物，在一定的人工条件下，有控制地促进可被生物降解的有机物向稳定的腐殖质转化的生物化学过程，其实质是一种发酵过程。废物经过堆肥化处理，制得的成品叫做堆肥。它是一类棕色的、泥炭般的腐殖质含量很高的疏松物质，故也称为"腐殖土"。其中含有大量的微生物，在这种混合材料中，需要持续存在空气（氧气）和水分，是一种人工的腐殖质，用作肥料施用后，可增加土壤中稳定的腐殖质，形成土壤的团粒结构。堆肥能改善土壤的物理、化学、生物性质，使土壤环境保持适合于农作物生长的良好状态，腐殖质还具有增进化肥肥效的作用。根据堆肥化过程中氧气的供应情况和微生物的生长环境，可将对废物分为好氧堆肥和厌氧堆肥两种。好氧堆肥是指在有氧的状态下，好氧微生物对固体废物中的有机物进行分解转化的过程，最终产物主要是二氧化碳、水、热量和腐殖质；厌氧堆肥是指在无氧或缺氧的情况下，厌氧微生物对固体废物中的有机物进行分解转化的过程，最终产物是甲烷、一氧化碳、热量和腐殖质。

有机固体废物的堆肥化技术可以实现对废物进行消纳，可以避免或减轻厨余垃圾的大面积堆积，影响市容及城市垃圾自然腐败、散发臭气、传播疾病，从而降低对人体和环境造成危害，同时堆肥化可以减重、减容均约 50%。是进行减量化、资源化、无害化处理的重要方式之一，也是实现固体废物资源化、能源化的技术之一。

3.2.1.2 好氧堆肥的原理、过程和影响因素

（1）好氧堆肥的原理

好氧堆肥是在通气良好、氧气充足的情况下，借助好氧微生物的生命活动降解有机物。好氧堆肥的堆温通常比较高，一般在 55～60℃ 时比较好，有时可高达 80～90℃，堆制周期短，也称为高温堆肥或高温快速堆肥。

该反应包括氧化和合成两个过程：

① 有机物的氧化

不含氮的有机物（$C_xH_yO_z$）：$C_xH_yO_z+(x+y/2-z/2)O_2 \longrightarrow xCO_2+y/2H_2O+能量$

含氮的有机物（$C_sH_tN_uO_v \cdot aH_2O$）：

$$C_sH_tN_uO_v \cdot aH_2O+bO_2 \longrightarrow C_wH_xN_yO_z \cdot cH_2O（堆肥）+$$
$$dH_2O（气）+eH_2O（液）+fCO_2+gNH_3+能量$$

由于氧化分解减量化，所以堆肥成品（$C_wH_xN_yO_z \cdot cH_2O$）与堆肥原料（$C_sH_tN_uO_v \cdot aH_2O$）之比为 0.3～0.5。通常可取如下数值范围：$w=5～10$，$x=7～17$，$y=1$，$z=2～8$。

② 细胞质的合成（包括有机物的氧化，以 NH_3 为氮源）

$$n(C_xH_yO_z)+NH_3+(nx+ny/4-nz/2-5x)O_2 \longrightarrow$$
$$C_5H_7NO_2（细胞质）+(nx-5)CO_2+(ny-4)/2H_2O+能量$$

③ 细胞质的氧化

$$C_5H_7NO_2（细胞质）+5O_2 \longrightarrow 5CO_2+2H_2O+NH_3+能量$$

（2）好氧堆肥的过程

在好氧堆肥过程（图 3-1）中，由于有机质的生物降解而产生能量，如果产生的热量大于散发的能量，堆肥物料的温度就会上升，热敏感的微生物就会死亡，耐高温的细菌就会迅速生长繁殖。根据好氧堆肥的升温过程，可以将其分为以下三个阶段。

① 升温阶段（亦称中温阶段）　这是堆肥过程的起始阶段，这个阶段堆层温度 15～45℃，真菌和放线菌等嗜温性微生物活跃，可溶性糖类、淀粉等消耗迅速，温度不断升高。堆肥初期，堆层基本呈中温，嗜温性微生物（中温放线菌、蘑菇菌等）较为活跃，这些嗜温性微生物主要是以糖类、淀粉为食，真菌菌丝体能够延伸到堆肥原料的所有部分，并会出现中温真菌的子实体。同时螨虫、千足虫等将摄取有机废物。腐烂植物的纤维素将维持线虫和线蚁的生长，而更高一级的消费者中弹尾目昆虫以真菌为食，线虫摄食细菌，原生动物以细菌为食。并且这些嗜温性微生物利用堆肥中可溶性有机物质（单糖、脂肪和碳水化合物），旺盛繁殖。它们在转换和利用化学能的过程中，有一部分变成热能，由于堆料有良好的保温作用，温度不断上升。该阶段大约需要 1～3 天。

② 高温阶段　当堆肥温度上升到 45℃ 以上时，即进入堆肥过程的第二阶段——高温阶段。堆层温度升至 45℃ 以上，不到一周可达 65～70℃，随后又逐渐降低。温度上升到 60℃ 时，真菌几乎完全停止活动。温度上升到 70℃ 以上时，对大多数嗜热性微生物已不适宜，微生物大量死亡或进入休眠状态，除一些孢子外，所有的病原微生物都会在几小时内死亡，其它种子也被破坏。其中：50℃ 左右，嗜热性真菌、放线菌活跃；60℃ 左右，嗜热性放线菌

和细菌活跃；大于 70℃，微生物大量死亡或进入休眠状态。

与细菌的生长繁殖规律一致，可将微生物生长过程分为三个时期，即对数生长期、减速生长期和内源呼吸期。在高温阶段，微生物经历三个时期的变化后，堆层内开始发生与有机物分解相对应的另一过程，即腐殖质的形成，此时堆肥化逐步进入稳定化状态。该阶段大约需要 3～8 天。

③ 降温阶段或腐熟阶段　此阶段即内源呼吸后期，只剩下部分较难分解的有机物和新形成的腐殖质，此时微生物的活性下降，发热量减少，温度下降。嗜温性微生物又占优势，重新成为优势菌，对较难分解的有机物进一步分解，腐殖质不断增多且稳定化，堆肥进入腐熟阶段，需氧量和含水量降低。堆肥物孔隙增大，氧扩散能力增强，此时只需自然通风即可。当温度下降并稳定在 40℃ 左右时，堆肥基本达到稳定。此阶段大约需要 20～30 天。

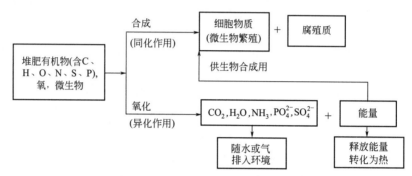

图 3-1　有机固体废物的好氧堆肥过程

3.2.1.3　好氧堆肥的影响因素

影响好氧堆肥的因素有很多，其中通风供氧、堆体含水率、温度是主要的发酵条件，还有有机质含量、堆体原料粒度、碳氮比、pH 等。

（1）通风供氧的影响

对于好氧堆肥，好氧是微生物赖以生存的物质条件，供氧不足会造成微生物的大量死亡，使分解速度减慢，若提供冷空气量过大会使温度降低，尤其不利于耐高温菌的氧化分解过程。因此供氧量要适当，实际所需空气量应为理论空气量的 2～10 倍。供氧靠强制通风和翻堆搅拌完成，因此保持物料间一定的空隙率很重要，物料颗粒太大使空隙率减小，颗粒太小，其结构强度小，一旦受压会发生倾塌压缩而导致实际缝隙减小。通过时间-温度的反馈系统对排气中 O_2 和 CO_2 含量进行控制。其中最佳排气 O_2 浓度为 14%～17%；CO_2 的体积浓度应为 3%～6%。

（2）堆体含水率的影响

在堆肥工艺中，堆肥原料的含水率对发酵过程影响很大，归纳起来水的作用有二：一是溶解有机物，参与微生物的新陈代谢；二是调节堆肥温度，当温度过高时，可以通过水分的蒸发带走一部分热量。堆肥原料的最佳含水率通常应在 50%～60% 左右，当含水率低，即小于 30% 时，将影响微生物的生命活动，含水率太高，也会降低堆肥速度，导致厌氧菌分解并产生臭气以及营养物质的析出。

（3）温度的影响

温度会影响微生物的生长，因此温度是堆肥得以顺利进行的重要因素。堆肥初期，堆体温度一般与环境温度一致，经过中温菌 1～2 天的作用，堆肥温度便达到高温菌的理想温度 50～65℃，在这样的高温下，只需要 5～6 天即可达到无害化要求，过低的温度会大大延长堆肥达到腐熟的时间，而过高的堆肥温度（70℃ 及以上）会对堆肥微生物产生不利影响。

（4）碳氮比的影响

碳氮比影响堆肥微生物对有机物的分解速率。碳是堆肥反应的能量来源，是生物发酵过程中的动力和热源；氮是微生物的营养来源，主要用于合成微生物体，是控制生物合成的主要因素，也是反应速率的控制因素。如果碳氮比过低（<20∶1），微生物的繁殖会因能量不足受到抑制，导致分解缓慢且不彻底。另外，由于可供消耗的碳素少，氮素相对过剩，将变成氨气挥发，降低肥效。如果碳氮比过高（>40∶1），则堆肥施入土壤后，将会发生夺取土壤中氮素的现象，产生"氮饥饿"状态，对作物生长产生不良影响。

为了使参与有机物分解的微生物营养处于平衡状态，堆肥碳氮比应满足微生物所需的最佳值（25～35∶1），粪便的碳氮比含量低，应通过补加含碳量高的物料（如秸秆）来调整碳氮比。一些常见有机废物的碳氮比见表3-2。因此，当用秸秆、垃圾进行堆肥时，需添加低碳氮比废物或加入氮肥，以便将碳氮比调整到30以下。

表 3-2　常见有机废物的氮含量和碳氮比（均值）

物质名称	N(干质量)/%	碳氮比	物质名称	N(干质量)/%	碳氮比
混合垃圾	1.05	34∶1	杂草	2.4	19∶1
厨房垃圾	2.15	25∶1	人粪尿	5.5～6.5	(6～10)∶1
农家院垃圾	2.15	14∶1	家禽肥料	6.3	15∶1
干麦秸	0.53	87∶1	羊厩肥	2.3	25∶1
干稻草	0.63	67∶1	猪厩肥	3.75	20∶1
玉米秆	0.75	53∶1	牛厩肥	1.7	18∶1
燕麦秆	1.05	48∶1	马厩肥	2.3	25∶1
小麦秆	0.3	128∶1	水果废物	1.52	34.8∶1
马铃薯叶	1.5	25∶1	屠宰场废物	6.0～10.0	2∶1
马齿苋	4.5	8∶1	活性污泥	5～6	6∶1
嫩草	4.0	12∶1	消化活性污泥	1.88	25∶1

（5）堆体原料粒度的影响

堆肥化物料的粒度影响其密度、内部摩擦力和流动性，最重要的是足够小的粒度可以提高堆肥物料与微生物及空气的接触面积，加快生物化学反应速率。因此在堆肥化以前，物料需要进行筛分和破碎处理，去除粗大垃圾，降低不可堆肥化的物质含量，并使堆肥物料粒度达到一定程度的均匀化。颗粒变小，物料表面积增加，便于微生物繁殖与促进发酵过程，但粒度不能太小，因为要保持一定程度的空隙率和透气性能，以便均匀充分地通气供氧。堆肥理想的物料粒径是25～75mm，根据工艺和产品性能要求确定。对于静态堆肥，颗粒粒径适当增加可以起到支撑结构的作用，增加空隙率，有利于通风。

（6）pH的影响

pH是微生物生长的一个重要环境条件。在堆肥的生物降解及消化过程中，pH值随着时间和温度的变化而变化，其变化情况和温度的变化一样，标志着分解过程的进展，因此pH值是揭示堆肥分解过程的一个极好标志。在堆肥的初始阶段时，堆肥物产生有机酸，此时有利于微生物生存繁殖，随之pH值下降到4.0～5.0，随着有机酸被逐步分解，pH值逐步上升，最终可以达到8.0～8.5左右。适宜的pH值可以使微生物发挥有效作用，而pH值太高或太低都会影响堆肥的效率，一般认为pH值在6.5～8.5之间堆肥的效率最高。

对固体废物堆肥，一般不必调整pH值，因为微生物可在较大的pH值范围内繁殖，但pH值过高（如超过8.5）时，氮会形成氨而造成堆肥中的氮损失，因此，当用石灰石含量高的真空滤饼及加压脱水滤饼作原料时，需先露天堆积一段时间或掺入其它堆肥以降低pH值。

（7）有机质含量的影响

有机质含量影响堆肥温度与通风供氧要求。研究表明，堆肥中的有机物含量在20％～80％之间最合适。有机物含量低于20％时，不能提供足够的热量，影响嗜热菌增殖，难以维持高温发酵过程；有机物含量高于80％时，堆肥过程要求大量供氧，会因为供氧不足而发生局部厌氧过程，产生臭气。

堆肥过程中微生物所需的大量元素有氮、磷、钾，所需要的微量元素有钙、铜、锰等，应注意，堆肥原料中存在大量的微生物不可利用的营养物质，这些物质难以被微生物降解。

> **通风方式：**
> ① 自然通风供氧；
> ② 向堆肥内插入通风管；
> ③ 利用斗式装载机及各种专用翻推机横翻堆通风；
> ④ 用风机强制通风供氧。

3.2.2　好氧堆肥工艺

3.2.2.1　好氧堆肥的工艺类型

（1）根据堆肥物料运动方式分类

根据物料在堆肥过程中的运动状态，堆肥工艺可分为静态堆肥工艺和动态堆肥工艺。在实际应用中常将两者结合起来，形成动态堆肥和静态堆肥相结合的堆肥工艺，称之为间歇式动态堆肥工艺。

① 静态堆肥　静态堆肥是把收集的新鲜有机固体废物，如厨余垃圾和污泥等，分批造堆发酵，堆肥物质造堆之后，不再添加新的堆肥原料，也不进行翻倒，让它在微生物的作用下进行生化反应，待腐熟后开挖运出。静态堆肥适用于中小城市厨余垃圾、下水污泥的处理。

② 动态堆肥　动态堆肥采用连续进料、连续出料的机械堆肥装置，具有堆肥周期短（3～7天）、物料混合均匀、供氧均匀充足、机械化程度高、便于大规模机械化连续操作运行等特点，因此动态堆肥适用于大中城市固体有机废物的处理。其缺点是要求高度机械化，并需要复杂的设计施工人员及熟练的操作人员，且一次性投资与运行成本较高。

③ 间歇式动态堆肥工艺　间歇式动态好氧堆肥处理技术是介于静态堆肥与动态堆肥之间，在静态堆肥技术基础上发展起来的一种新技术。这种处理技术的关键是分层切割和均匀出料，具有发酵周期短、处理工艺简单、发酵仓数少和投资小等特点。具体操作时，采用间歇翻堆或间歇进出料方式，将物料批量地进行发酵处理。而对高有机质含量的物料，在采用强制通风的同时，还需利用翻堆机械间歇地对物料进行翻堆，以防物料结块并使其混合均匀，所提供通风效果可使发酵过程缩短。

（2）根据堆肥堆制方式分类

按照堆肥工艺堆制方式的不同，堆肥工艺可分为场地堆积式堆肥工艺和密闭装置式堆肥工艺。但实际工程应用中，许多堆肥工艺在主发酵阶段采用密闭装置式堆肥工艺，而在次发酵阶段采用场地堆积式堆肥工艺。

① 场地堆积式堆肥　场地堆积式堆肥工艺是将堆肥原料露天堆积，在堆高较低（1～1.5m）、垃圾有机成分较少时，一般采用自然通风供氧方式，微生物发酵所需要的氧气靠空气，由堆积层表面向堆积层内部扩散，或靠堆积时在堆积层中预留的孔道，空气由表面及孔

道靠气体分子扩散进入堆层内部。在其它条件不变的情况下，其发酵速度主要受氧扩散速度的限制，这种堆肥工艺设备简单，投资小，成本低，应用灵活。其缺点是发酵时间长，占地面积大，有恶臭。

② 密闭装置式堆肥　密闭装置式堆肥工艺，是将堆肥原料密闭在堆肥发酸设备中，通过风机强制通风供氧，使物料处于良好的好氧状态。密闭装置式堆肥工艺的发酵设备有发酵塔、发酵桶、发酵仓等，这种堆肥工艺机械化程度高，堆肥时间短，占地面积小，环境条件好，堆肥品质可靠，适用于大规模批量生产。其缺点是投资大、运行费用高。

除了上述分类以外，堆肥工艺按温度的不同可分为高温堆肥工艺和中温堆肥工艺，按机械化程度的不同可以分为机械化堆肥工艺、半机械化堆肥工艺和人工堆肥工艺。

堆肥处理工艺分类类型见表3-3。

表 3-3　堆肥处理工艺分类类型

分类方式	发酵分段	物料运动	通风方式	反应器类型
工艺类型	一步	静态	自然	条垛式
	二步	间歇动态(半动态)	强制	槽式(仓式)
		动态		塔式
				回转筒式

3.2.2.2　好氧堆肥的工艺流程

好氧堆肥工艺流程见图3-2。

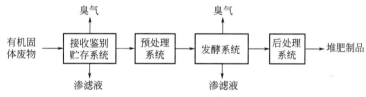

图 3-2　好氧堆肥工艺流程图

3.2.2.3　好氧堆肥工艺过程

现代化堆肥生产，通常由前处理、主发酵（亦称一次发酵或初级发酵）、后发酵（亦称二次发酵或次级发酵）、后处理及脱臭、贮存六个工序组成。

（1）前处理

前处理包括固体废物的破碎、分选、筛分和混合，其养分、水分等物理性质的调整以及添加菌种等。固体废物成分非常复杂，尤其是我国的垃圾大多未经分类处理，前处理就显得尤为重要。前处理主要有两个作用：一是通过分选和筛分去除粗大或不能堆肥的物体，如石块、塑料和金属物等，这些物质的存在会影响垃圾处理机械的正常运行，增加堆肥发酵仓的容积，影响堆肥产品的质量，因此堆肥前需要对原料进行分选除杂；二是调理原料的营养成分和物理形状。堆肥化处理是一个好氧微生物的发酵过程，微生物的生长需要充足和均衡的养分及水分，并对原料的尺寸、空隙率和均匀性等物理形状有一定的要求。固体废物成分复杂，性质差异很大，一般都无法满足这些要求，因此需要通过预处理，对物料的有机物含量、含水率、碳氮比、pH和空隙率等因素进行调节，以满足生物发酵的要求，获得高效的堆肥化过程和高品质的堆肥产品。适宜堆肥的垃圾粒径范围为12～60mm。

（2）主发酵（亦称一次发酵或初级发酵）

主发酵可在露天或发酵装置内进行，通过翻堆或强制通风向堆积层或发酵装置内供给氧气。将堆肥的中温和高温两个阶段的微生物代谢过程称为一次发酵或主发酵，即从发酵初期开始，经中温、高温到达预期温度并开始下降的整个过程，主要作用是使堆肥物料初步稳定，是堆肥工艺的核心，以实现厨余垃圾的无害化处理。

发酵初期，物质的合成、分解作用是靠生长温度 30～40℃ 的中温菌（也称中温活性菌）进行的。随着堆温的升高，最适宜温度 45～60℃ 的高温菌（也称高温活性菌）取代了中温菌，在 60～70℃ 或更高温度下进行高效率的分解（高温分解比低温分解速度快得多）。氧的供应情况和保温的良好程度对堆肥的温度上升有很大的影响。温度过低，表示空气量不足或放热反应速度减弱，分解接近结束。一般将温度升高到降低的阶段称为主发酵期，以厨房垃圾为主体的城市垃圾及家畜粪尿的堆肥主发酵期为 3～8 天。

（3）后发酵（亦称二次发酵或次级发酵）

在主发酵工序，可分解的有机物并非都能完全分解并达到稳定状态，因此经过主发酵的半成品还需经过后发酵及二次发酵以使尚未分解的、易分解及较难分解的有机物可能全部分解，变成腐殖酸、氨基酸等比较稳定的有机物，得到完全成熟的堆肥成品。

此阶段发酵速度降低，耗氧量下降，所需时间较长。后发酵可在封闭的反应器内进行，但在敞开的场地、料仓内进行的后发酵较多，通常采用条堆或静态堆肥的方式。物料堆积高度一般为 1～2m，露天时需要有防止雨水流入的装置，后发酵有时还需要进行翻堆或通风。有时为了提高熟化堆肥的发酵效率，使堆肥充分腐熟，可接种微生物以加快腐熟过程。

后发酵时间的长短取决于堆肥的使用情况，例如：如果是在农闲时期施肥，则大部分堆肥可不经过后发酵直接施用；若施用于长期耕作的土地，则需要使其充分发酵直至进行到本身已有微生物的代谢活动，而不致夺取土壤中的氮并过度地消耗土壤空气当中的氧。后发酵时间通常为 20～30 天。

（4）后处理

为提高堆肥品质、精化堆肥产品，熟化后的堆肥必须进行后处理以除去其中杂质，或按需要加入氮、磷、钾等添加剂，研磨造粒，最后打包装袋。有时为了减少物料提升次数，降低能耗，后处理也可放在一次发酵和二次发酵之间。经过两次发酵的物料，几乎所有的有机物都变细碎和变形，数量也减少了。后处理包括：破碎、分选；除去残余的塑料、玻璃、金属、小石块等杂物；使堆肥颗粒化、规格化，便于包装、运输和施用。用于后处理的设备有振动筛、磁选机、研磨机、造粒机等。可根据堆肥制品的要求选择一种工艺或多种工艺组合。

（5）脱臭

在整个堆肥过程中，因微生物的分解，会产生有味的气体，主要为氨气、硫化氢、甲基硫醇、胺类等，为保护环境，通常需要进行脱臭处理，常用的去除臭气的方法有生物除臭法、化学除臭剂除臭法、溶液吸收法、活性炭、沸石等吸附剂吸附法、臭氧氧化法。在露天堆肥时，可在堆肥表面覆盖腐熟堆肥，以防止臭气逸散。其中，最经济实用的方法是将源于堆肥产品的腐熟堆肥置于脱臭器中，堆高 0.8～1.2m，将臭气通入系统，使之在物理吸附和生物分解共同作用下脱去氨等产生臭味的物质，这种方法对氨、硫化氢的去除可达 98% 以上。常用的除臭装置是堆肥过滤器和生物过滤器。

> **去除臭气的方法：**
> ① 用化学除臭剂；
> ② 碱水和水溶液过滤；
> ③ 熟堆肥、活性炭、沸石等吸附剂过滤。

（6）贮存

堆肥的需求具有季节性，都集中在春季和秋季，因此一般的堆肥厂有必要设置至少能容纳三个月产量的处置设备，以保证堆肥生产的连续进行，成品堆肥可以在室外堆放，但要注意防雨，也可直接堆放在后发酵仓内，或装袋后存放，要求包装袋干燥透气，密闭和受潮后会影响堆肥的产品质量。

3.2.2.4 好氧堆肥设备

好氧堆肥的设备包括物料处理、翻堆、反应器和除臭设备等。其中发酵设备通常是指物料进行生化反应的反应器装置，是堆肥系统的主要组成部分。

废物堆肥按照设备流程包括以下系统：原料接收设备→预处理设备→布料设备→一次发酵设备→二次发酵设备→后处理设备→产品深加工设备。

（1）供料进料设备

供料进料设备包括地磅秤、卸料台、进料门、贮料仓、装载机械、进料漏斗、运输机械等。

（2）预处理设备

预处理设备包括破袋机、破碎机、筛选机、混合搅拌机械等。

（3）堆肥设备

堆肥设备种类繁多，除了结构形式不一样外，主要差别在于搅拌发酵物料的翻堆机不同，大多数翻堆机兼有运送物料的作用。

3.2.3 好氧堆肥系统的运行管理

3.2.3.1 好氧堆肥系统运行管理一般要求

厨余垃圾好氧堆肥系统的运行管理应注意：

① 垃圾进行好氧堆肥处理时，可与园林废弃物、秸秆、粪便等有机废弃物混合堆肥。

② 好氧堆肥主要运行参数应符合国家现行标准《生活垃圾堆肥处理技术规范》（CJJ 52）的有关规定。

③ 好氧堆肥运行管理应符合《城市生活垃圾堆肥处理厂运行、维护及其安全技术规程》（CJJ/T 86）的有关规定。

④ 好氧堆肥成品污染物控制应符合现行国家标准《城镇垃圾农用控制标准》（GB 8172）的要求。

3-1 立式多层圆筒式堆肥发酵塔

⑤ 当好氧堆肥成品加工制造有机肥和生物有机肥时，制成的产品质量应符合国家现行标准《有机肥料》（NY 525）和《生物有机肥》（NY 884）的要求。

⑥ 当堆肥成品加工制造腐殖酸时，制成的腐殖酸产品质量应符合《餐厨垃圾处理技术规范》（CJJ 184—2012）中表 7.4.2 的要求。

3.2.3.2 主发酵系统运行管理

主发酵系统的运行管理应注意：

① 根据工艺技术要求及发酵原料实际条件，应适时调整、控制主发酵期各主要技术参数，并符合下列规定：

3-2 立式多层板闭合式堆肥发酵塔

a. 主发酵原料含水率应为 50%～60%，灰土含量大且环境温度低时取下限，反之取上限，但含水率超出此范围时，应采用污水回喷、添加物料、通风散热等措施调整水分。

b. 主发酵原料碳氮比宜为 25∶1～35∶1，超出此范围时，应通过添加其它物料调整碳氮比。

  c. 主发酵原料中易腐有机物比例大于 30%。

  d. 发酵仓进料应均匀,防止出现物料前后不等、含水率不均或物料挤压等不利于发酵升温的情况。

  e. 静态发酵自然通风物料堆置高度宜为 1.2~1.5m。灰土含量大时取上限,反之取下限。当仓底设置风网时,自然通风的物料堆置高度可为 3m。间歇动态工艺的物料堆高为 5m。

  f. 静态发酵强制通风时,每立方米垃圾风量为 $0.05~0.20m^3/min$,通常进行非连续通风;间歇动态工艺可参照静态工艺并根据试运行情况确定通风量。

  g. 主发酵仓通风风压应按堆层每升高 1m,风压增加 1000~1500Pa 计。灰土含量大、含水率小时取上限,反之取下限。

  ② 应定期测试主发酵仓升温情况,测温点应根据升温变化规律分层、分区设置。

  ③ 发酵仓的通风、除尘、去臭装置,应保持良好。操作维修人员进入发酵仓前,应首先开启通风设备,并清除仓内物料。

  ④ 主发酵工序配备的进出料装载机,必须配备全封闭式驾驶室。

  ⑤ 主发酵仓进、出料时,仓内不得有人。

  ⑥ 主发酵阶段主要技术指标应符合《生活垃圾堆肥厂评价标准》(CJJ/T 172—2011)的有关规定。

3.2.3.3 后发酵系统运行管理

后发酵系统运行管理应注意:

  ① 根据工艺技术要求及主发酵半成品情况,应调整控制通风及翻堆作业。

  ② 后发酵仓进、出料及传送、运输设备可视具体要求单独配备或与主发酵仓共用。

  ③ 各作业区应保证设备通道或人员通道的畅通。

  ④ 二次发酵仓设置的通风、除臭装置应保持正常运行状态。

  ⑤ 二次发酵仓进、出料时,仓内严禁人员进入。

  ⑥ 后发酵阶段主要技术指标应符合《生活垃圾堆肥厂评价标准》(CJJ/T 172—2011)的有关规定。

3.2.4 厨余垃圾好氧堆肥仿真实训

> **来做一做**

>   **任务要求**:好氧堆肥实验仿真装置及软件操作。
>   **实施过程**:听老师讲解堆肥实验仿真装置,认知设备、管线连接、控制系统,并按照操作规程分组分角色完成仿真操作(包括入料、翻动、排废液、尾气排放、尾气去除等)。
>   **成果提交**:任务完成后,提交实训报告。

知识拓展

有机垃圾(餐厨垃圾、绿化垃圾、城市污泥、粪渣污泥等)**小型化协同处理技术及装备**

  根据"无废城市"建设试点先进适用技术评审结果公示,有机垃圾(餐厨垃坂、城市污泥、粪渣污泥等）小型化协同处理技术及装备适用于城市污泥、一般工业固废污泥、餐厨湿垃圾、粪渣、园林绿化垃圾（树枝树叶）等的利用处置。对此技术摘录介绍如下。

一、主要技术指标和参数

1. 厨余湿垃圾前处理系统

以处理能力 3t/h(60t/d) 为例，占地 9.5m(长)×2.8m(宽)×4.5m(高)，电耗 45kW·h，水耗 3.5t/h（污水可循环使用，水质无要求），浆液颗粒粒度小于 1mm，自动化控制，占地小，可移动，全过程密封，无异味散发，造价低，运行费用省，处理时间短。

2. 园林绿化垃圾前处理系统

以处理能力 2t/h(48t/d) 为例，占地 12m(长)×3m(宽)×3m(高)，电耗 85kW·h，全过程密封，直接把园林绿化垃圾加工成生物质粉料。

3. 调理系统

向待处理物料（污泥、厨余湿垃圾浆料、粪渣等）中加入有机高分子絮凝剂和无机混凝剂，并加入生物质 粉料协同调理，搅拌均均，处理能力 100t/d（按含水率 80% 计算，下同），设计功率 7.5～22.5kW。

4. 板框压滤系统

处理能力 100t/d，设计功率 20kW，降低含水率至约 60%。

5. 低温负压快速干化系统

干化温度 60～70℃，负压 3～5kPa，设计功率 160kW，燃天然气 140m³/h，发热量 120×10⁴kcal/h，蒸发能力 2t 水/h。干化物料的同时破坏微生物生长环境，杀死病原微生物。

6. 制粒系统

能力 1.5～2t 干料/h，设计功率 132kW。其功能是使粉料成型，提高能量密度，改善燃烧特性，减少体积，方便储存与运输。

7. 空气压缩系统

设计风量 3.8m³/min，设计功率 22kW。

二、工艺路线及参数

将城市污泥、经前处理系统的厨余湿垃圾磨浆液、粪渣（一种或者混合处理皆可）经输送泵输送进入处理系统的调理池内，同时按量先后投加园林绿化垃圾粉料、高分子有机絮凝剂和无机混凝剂，并进行搅拌，达到改善处理对象的脱水性能，提高热值，并降低臭味的效果。利用进料泵把调理后的物料打进专用高压压滤机进行脱水，脱水后物料含水率降低到 60% 以下。

脱水后物料通过螺旋输送机进入低温负压快速干燥系统，经干燥后物料含水率降低到 20% 以下。

干燥后的污泥进入造粒机组造粒，最终产出新型的城市有机固废环保燃料，可以直接代替生物质、煤等燃料进入锅炉燃烧发电。

系统产生的滤液、清洗污水和洗涤塔洗涤废气后产生的废水进入污水处理厂处理后，达标排放。

干燥尾气和造粒尾气经纳米除尘器除尘后，进入洗涤塔洗涤除湿，大部分尾气经过热泵组除湿加热，重新进入系统循环利用，增量的尾气在洗涤除湿后，经过生物除臭、UV（紫外线）光解、活性炭吸附三个环节处理后经 15m 排气筒高空排放。

有机垃圾小型化协同处理技术流程见图 3-3。

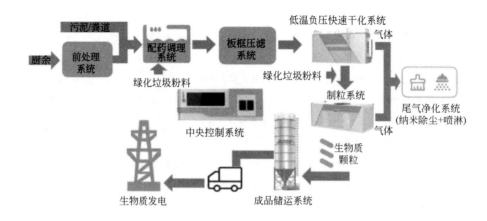

图 3-3　有机垃圾小型化协同处理技术流程

三、主要技术指标

该技术能快速将 80％含水率的有机垃圾降至含水率约 15％，大量减少有机垃圾占用体积，并将有机垃圾制成热值为 2000～4000kcal/kg 的生物质颗粒燃料，真正意义上的实现有机垃圾减量化、稳定化、无害化和资源化，也是"无废城市"建设的最佳典范。

四、技术特点

1. 设备集约化、一体化且自动化程度高，低成本，处理效率高，能耗低，杜绝大量臭气产生。

2. 就地处理，避免二次污染。产品无臭味，易于长期储存和运输，可作为现有生物质电厂、垃圾焚烧电厂的燃料，市场空间大。

3. 真正意义上的实现有机垃圾减量化、稳定化、无害化、资源化，也是"无废城市"建设的最佳典范。

五、主要工艺运行和控制参数

含水率 80％污泥处理量 100t/d，干化温度 60～70℃，负压 3～5kPa，燃天然气 140m³/h。

六、关键设备及设备参数

调理系统：向污泥中加入有机高分子絮凝剂和无机混凝剂，并加入生物质粉料协同调理，搅拌均均，处理能力 100t/d（按含水率 80％计算，下同），设计功率 7.5～22.5kW。

板框压滤系统：处理能力 100t/d，设计功率 20kW，降低含水率至约 60％。

低温负压快速干化系统：干化温度 60～70℃，负压 3～5kPa，设计功率 160kW，燃天然气 140m³/h，发热量 120×10⁴kcal/h，蒸发能力 2t 水/h。干化物料的同时破坏微生物生长环境，杀死病原微生物。

制粒系统：能力 1.5～2t 干料/h，设计功率 132kW。粉料成型，提高能量密度，改善燃烧特性，减少体积，方便储存与运输。

空气压缩系统：设计风量 3.8m³/min，设计功率 22kW。

3.3 厨余垃圾厌氧消化工艺选择与运行管理

任务目标

知识目标	能力目标
(1) 熟悉参与厌氧消化的微生物种类； (2) 掌握厌氧消化的原理和影响因素； (3) 掌握厌氧消化工艺分类、厌氧消化的工艺流程和设备。	(1) 能够根据固体废物的性质和处理目的合理选择厌氧消化处理方法、工艺和设备； (2) 能够对处理工艺进行初步设计； (3) 能够对厌氧消化工艺运行进行管理。

素质目标

(1) 学习贯彻习近平生态文明思想，熟悉科学发展、绿色发展、"两山理论"；
(2) 具备一定的科学素养和创新能力；
(3) 具有较强的实践能力和团队协作意识。

案例导入

广州白云区李坑综合处理厂（图3-4～图3-7）正式建成投产，成为目前国内最大的厨余垃圾处理项目。据介绍，李坑综合处理厂位于白云区太和镇永兴村李坑垃圾填埋场北侧，实际用地面积54亩。该项目日处理厨余垃圾1000t，是全国最大的厨余垃圾处理项目。项目采用"大件分选＋热水解＋压榨制浆＋厌氧消化＋废水处理＋沼气发电"的主体工艺路线，即厨余垃圾首先通过大件分选和热水解，然后通过压榨制浆技术分离出高浓度有机浆和固体，固体运至厂外焚烧厂处理，高浓度有机浆先通过厌氧发酵处理，发酵生成的沼气净化后进行发电，剩余的沼液通过"MBR＋NF＋RO"工艺进行处理，沼渣和污泥通过离心脱水、热水解和板框过滤后外运焚烧。

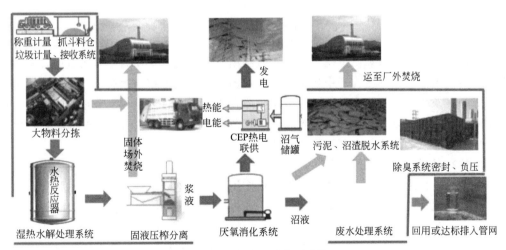

图3-4 工艺流程及主要系统

本项目主要特点：

① 本项目为全国最大的厨余垃圾处理项目，工艺适合大规模厨余垃圾处理厂建设，可

复制性强。

② 自身能实现城市居民厨余垃圾 65%～75% 减量，再与焚烧发电厂相配套，可实现总量超过 95% 的厨余垃圾减量。

③ 最大限度资源化，湿式厌氧产生的沼气可民用、可发电。

图 3-5　预处理系统　　　　　　　图 3-6　厌氧消化系统　　　　　图 3-7　沼液沼渣处理系统

④ 预处理系统采用"热水解预处理＋两级压榨水洗"的方式，具有浆化效果好、预处理反应时间短、物料适应性较强、产气量高、无害化彻底、压榨残渣热值高等特点。

通过上述流程，在广州生活垃圾成分中占比超过一半的厨余垃圾，只要确保居民分类破袋投放并分类运输至此，即可变废为宝进行发电。

任务导入：用框线绘制厌氧消化工艺流程，对主要过程应如何进行管理？

3.3.1　厌氧消化过程控制与管理

3.3.1.1　厌氧消化

厌氧消化是指在无氧或缺氧条件下，利用厌氧微生物的作用使废物中可生物降解的有机物转化为甲烷、二氧化碳和稳定物质的生物化学过程。

由于厌氧消化的原料来源复杂，参与反应的微生物种类繁多，因此厌氧消化过程中物质的代谢转化和各种菌群的作用等非常复杂。参与厌氧分解的微生物可以分为两类：一类由非常复杂的混合发酵细菌群组成，可将复杂的有机物水解并进一步分解。以分解有机酸为主的菌群通常称之为水解菌。在中温厌氧消化中，水解菌主要属于兼性厌氧细菌，包括梭菌属、拟杆菌属、丁酸弧菌属、真细菌属、双歧杆菌属等。在高温厌氧消化中，有梭菌、无芽孢的革兰氏阴性杆菌、链球菌和肠道菌等兼性厌氧细菌。另一类微生物为绝对厌氧菌，其功能是将有机酸转变为甲烷，称之为产甲烷菌。产甲烷菌的繁殖速度相当缓慢，且对温度、抑制物的存在等外在条件的变化相当敏感。产甲烷阶段在厌氧消化过程中是十分重要的环节。产甲烷细菌除了产生甲烷以外，还起到分解脂肪酸调节 pH 值的作用，同时通过将氢气转化为甲烷，可以减少氢气的分压，有利于产酸菌的活动。

3.3.1.2　厌氧消化的过程

厌氧发酵是指通过厌氧微生物的生物转化作用，将固体废物中大部分可生物降解的有机物质分解，转化为能源产品——沼气的过程，或称厌氧消化、沼气发酵。沼气的成分主要为 CH_4（55%～70%）和 CO_2（25%～40%），此外还有总量小于 5% 的 CO、O_2、H_2、H_2S、N_2、烃类（C_mH_n）等。因处理过程不需要供氧，动力消耗低，一般为耗氧处理的 1/10。有机物大部分转化为沼气，可作为生物能源，更易于实现处理过程的能量平衡，同时也减少了温室气体的排放。有机物在厌氧条件下降解产生甲烷的经典理论有两种，分别是两阶段理论和三阶段理论。

（1）两阶段理论

两阶段理论是将有机物厌氧消化过程分为酸性发酵和碱性发酵两个阶段。在第一个阶段，复杂的有机物（如糖类、脂类和蛋白质等）在产酸菌的作用下被分解为低分子的中间产物，主要是一些低分子有机酸（如乙酸、丙酸、丁酸等）和醇类（如乙醇）。并伴有氢气、二氧化碳、铵根离子和硫化氢等气体产生，由于该阶段有大量的脂肪酸产生，使发酵液的 pH 值降低，所以此阶段被称为酸性发酵阶段，又称为产酸阶段。在第二个阶段，产甲烷菌将第一阶段产生的中间产物继续分解成甲烷和二氧化碳等，由于有机酸在第二阶段不断被转换成甲烷和二氧化碳等，同时系统中有铵根离子的存在，使发酵液的 pH 值升高，所以此阶段被称为碱性发酵阶段，又称为产甲烷阶段。

（2）三阶段理论

第一阶段为水解发酵阶段。在该阶段，复杂的有机物在厌氧细菌胞外酶的作用下，首先被分解成简单的有机物，如纤维素经水解转化为单糖，蛋白质转化为较简单的氨基酸，脂类转化为脂肪酸和甘油酯等。第二个阶段为产酸和脱氢阶段。水解形成的溶性小分子有机物被产酸细菌作为碳源和能源，最终产生短链的挥发酸，如乙酸等并伴有二氧化碳的产生。第三阶段为产甲烷阶段。甲烷化过程是厌氧微生物利用乙酸/H_2/CO_2，或利用甲醇/甲胺和二甲基硫化物等含甲基的底物生成甲烷的过程。在厌氧生物处理过程中，有机物的真正稳定发生在反应的第三阶段，即产甲烷阶段。产甲烷的反应由严格的专一性厌氧细菌完成，这类细菌将产酸阶段产生的短链挥发酸（主要是乙酸）氧化为甲烷和二氧化碳。其中在液化阶段主要是发酵细菌起作用，包括纤维素分解菌和蛋白质分解菌。产酸阶段起作用的细菌是醋酸分解菌。产甲烷阶段主要是甲烷细菌。

3.3.1.3 厌氧消化的影响因素

（1）消化温度

厌氧消化中的微生物对温度的变化非常敏感（且变化小于 ±2℃），故温度是影响微生物生命活动过程的重要因素。温度主要通过对酶活性的影响而影响微生物的生长速率与对基质的代谢速率。据报道，产甲烷可以在较为广泛的温度范围（4～65℃）内进行。总体上，整个消化过程每升高 10℃，反应速率增加一倍，但在 60℃以上时，反应速率迅速下降。

厌氧消化应用的三个主要温度范围是常温（20～25℃）、中温（30～40℃）和高温（50～60℃）。研究发现，温度过低，厌氧消化的消化速率低，产气量低，不易达到卫生要求上杀病原菌的目的；温度过高，微生物处于休眠状态，不利于消化过程。代谢速率在 35～38℃和50～65℃时分别有一个高峰。因此，一般厌氧发酵常控制在这两个温度范围内，以获得尽可能高的消化效率和降解速率。前者称为中温消化，后者称为高温消化。高温消化的微生物和中温消化的不同，并且对温度的变化更为敏感，通常在中温下不会存活，但中温消化液可以直接升温进行高温消化，其微生物可利用率约 40%，且需要适当的培养时间。例如，在高温下，当反应器中的乙酸浓度小于 1mmol/L 时，乙酸盐通过两个阶段氧化，即乙酸氧化为氢气和二氧化碳，紧接着形成甲烷。而在更高浓度时和中温反应器中，乙酸盐转化的主要机理是甲基直接转化为甲烷，并且在高温反应器中氨的毒性更大，因为游离氨的比例更大。

（2）厌氧条件

厌氧消化是一个生物学过程，它的一个显著特点就是有机物质在无氧环境下被某些微生物分解，最终转化为 CH_4 和 CO_2。产酸阶段的微生物大多是厌氧菌，需要在厌氧的条件下将复杂的有机物分解为简单的有机酸等。而产气阶段的细菌是专性厌氧菌，氧对产甲烷细菌有毒害作用，因而必须创造良好的厌氧环境。厌氧程度可用氧化还原电位（E_h）表示。高温厌氧消化系统适宜的氧化还原电位为$-500\sim600mV$；中温厌氧消化系统及浮动温度厌氧消化系统要求的氧化还原电位应低于$-300\sim380mV$；产酸细菌对氧化还原电位的要求不甚严格，甚至在$-100\sim100mV$的兼性条件下也可以生长繁殖，甲烷细菌最适宜的氧化还原电位应保持在$-350mV$或更低。

（3）物料粒径的影响

物料的粒径越小，则其输送难度降低，水解过程加快，但能耗增大，反之相反，所以应综合考虑上述因素从而决定物料粒度要求。通常粒径在$20\sim40mm$较好，破碎或研磨不仅减小了颗粒粒径，而且破坏了其内部组织结构，使其更容易水解。L. M. Palmowski 等研究了厌氧消化有机废弃物时颗粒大小对处理结果的影响，对于纤维素含量高的固体废物，粉碎能显著提高沼气产量、有机物的降解率和缩短消化时间，而且更为重要的是通过粉碎使原来不均匀的固体废物更均匀。

（4）原料配比及营养物质的影响

厌氧消化原料在厌氧消化过程中既是产生沼气的基质，又是厌氧消化微生物赖以生存繁殖的营养物质，这些营养物质中最重要的是碳素和氮素两种营养物质。在厌氧菌生命活动中需要一定比例的氮素和碳素［$(20\sim30):1$］。原料中碳氮比过高，即碳元素多，氮元素相对缺乏，细菌和其它微生物的生长繁殖受到限制，有机物的分解速度慢，发酵过程长。若碳氮比过低，可供消耗的碳素较少，氮素养料相对过剩，则容易造成氨氮浓度过高，出现氨中毒。一般将贫氮有机物（如农作物秸秆）等和富碳有机物（如人畜粪尿、污泥等）进行合理配比，从而得到合适的碳氮比。

磷元素含量是以磷酸盐计算的，一般以有机物含量的$1/1000$为宜，碳磷比以$5:1$为宜。如果原料中没有足够的磷来满足微生物的生长，则可通过加入磷酸盐来保证正常的代谢速度。消化的最佳氨氮浓度为$700mg/L$，氨有助于提高液压消化反应器缓冲能力，但也可能抑制反应。在高固体含量反应器中，即使进料的碳氮比正常，氨也可能产生毒性，因为氨随消化进行在消化器表面聚积。

反应所需要的其它物质如钾、钠、钙、镁、铁、铜、锰、锌等，这些微量元素可利用的部分也可能缺乏，因为它们容易与磷、硫反应生成沉淀，但是用目前的分析手段并不能分清这些微量元素中微生物可利用的和不可利用的部分。可生物降解物质的组成、均一性、流动性、生物可降解性变化相当大，一般来说可生物降解有机物占总固体的$70\%\sim90\%$。当垃圾中有机固体含量小于60%时，通常认为不适合作为厌氧消化的有机底质。

（5）pH 值

对于产甲烷细菌来说，维持弱碱性环境是非常必要的。细胞内的细胞质 pH 一般呈中性，同时细胞具有为保持中性环境进行自我调节的能力，因此甲烷发酵菌可以在较广泛的 pH 值范围内生长，在 pH 值为$5\sim10$的范围内均可发酵。产甲烷菌需要绝对的弱碱性环境，最佳 pH 值范围是$7.3\sim8$。发酵菌和产甲烷菌在反应器中共存的最佳 pH 值范围为$6.5\sim7.5$，pH 值过低，将使二氧化碳增加，产生大量水溶性有机酸和硫化氢，硫化物含量增加，因而抑制甲烷菌的生长。

在甲烷发酵过程中，pH 值也有规律地变化。发酵初期大量产酸，pH 值下降；随后由于氨化作用的进行而产生氨，氨溶于水，中和有机酸使 pH 值回升，这样可以使 pH 值保持在一定范围内，维持 pH 环境的稳定。在正常的甲烷发酵中，依靠原料本身可以维持发酵所需要的 pH 值。但忽然增加进料或改变原料等会冲击负荷，使发酵系统酸化，发酵过程受到抑制。为了顺利地进行甲烷发酵，可以用石灰乳进行调节。

（6）添加物和抑制物

在发酵液中添加少量的硫酸锌、磷矿粉、炼钢渣、碳酸钙、炉灰等，可促进厌氧发酵，提高产气率和原料利用率，其中以磷矿粉的效果最佳，同时添加少量的钠、钾、镁、锌等也可以提高产气率。但是也有些化学物质能抑制发酵微生物的生命活动，如当原料中含氮化合物过多时，蛋白质、氨基酸、尿素等分解成铵盐，从而抑制甲烷发酵。因此，当原料中含氮化合物比较高时可适当添加碳源，调节碳氮比在 20～30：1 范围内。此外，如铜、锌、镉等重金属及氰化物等含量过高时，也会不同程度地抑制厌氧消化。

（7）接种物量的影响

正常沼气发酵是由一定数量和种类的微生物来完成的，含丰富沼气微生物数量的污泥称为接种物。接种的数量和质量，对于厌氧消化中的产甲烷阶段的运行效果和稳定性非常重要。对于传统的 CSTR 反应器（全混合厌氧反应器），接种液与底质的比值（以挥发性固体为基础）通常大于 10。

厌氧消化中细菌数量和种群会直接影响甲烷的生成。不同来源的厌氧发酵接种物，对产气量有不同的影响。厌氧发酵过程中添加接种物可有效地提高消化液中微生物的种类和数量，提高产气率。开始发酵时，一般要求菌种量达到料液量的 5%。

（8）搅拌

搅拌可使消化物料分布均匀，增加微生物与物料的接触，并使消化产物及时分离，从而提高消化效率，增加产气量。对消化池进行搅拌，还可以使池内温度均匀，同时加快消化速度，提高产气量。厌氧发酵是由细菌体的内酶和外酶与底物进行的接触反应，因此必须使两者充分混合。

搅拌方法包括气体搅拌、机械搅拌和泵循环等。气体搅拌是将消化池产生的沼气加压后从池底部充入，利用产生的气流达到搅拌的目的。机械搅拌适用于小的消化，气体搅拌适用于大、中型沼气工程。对于液态发酵，用充液搅拌法；对于固态或半固态发酵，用充气搅拌法和机械搅拌法等。

（9）重金属毒性的影响

消化细菌对重金属、醛等有毒有害物质很敏感，所以厌氧消化不适用于含有对消化细菌有毒害作用重金属的有机垃圾处理。各种重金属影响程度的排序为：Ni＞Cu＞Pb＞Cr＞Ca＞Fe。

3.3.2 设计厌氧消化工艺流程

3.3.2.1 厌氧消化工艺类型

厌氧消化工艺包括从发酵原料到生产沼气的整个过程所采用的技术和方法。一个完整的厌氧消化系统包括预处理、厌氧消化反应器、消化气净化与贮存、消化液与污泥的分离、处理和利用。目前，沼气的消化工艺有很多种。

3-3 发酵系统流程

（1）按消化温度划分的工艺

按消化温度可以将厌氧消化工艺分为高温消化工艺、中温消化工艺和自然消化工艺。

高温消化工艺的最佳温度范围是 47～55℃，此时有机物分解旺盛，消化快，物料在厌氧池内停留时间短，非常适用于城市垃圾、粪便和有机污泥的处理。工艺过程包括培养高温消化菌、维持高温、投料和排料、搅拌消化物料。

中温消化工艺的大致温度在 30～35℃，有机物消化速度快，产气率较高，是大、中型沼气工程的普遍形式。该工艺需要培养中温消化菌，维持中温，控制投料等。

自然消化工艺是目前我国农村普遍采用的消化类型，是指在自然温度下进行的沼气发酵。这种工艺的消化池结构简单、成本低廉、施工容易、便于推广，但受季节影响明显，消化周期须视季节和地区的不同加以控制。

（2）按投料运转方式划分的工艺

按投料运转方式，厌氧消化可分为连续消化工艺、半连续消化工艺、批量消化工艺等。

连续消化工艺是投料启动后，经一段时间的消化产气，连续定量地添加消化原料和排出旧料，其消化能够长期连续进行。此工艺易于控制，能保持稳定的有机物消化速率和产气率。连续消化工艺适用于处理来源稳定的大、中型畜牧场的粪便等。连续消化工艺流程如图 3-8 所示。

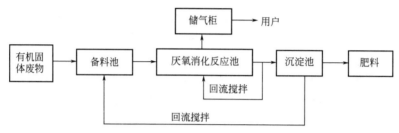

图 3-8　连续消化工艺流程

半连续消化工艺流程如图 3-9 所示。半连续消化工艺是启动时一次性投入较多的消化原料（一般占整个发酵周期投料总固体含量的 $1/4 \sim 1/2$），经过一段时间开始正常发酵产气。当产气量趋于下降时，开始定期添加新料和排出旧料，以维持比较稳定的产气率。该工艺适用于有机物污泥、粪便、有机废水的厌氧处理和大中型沼气工程。由于我国农村的原料特点和农村用肥集中等原因，该工艺在农村较适用。

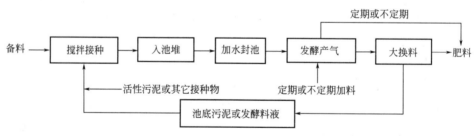

图 3-9　半连续消化工艺流程

批量消化工艺是一种简单的沼气消化类型，即将消化原料和接种物一次性装满沼气池，中途不再添加新料，消化周期结束后，一次性取出旧料再重新投入新料消化。批量消化工艺流程如图 3-10 所示，其特点是初期产气少，随后逐渐增加，直到产气保持基本稳定，再后产气又逐步减少，直至出料。一个消化周期结束后，再成批地换上新料，开始第二个消化周期，如此循环往复。

图 3-10　批量消化工艺流程

3-4　发酵仓

3.3.2.2　厌氧消化工艺流程

厌氧消化工艺流程见图 3-11。厨余垃圾厌氧消化工艺流程见图 3-12。

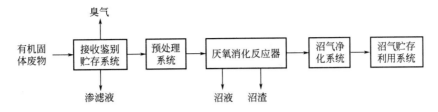

图 3-11 厌氧消化工艺流程图

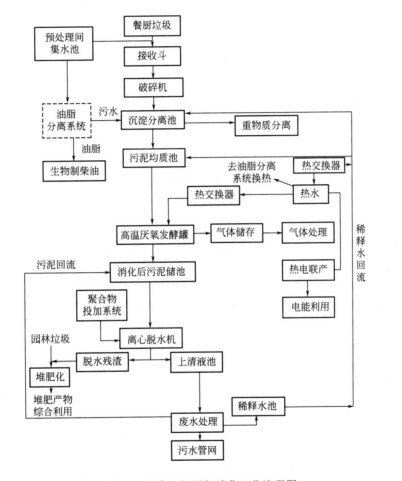

图 3-12 厨余垃圾厌氧消化工艺流程图

图 3-12 中处理工艺采用单相、连续、湿式、高温厌氧消化技术。整个厨余垃圾处理工艺包括：

① 垃圾接收及预处理系统；

② 厌氧发酵系统；

③ 沼气提纯系统；

④ 发酵残渣脱水及上清液回流系统；

⑤ 生物制柴油系统；

⑥ 沼气发电系统；

⑦ 污水处理工艺；

⑧ 沼渣处理工艺。

3.3.2.3 多种废物厌氧消化工艺流程

根据城市污泥、粪便和餐厨垃圾均具有有机物含量高的特点,创新采用合并厌氧处理工艺,包括预处理系统、合并调质系统、中温厌氧消化处理系统、消化液脱水处理系统、沼气净化处理系统、沼液处理系统(图 3-13)。

(1)预处理系统

根据污染物性质不同,分为三组不同工艺:第一组城市污泥预处理工艺,采用稀释搅拌工艺,将城市污泥进行初调均质;第二组粪便预处理工艺,采用固液分离、调制搅拌工艺将粪便中的有机杂质去除,并进行均质;第三组餐厨垃圾预处理工艺,采用垃圾破碎、垃圾过滤、垃圾螺旋压榨工艺,将垃圾中的无机物和有机物进行分离。

(2)合并调质系统

城市污泥、粪便和餐厨垃圾经过预处理后,按照 6∶1∶2 的比例进入合并调质单元。在合并调质单元内污染物通过高温蒸汽进行预加热,加热至 40℃,同时污染物的含固量进一步调节至 10% 左右,满足后续厌氧处理的要求。

(3)中温厌氧消化处理系统

调配均质的城市污泥、粪便和餐厨垃圾预加热后,通过螺杆泵输送至中温厌氧消化装置内,根据污染物的各种不同条件,自动控制调节容器里的厌氧环境,使厌氧发酵效果最优化。

为了保证中温厌氧消化稳定进行,将反应器内部污泥的温度维持在 35℃±1℃ 左右;消化罐外部采用热水拌热装置对罐体进行保温,内部采用机械和水射搅拌两种方式对污染物进行搅拌。

反应器上部为厌氧反应产生的沼气留有一定空间,反应器内的沼气通过沼气鼓风机从反应器顶部抽出,经净化后进入贮气罐;消化液由罐顶部排出。

(4)消化液脱水处理系统

城市污泥、粪便和餐厨垃圾经过 22 天左右的中温厌氧消化处理,消化液需要进行固液分离;消化液经过离心脱水后,产生的固体为沼渣,含水率约为 70%,液体为沼液。

(5)沼气净化处理系统

城市污泥、粪便和餐厨垃圾合并中温消化产生的另一个重要产物为沼气,沼气经过鼓风机房加压进入脱硫装置,脱硫处理后一部分供给沼气锅炉房,供污染物预热、中温厌氧消化装置保温、沼气净化解析和冬季厂区供暖用,另一部分进入沼气净化提纯系统,经过净化提纯后进入城市燃气管网,作为城市补充气源使用。

(6)沼液处理系统

沼液首先进入某公司提供的厌氧氨氧化一体化设备进行脱氮处理;然后进入磷的镁盐反应池,在池内投加氧化镁,使磷与镁及铵根离子形成磷酸铵镁,在磷的镁盐沉淀池内,鸟粪石沉淀;最后进入磷的铁盐反应池进一步除磷,在反应器中投加三氯化铁,形成磷酸铁沉淀,分离后的沉淀可以和鸟粪石混合作为肥料出售;经过处理的出水达到下水道排放标准。

3.3.3 厌氧消化系统的运行管理

3.3.3.1 厌氧消化装置运行管理

厌氧消化装置运行应符合下列规定:

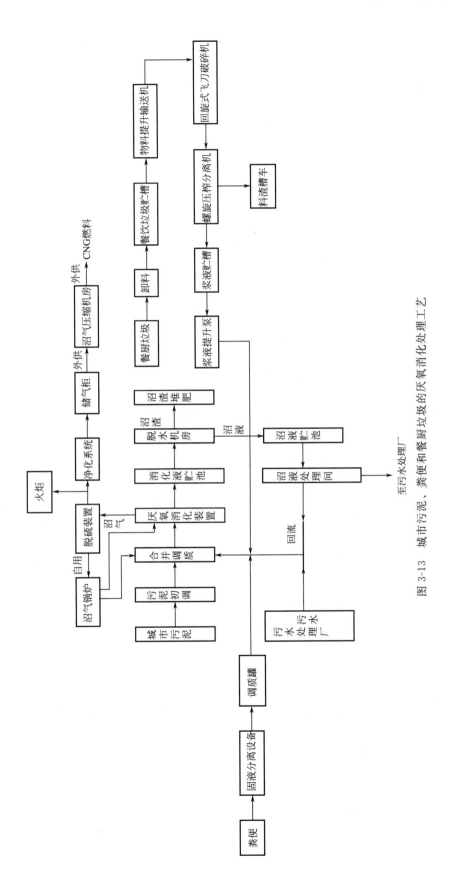

图 3-13 城市污泥、粪便和餐厨垃圾的厌氧消化处理工艺

① 厌氧消化装置在启动运行前应进行试水和气密性试验，当漏水或漏气时应进行修复，检测合格后方可投入运行。

② 向厌氧消化装置投加餐厨垃圾应按具体工艺要求的相对稳定的投配率和间隔时间进行，应防止出现酸化。

③ 厌氧消化装置内料液的 pH 值、挥发酸、总碱度、温度、气压、产气量和沼气成分等应定期监测，并根据监测数据及时调整厌氧消化装置运行工况或采取相应措施。

④ 厌氧消化装置运行参数宜符合下列规定：

a. 进料破碎浆化粒度宜小于 8mm，碳氮比（C/N）宜控制在 25～30∶1，pH 值宜控制在 6.5～7.8，碱度（以 $CaCO_3$ 计）宜控制在 2500～5000mg/L；

b. 湿式厌氧消化工艺的物料含固率宜为 8%～18%，干式厌氧消化工艺的消化物含固率宜为 18%～30%；

c. 中温厌氧消化工艺宜控制在 30～38℃，高温厌氧消化工艺宜控制在 50～60℃，物料温度上下波动不宜大于 2℃；

d. 可生物降解有机物降解率宜大于 80%，有机负荷宜在 3kg VS/(m^3·d) 左右；

e. 吨餐厨垃圾产气量宜大于 60m^3/t，容积产气率不宜小于 2m^3/(m^3·d)，沼气中甲烷含量宜大于 60%。

⑤ 应定期检查厌氧消化装置和沼气管道是否泄漏。

⑥ 厌氧消化装置放空检修时，应打开检查人孔与顶盖，采用强制通风措施将甲烷浓度控制在 5% 以下，H_2S、HCN 和 CO 的含量应分别控制在 4.3%、5.6% 和 12.5% 以下，含氧量不得低于 15%，同时采用活体小动物进行有害气体检测。

⑦ 进入厌氧消化装置内维修、清理的人员应有防护措施，并应有其它人员在池外协作与监护。照明灯应采用安全电压防爆型灯具。

⑧ 厌氧消化装置发生超正、负压使防爆窗爆裂时，应更换同等厚度、材质的防爆材料，同时应将所有输气管道、相关阀门、溢流管道清通一遍，确保液体、气体管路的畅通后方可将防爆窗封死重新运行。

⑨ 操作人员在厌氧消化装置上巡回检查，上、下梯时应穿防静电的工作服，并不得穿带铁钉的鞋子或高跟鞋。

3.3.3.2　沼气净化系统运行管理

沼气净化系统运行应符合下列规定：

① 气水分离器的冷凝水应定期排放，排水时应防止沼气泄漏；

② 脱硫装置应定期排污；

③ 脱硫装置中的脱硫剂应定期再生或者更换，冬季气温低于 0℃ 时，应采取防冻措施；

④ 当采用干式脱硫方法时脱硫率应大于 90%，当采用湿式脱硫方法时脱硫率应大于 60%。

3.3.3.3　沼渣处理系统运行管理

沼渣处理运行应符合下列规定：

① 应统计每日沼渣产生量；

② 沼渣脱水设备和干化设备正常运转过程中，应根据沼渣性质及运行情况调整沼渣脱水设备和干化设备的运行参数；

③ 沼渣采用高温堆肥工艺处理时，按好氧堆肥系统的运行进行管理。

3.3.4 厨余垃圾厌氧消化工艺流程图绘制

来做一做

任务要求：利用 AutoCAD 绘制厨余垃圾厌氧消化工艺流程图。

实施过程：经过实地参观厨余垃圾处理基地后，按照工厂的实际流程，利用 Auto-CAD 绘制厨余垃圾厌氧消化工艺流程图。

成果提交：任务完成后，提交流程图图纸。

知识拓展

3-5 卧式回转
圆筒形发酵仓

国外典型的厌氧消化工艺

一、湿式连续多级发酵系统

多级工艺原理：按照消化过程规律，有机垃圾分别在不同的反应器内进行酸化水解、产甲烷。首先将垃圾通过固液分离机分为固体和液体，液体部分直接进入产甲烷阶段反应器进行消化 1～2d；固体部分进入水解池，2～4d 以后垃圾再经过分离，再使液体进入产甲烷阶段反应器。经过消化，大约 60%～70% 的有机物质转化为生物气。举例说明如下：

1. 丹麦 Helsingor BTA/carlbro 处理厂 BTA 工艺

丹麦 Helsingor BTA/carlbro 处理厂即采用 BTA 工艺。本厂建于 1993 年，处理分类收集的生活垃圾，处理量 20000t/a。分类收集的垃圾先送到垃圾仓，再经过破袋、破碎、打浆、巴斯德消毒。这样，垃圾分为液体、固体部分：液体进入消化罐；固体进入水解池，在水解池中分解为有机酸，池内的液体再送入消化罐。

Helsingor 垃圾处理厂每年产生大约 300 万立方米生物气，用于热电联产。垃圾处理厂配有换热器，可以用厌氧过程中产生的沼气来在预处理阶段加热垃圾。

2. 德国 Thronhofen 处理厂 TBW Biocomp 工艺

Thronhofen 垃圾处理厂从 1996 年开始运营，处理能力 13000t/a，处理分类收集的有机垃圾和农业中的液态垃圾。

Biocomp 工艺是堆肥、发酵的结合。垃圾先经过滚动筛，分离出粗垃圾去堆肥，细垃圾去消化罐。再用手选来去除无机物，用磁选去除废铁。细的有机物质经过破碎机破碎后，加水稀释，使含固率为 10%。接着混合物依次送到贮存池、中温（35℃）反应池（采用桨板搅拌，停留时间 14d）。从一级消化池底部取出的活性污泥送入二级上向流高温（55℃）消化池，水力停留时间 14d。经过高温消化后，大约 60% 的有机物质转化为生物气。

二、厌氧消化技术：干式单级发酵系统

1. 荷兰 Ielystad 处理厂 Biocel 工艺

Biocel 工艺是中温干式序批式有机垃圾厌氧消化技术，处于发展阶段。荷兰 Ielystad 处理厂，处理量 50000t/a，反应器内垃圾含固率 30%～40%，消化温度 35～40℃，固体停留时间最少 10d。

2. 比利时 Brecht 处理厂 Dranco 工艺

Dranco（dry anaerobic composting）工艺是比利时有机垃圾系统公司（Organic Waste

Systems）开发的，是一项成熟工艺。工艺的主要单元是单级高温反应器，负荷 10kg COD/（$m^3 \cdot d$），温度 50～58℃，停留时间为 20d(15～30d)，生物气产量 100～200m^3/t 垃圾，发电量 170～350kW·h/t 垃圾。进料的固体浓度在 15％～40％范围内。有机垃圾系统公司已开发出 Dranco-Sep 工艺，可在含固率 5％～20％范围内操作。

欧洲现在至少有 4 座 Dranco 工艺大型垃圾处理厂，处理能力为 11000～35000t/a。在比利时北部 Brecht 处理厂采用的就是本工艺，处理能力 12000t/a。有机垃圾先经过手工分选、切碎，筛分以去除大颗粒，用磁选分离金属物质，加水混合，接着送入 808m^3 的消化器中。消化器的新鲜物料投配率为 5％。消化液经过好氧塘处理之后，排放到当地污水处理厂。消化后的垃圾利用脱水机脱水至含固率 55％，而经过好氧稳定两周，即可得到卫生、稳定化的肥料。

3. 瑞士 Kompogas 工艺

本工艺是干式、高温厌氧消化技术，由瑞士 Kompogas AG 公司开发，处于发展阶段。目前，在瑞士、日本等国家建立大约 18 个垃圾处理厂，其中年处理量 10000t/a 以上的有 12 个。

有机垃圾首先经过预处理达到以下要求：含固率（DS）30％～45％，挥发性固体含量（VS）55％～75％，粒径 40mm，pH 4.5～7，凯氏氮（4g/kg，C/N）18。然后进入水平的厌氧反应器进行高温消化。消化后的产物含水率高，首先进行脱水，压缩饼送到堆肥阶段进行好氧稳定化，脱出的水用于加湿进料或作为液态肥料。产生的生物气效益：10000t 有机垃圾可产生 118×$10^4$$m^3$ Kompogas 气体，其中蕴含的总能量为 684×10^4kW·h，相当于 71×10^4L 柴油，可供车辆行驶 1000×10^4km。

4. 法国 Valorga 工艺

本工艺由法国 Steinmueller Valorga Sarl 公司开发，采用垂直的圆柱形消化器，是一项成熟工艺。反应器内垃圾含固率 25％～35％，停留时间 14～28d，产气量 80～180m^3/t。消化后的固体稳定化需要进行 14d 的好氧堆肥。

目前已建成的处理厂有：法国 Amiens 处理厂（处理能力：85000t/a）；德国 Engelskirchen 处理厂（处理能力：35000t/a）、Freiberg 处理厂（处理能力：36000t/a）；比利时 Mons 处理厂（处理能力：58700t/a）；瑞士 Geneva 处理厂（处理能力：10000t/a）；西班牙 CadiZ 处理厂（处理能力：210000t/a）等。

三、厌氧消化技术：其它新工艺

目前美国、德国等国家正在积极地进行城市生活有机垃圾的厌氧消化技术研究，其内容主要包括以下工艺：序批式厌氧堆肥工艺（SEBAC, or Leach-BedProcess）（美国）；干式厌氧消化＋好氧堆肥（美国）；半干式厌氧消化＋好氧堆肥（意大利）；渗滤液床两相厌氧消化（英国）；两相厌氧消化（德国）；有机垃圾处理工艺（Biowaste Process）（丹麦）；干式厌氧消化＋好氧堆肥（美国）；厌氧固体消化器（APS-Digester）（美国）。可以预见将来厌氧消化技术会取得飞跃的发展，在工程中的应用也会越来越广泛。

课后训练

1. 厨余垃圾的特点有哪些？厨余垃圾如何分类？
2. 什么是好氧堆肥？好氧堆肥的原理是什么？

3. 好氧堆肥的过程包含哪几个阶段？

4. 影响好氧堆肥的因素有哪些？如何进行控制？

5. 好氧堆肥的工艺流程是什么？包括哪些工艺过程？

6. 好氧堆肥法根据堆肥物料运动方式分为哪几类？根据堆肥堆制方式又分为哪几类？

7. 好氧堆肥常用的设备有哪些？

8. 好氧堆肥主发酵和后发酵系统应该怎样运行管理？

9. 什么是厌氧消化？厌氧消化的原理是什么？

10. 简述有机废物厌氧消化三阶段理论。在厌氧消化的三个阶段，起主导作用的微生物各是哪些？

11. 影响厌氧消化的因素有哪些？如何进行控制？

12. 厌氧消化工艺是怎么进行分类的？

13. 厌氧消化的工艺流程是怎样的？

14. 厌氧消化常用的设备有哪些？

15. 怎样对厌氧消化系统进行运行管理？

项目4 危险废物利用处置

项目描述

本项目主要解决危险废物的规范化管理、利用、焚烧、填埋等问题，主要包括危险废物规范化管理、典型危险废物利用处置、焚烧、安全填埋工艺与运营管理等内容，共分为4个任务、14个子任务和3个任务实施。

4.1 危险废物规范化管理

任务目标

知识目标

(1) 熟悉危险废物管理法律法规；

(2) 掌握危险废物管理制度；

(3) 熟悉危险废物规范化管理指标体系

及管理要求。

能力目标

能对危险废物进行规范化管理。

素质目标

(1) 学习贯彻习近平生态文明思想和习近平法治思想，增强生态环境法治意识；

(2) 掌握生态环境法治理念、法治原则、重要法律条文；

(3) 牢固树立安全意识，具备一定的风险识别能力和应急处理能力。

案例导入

据生态环境保护部新闻发布会介绍，这些年来，针对危险废物处理处置，重点开展了以下工作：

一是着力推动利用处置能力建设。截至2016年底，持危险废物经营许可证单位2149家，核准利用处置能力6471万吨/年（其中，处置能力1249万吨/年），分别是2006年的2.6倍和9.1倍。

二是严厉打击危险废物违法犯罪。2015年以来原环境保护部会同公安部、最高检对7起环境违法案件实施联合挂牌督办，其中涉危险废物案件4起。2016年联合公安部开展打击涉危险废物环境违法犯罪行为专项行动，有力震慑了环境违法犯罪行为。

三是强化危险废物全过程监管。持续开展危险废物规范化管理督查考核，督促企业严格落实危险废物各项管理制度。

但当前我国非法转移、处置危险废物事件仍时有发生，主要原因有四个方面：

一是企业主体责任落实不到位。少数企业出于利益驱使，逃避环境监管，非法转移、倾倒危险废物。

二是处置能力不平衡。虽然整体来看处置能力过剩，但部分地区、部分种类危险废物处置能力仍不能满足处置需求。

三是异地倾倒违法行为隐蔽，部门监管难度大，现场处置、调查取证和责任追究困难。

四是异地倾倒涉及不同地域、跨多个部门，查办工作有一定难度。

针对这些问题，下一步将采取以下措施：

一是源头防范，着力落实企业主体责任。建立企业环保信息公开平台，要求企业公开危险废物相关信息，建立有奖举报制度，调动社会力量参与监督。

二是严惩重罚，联合公安机关严厉打击涉危险废物违法犯罪行为，震慑环境违法企业。确立涉危险废物企业环境信用评价的法律制度，将涉危险废物企业环境违法信息记入社会诚信档案并向社会公开。

三是建立长效机制。进一步完善相关协调机制，指导各省级人民政府制定并实施危险废物集中处置设施建设规划。推进排污许可制度改革，明确将危险废物产生单位一律纳入排污许可。

任务导入：危险废物规范化管理，我应该怎么做？

4.1.1　危险废物特性与鉴别

4.1.1.1　危险废物的定义

《中华人民共和国固体废物污染环境防治法》将危险废物定义为：危险废物是指列入国家危险废物名录或者根据国家规定的危险废物鉴别标准和鉴别方法认定的具有危险特性的固体废物。

4.1.1.2　危险废物的危险特性

危险废物危险特性包括：腐蚀性（corrosivity，C）、毒性（toxicity，T）、易燃性（ignitability，I）、反应性（reactivity，R）和感染性（infectivity，In）。

4.1.1.3　危险废物鉴别

（1）危险废物名录法

《国家危险废物名录》（2021版）由生态环境部联合国家发展改革委、公安部、交通运输部、国家卫生健康委向社会发布，自2021年1月1日施行。《国家危险废物名录》（2021版）将危险废物调整为50大类别467种，新增豁免16个种类危险废物。

凡是列入《国家危险废物名录》中的废物均为危险废物，必须按照危险废物进行管理。

医疗废物按照国家危险废物名录管理，医疗废物分类按照《医疗废物分类目录》执行。列入《危险化学品目录》的化学品废弃后属于危险废物。

《国家危险废物名录》内容见表4-1。

4-1　《国家危险废物名录》（2021年版）

表4-1　《国家危险废物名录》内容

废物类别	行业来源	危险废物
HW01 医疗废物	卫生	感染性废物
		损伤性废物

废物类别	行业来源	危险废物
HW01 医疗废物	卫生	病理性废物
		化学性废物
		药物性废物
	非特定行业	为防治动物传染病而需要收集和处置的废物
HW02 医药废物	化学药品 原料药制造	化学合成原料药生产过程中产生的蒸馏及反应残余物
		化学合成原料药生产过程中产生的废母液及反应基废物
		化学合成原料药生产过程中产生的废脱色过滤介质
		化学合成原料药生产过程中产生的废吸附剂
		化学合成原料药生产过程中的废弃产品及中间体
	化学药品 制剂制造	化学药品制剂生产过程中的原料药提纯精制、再加工产生的蒸馏及反应残余物
		化学药品制剂生产过程中的原料药提纯精制、再加工产生的废母液及反应基废物
		化学药品制剂生产过程中产生的废脱色过滤介质
		化学药品制剂生产过程中产生的废吸附剂
	兽用药品 制造	化学药品制剂生产过程中产生的废弃产品及原料药
		使用砷或有机砷化合物生产兽药过程中产生的废水处理污泥
		使用砷或有机砷化合物生产兽药过程中蒸馏工艺产生的蒸馏残余物
		使用砷或有机砷化合物生产兽药过程中产生的废脱色过滤介质及吸附剂
		其它兽药生产过程中产生的蒸馏及反应残余物
		其它兽药生产过程中产生的废脱色过滤介质及吸附剂
		兽药生产过程中产生的废母液、反应基和培养基废物
		兽药生产过程中产生的废吸附剂
		兽药生产过程中产生的废弃产品及原料药
	生物药品 制造	利用生物技术生产生物化学药品、基因工程药物过程中产生的蒸馏及反应残余物
		利用生物技术生产生物化学药品、基因工程药物过程中产生的废母液、反应基和培养基废物(不包括利用生物技术合成氨基酸、维生素过程中产生的培养基废物)
		利用生物技术生产生物化学药品、基因工程药物过程中产生的废脱色过滤介质(不包括利用生物技术合成氨基酸、维生素过程中产生的废脱色过滤介质)
		利用生物技术生产生物化学药品、基因工程药物过程中产生的废吸附剂
		利用生物技术生产生物化学药品、基因工程药物过程中产生的废弃产品、原料药和中间体
HW03 废药物、药品	非特定行业	生产、销售及使用过程中产生的失效、变质、不合格、淘汰、伪劣的药物和药品(不包括HW01、HW02、900-999-49类)
HW04 农药废物	农药制造	氯丹生产过程中六氯环戊二烯过滤产生的残余物;氯丹氯化反应器的真空汽提产生的废物
		乙拌磷生产过程中甲苯回收工艺产生的蒸馏残渣
		甲拌磷生产过程中二乙基二硫代磷酸过滤产生的残余物
		2,4,5-三氯苯氧乙酸生产过程中四氯苯蒸馏产生的重馏分及蒸馏残余物
		2,4-二氯苯氧乙酸生产过程中产生的含2,6-二氯苯酚残余物
		乙烯基双二硫代氨基甲酸及其盐类生产过程中产生的过滤、蒸发和离心分离残余物及废水处理污泥;产品研磨和包装工序集(除)尘装置收集的粉尘和地面清扫废物
		溴甲烷生产过程中反应器产生的废水和酸干燥器产生的废硫酸;生产过程中产生的废吸附剂和废水分离器产生的废物
		其它农药生产过程中产生的蒸馏及反应残余物
		农药生产过程中产生的废母液与反应罐及容器清洗废液
		农药生产过程中产生的废滤料和吸附剂

废物类别	行业来源	危险废物
HW04 农药废物	农药制造	农药生产过程中产生的废水处理污泥
		农药生产、配制过程中产生的过期原料及废弃产品
	非特定行业	销售及使用过程中产生的失效、变质、不合格、淘汰、伪劣的农药产品
HW05 木材防腐剂 废物	木材加工	使用五氯酚进行木材防腐过程中产生的废水处理污泥，以及木材防腐处理过程中产生的沾染该防腐剂的废弃木材残片
		使用杂酚油进行木材防腐过程中产生的废水处理污泥，以及木材防腐处理过程中产生的沾染该防腐剂的废弃木材残片
		使用含砷、铬等无机防腐剂进行木材防腐过程中产生的废水处理污泥，以及木材防腐处理过程中产生的沾染该防腐剂的废弃木材残片
	专用化学 产品制造	木材防腐化学品生产过程中产生的反应残余物、废弃滤料及吸附剂
		木材防腐化学品生产过程中产生的废水处理污泥
		木材防腐化学品生产、配制过程中产生的废弃产品及过期原料
	非特定行业	销售及使用过程中产生的失效、变质、不合格、淘汰、伪劣的木材防腐化学品
HW06 废有机溶剂 与含有机 溶剂废物	非特定行业	工业生产中作为清洗剂或萃取剂使用后废弃的含卤素有机溶剂，包括四氯化碳、二氯甲烷、1,1-二氯乙烷、1,2-二氯乙烷、1,1,1-三氯乙烷、1,1,2-三氯乙烷、三氯乙烯、四氯乙烯
		工业生产中作为清洗剂或萃取剂使用后废弃的有毒有机溶剂，包括苯、苯乙烯、丁醇、丙酮
		工业生产中作为清洗剂或萃取剂使用后废弃的易燃易爆有机溶剂，包括正己烷、甲苯、邻二甲苯、间二甲苯、对二甲苯、1,2,4-三甲苯、乙苯、乙醇、异丙醇、乙醚、丙醚、乙酸甲酯、乙酸乙酯、乙酸丁酯、丙酸丁酯、苯酚
		工业生产中作为清洗剂或萃取剂使用后废弃的其它列入《危险化学品目录》的有机溶剂
		900-401-06 中所列废物再生处理过程中产生的废活性炭及其它过滤吸附介质
		900-402-06 和 900-404-06 中所列废物再生处理过程中产生的废活性炭及其它过滤吸附介质
		900-401-06 中所列废物分馏再生过程中产生的高沸物和釜底残渣
		900-402-06 和 900-404-06 中所列废物分馏再生过程中产生的釜底残渣
		900-401-06 中所列废物再生处理过程中产生的废水处理浮渣和污泥（不包括废水生化处理污泥）
		900-402-06 和 900-404-06 中所列废物再生处理过程中产生的废水处理浮渣和污泥（不包括废水生化处理污泥）
HW07 热处理 含氰废物	金属表面 处理及热 处理加工	使用氰化物进行金属热处理产生的淬火池残渣
		使用氰化物进行金属热处理产生的淬火废水处理污泥
		含氰热处理炉维修过程中产生的废内衬
		热处理渗碳炉产生的热处理渗碳氰渣
		金属热处理工艺盐浴槽釜清洗产生的含氰残渣和含氰废液
		氰化物热处理和退火作业过程中产生的残渣
HW08 废矿物油与 含矿物油 废物	石油开采	石油开采和炼制产生的油泥和油脚
		以矿物油为连续相配制钻井泥浆用于石油开采所产生的废弃钻井泥浆
	天然气开采	以矿物油为连续相配制钻井泥浆用于天然气开采所产生的废弃钻井泥浆
	精炼石油 产品制造	清洗矿物油储存、输送设施过程中产生的油/水和烃/水混合物
		石油初炼过程中储存设施、油-水-固态物质分离器、积水槽、沟渠及其它输送管道、污水池、雨水收集管道产生的含油污泥

废物类别	行业来源	危险废物
HW08 废矿物油与 含矿物油 废物	精炼石油 产品制造	石油炼制过程中隔油池产生的含油污泥,以及汽油提炼工艺废水和冷却废水处理污泥(不包括废水生化处理污泥)
		石油炼制过程中溶气浮选工艺产生的浮渣
		石油炼制过程中产生的溢出废油或乳剂
		石油炼制换热器管束清洗过程中产生的含油污泥
		石油炼制过程中澄清油浆槽底沉积物
		石油炼制过程中进油管路过滤或分离装置产生的残渣
		石油炼制过程中产生的废过滤介质
	非特定行业	内燃机、汽车、轮船等集中拆解过程产生的废矿物油及油泥
		珩磨、研磨、打磨过程产生的废矿物油及油泥
		清洗金属零部件过程中产生的废弃煤油、柴油、汽油及其它由石油和煤炼制生产的溶剂油
		使用淬火油进行表面硬化处理产生的废矿物油
		使用轧制油、冷却剂及酸进行金属轧制产生的废矿物油
		镀锡及焊锡回收工艺产生的废矿物油
		金属、塑料的定型和物理机械表面处理过程中产生的废石蜡和润滑油
		油/水分离设施产生的废油、油泥及废水处理产生的浮渣和污泥(不包括废水生化处理污泥)
		橡胶生产过程中产生的废溶剂油
		锂电池隔膜生产过程中产生的废白油
		废矿物油再生净化过程中产生的沉淀残渣、过滤残渣、废过滤吸附介质
		车辆、机械维修和拆解过程中产生的废发动机油、制动器油、自动变速器油、齿轮油等废润滑油
		废矿物油裂解再生过程中产生的裂解残渣
		使用防锈油进行铸件表面防锈处理过程中产生的废防锈油
		使用工业齿轮油进行机械设备润滑过程中产生的废润滑油
		液压设备维护、更换和拆解过程中产生的废液压油
		冷冻压缩设备维护、更换和拆解过程中产生的废冷冻机油
		变压器维护、更换和拆解过程中产生的废变压器油
		废燃料油及燃料油储存过程中产生的油泥
		石油炼制废水气浮、隔油、絮凝沉淀等处理过程中产生的浮油和污泥
		其它生产、销售、使用过程中产生的废矿物油及含矿物油废物
HW09 油/水、烃/ 水混合物 或乳化液	非特定行业	水压机维护、更换和拆解过程中产生的油/水、烃/水混合物或乳化液
		使用切削油和切削液进行机械加工过程中产生的油/水、烃/水混合物或乳化液
		其它工艺过程中产生的油/水、烃/水混合物或乳化液
HW10 多氯(溴) 联苯类废物	非特定行业	含多氯联苯(PCBs)、多氯三联苯(PCTs)、多溴联苯(PBBs)的电容器、变压器
		含有 PCBs、PCTs 和 PBBs 的电力设备的清洗液
		含有 PCBs、PCTs 和 PBBs 的电力设备中废弃的介质油、绝缘油、冷却油及导热油
		含有或沾染 PCBs、PCTs 和 PBBs 的废弃包装物及容器

废物类别	行业来源	危险废物
HW11 精(蒸)馏残渣	精炼石油产品制造	石油精炼过程中产生的酸焦油和其它焦油
	炼焦	炼焦过程中蒸氨塔产生的残渣
		炼焦过程中澄清设施底部的焦油渣
		炼焦副产品回收过程中萘、粗苯精制产生的残渣
		炼焦和炼焦副产品回收过程中焦油储存设施中的焦油渣
		煤焦油精炼过程中焦油储存设施中的焦油渣
		煤焦油分馏、精制过程中产生的焦油渣
		炼焦副产品回收过程中产生的废水池残渣
		轻油回收过程中蒸馏、澄清、洗涤工序产生的残渣
		轻油精炼过程中的废水池残渣
		炼焦及煤焦油加工利用过程中产生的废水处理污泥（不包括废水生化处理污泥）
		焦炭生产过程中产生的酸焦油和其它焦油
		焦炭生产过程中粗苯精制产生的残渣
		焦炭生产过程中产生的脱硫废液
		焦炭生产过程中煤气净化产生的残渣和焦油
		焦炭生产过程中熄焦废水沉淀产生的焦粉及筛焦过程中产生的粉尘
		煤沥青改质过程中产生的闪蒸油
	燃气生产和供应业	煤气生产行业煤气净化过程中产生的煤焦油渣
		煤气生产过程中产生的废水处理污泥（不包括废水生化处理污泥）
		煤气生产过程中煤气冷凝产生的煤焦油
	基础化学原料制造	乙烯法制乙醛生产过程中产生的蒸馏残渣
		乙烯法制乙醛生产过程中产生的蒸馏次要馏分
		苄基氯生产过程中苄基氯蒸馏产生的蒸馏残渣
		四氯化碳生产过程中产生的蒸馏残渣和重馏分
		表氯醇生产过程中精制塔产生的蒸馏残渣
		异丙苯法生产苯酚和丙酮过程中产生的蒸馏残渣
		萘法生产邻苯二甲酸酐过程中产生的蒸馏残渣和轻馏分
		邻二甲苯法生产邻苯二甲酸酐过程中产生的蒸馏残渣和轻馏分
		苯硝化法生产硝基苯过程中产生的蒸馏残渣
		甲苯二异氰酸酯生产过程中产生的蒸馏残渣和离心分离残渣
		1,1,1-三氯乙烷生产过程中产生的蒸馏残渣
		三氯乙烯和四氯乙烯联合生产过程中产生的蒸馏残渣
		苯胺生产过程中产生的蒸馏残渣
		苯胺生产过程中苯胺萃取工序产生的蒸馏残渣
		二硝基甲苯加氢法生产甲苯二胺过程中干燥塔产生的反应残余物
		二硝基甲苯加氢法生产甲苯二胺过程中产品精制产生的轻馏分
		二硝基甲苯加氢法生产甲苯二胺过程中产品精制产生的废液

废物类别	行业来源	危险废物
HW11 精（蒸）馏 残渣	基础化学 原料制造	二硝基甲苯加氢法生产甲苯二胺过程中产品精制产生的重馏分
		甲苯二胺光气化法生产甲苯二异氰酸酯过程中溶剂回收塔产生的有机冷凝物
		氯苯生产过程中的蒸馏及分馏残渣
		使用羧酸肼生产 1,1-二甲基肼过程中产品分离产生的残渣
		乙烯溴化法生产二溴乙烯过程中产品精制产生的蒸馏残渣
		α-氯甲苯、苯甲酰氯和含此类官能团的化学品生产过程中产生的蒸馏残渣
		四氯化碳生产过程中的重馏分
		二氯乙烯单体生产过程中蒸馏产生的重馏分
		氯乙烯单体生产过程中蒸馏产生的重馏分
		1,1,1-三氯乙烷生产过程中蒸汽汽提塔产生的残余物
		1,1,1-三氯乙烷生产过程中蒸馏产生的重馏分
		三氯乙烯和四氯乙烯联合生产过程中产生的重馏分
		苯和丙烯生产苯酚和丙酮过程中产生的重馏分
		苯泵式消化生产硝基苯过程中产生的重馏分
		铁粉还原硝基苯生产苯胺过程中产生的重馏分
		以苯胺、乙酸酐或乙酰苯胺为原料生产对硝基苯胺过程中产生的重馏分
		对氯苯胺氨解生产对硝基苯胺过程中产生的重馏分
		氨化法、还原法生产邻苯二胺过程中产生的重馏分
		苯和乙烯直接催化、乙苯和丙烯共氧化、乙苯催化脱氢生产苯乙烯过程中产生的重馏分
		二硝基甲苯还原催化生产甲苯二胺过程中产生的重馏分
		对苯二酚氧化生产二甲氧基苯胺过程中产生的重馏分
		萘磺化生产萘酚过程中产生的重馏分
		苯酚、三甲苯水解生产 4,4′-二羟基二苯砜过程中产生的重馏分
		甲苯硝基化合物羰基化法、甲苯碳酸二甲酯法生产甲苯二异氰酸酯过程中产生的重馏分
		苯直接氯化生产氯苯过程中产生的重馏分
		乙烯直接氯化生产二氯乙烷过程中产生的重馏分
		甲烷氯化生产甲烷氯化物过程中产生的重馏分
		甲醇氯化生产甲烷氯化物过程中产生的釜底残液
		乙烯氯醇法、氧化法生产环氧乙烷过程中产生的重馏分
		乙炔气相合成、氧氯化生产氯乙烯过程中产生的重馏分
		乙烯直接氯化生产三氯乙烯、四氯乙烯过程中产生的重馏分
		乙烯氧氯化法生产三氯乙烯、四氯乙烯过程中产生的重馏分
		甲苯光气法生产苯甲酰氯产品精制过程中产生的重馏分
		甲苯苯甲酸法生产苯甲酰氯产品精制过程中产生的重馏分
		甲苯连续光氯化法、无光热氯化法生产氯化苄过程中产生的重馏分
		偏二氯乙烯氢氯化法生产 1,1,1-三氯乙烷过程中产生的重馏分
		醋酸丙烯酯法生产环氧氯丙烷过程中产生的重馏分
		异戊烷（异戊烯）脱氢法生产异戊二烯过程中产生的重馏分

续表

废物类别	行业来源	危险废物
HW11 精（蒸）馏 残渣	基础化学 原料制造	化学合成法生产异戊二烯过程中产生的重馏分
		碳五馏分分离生产异戊二烯过程中产生的重馏分
		合成气加压催化生产甲醇过程中产生的重馏分
		水合法、发酵法生产乙醇过程中产生的重馏分
		环氧乙烷直接水合生产乙二醇过程中产生的重馏分
		乙醛缩合加氢生产丁二醇过程中产生的重馏分
		乙醛氧化生产醋酸蒸馏过程中产生的重馏分
		丁烷液相氧化生产醋酸过程中产生的重馏分
		电石乙炔法生产醋酸乙烯酯过程中产生的重馏分
		氢氰酸法生产原甲酸三甲酯过程中产生的重馏分
		β-苯胺乙醇法生产靛蓝过程中产生的重馏分
	常用有色 金属冶炼	有色金属火法冶炼过程中产生的焦油状残余物
	环境治理	废矿物油再生过程中产生的酸焦油
	非特定行业	其它精炼、蒸馏和热解处理过程中产生的焦油状残余物
HW12 染料、涂料 废物	涂料、油墨、 颜料及类似 产品制造	铬黄和铬橙颜料生产过程中产生的废水处理污泥
		钼酸橙颜料生产过程中产生的废水处理污泥
		锌黄颜料生产过程中产生的废水处理污泥
		铬绿颜料生产过程中产生的废水处理污泥
		氧化铬绿颜料生产过程中产生的废水处理污泥
		氧化铬绿颜料生产过程中烘干产生的残渣
		铁蓝颜料生产过程中产生的废水处理污泥
		使用含铬、铅的稳定剂配制油墨过程中，设备清洗产生的洗涤废液和废水处理污泥
		油墨的生产、配制过程中产生的废蚀刻液
		其它油墨、染料、颜料、油漆（不包括水性漆）生产过程中产生的废母液、残渣、中间体废物
		其它油墨、染料、颜料、油漆（不包括水性漆）生产过程中产生的废水处理污泥、废吸附剂
		油漆、油墨生产、配制和使用过程中产生的含颜料、油墨的有机溶剂废物
	纸浆制造	废纸回收利用处理过程中产生的脱墨渣
	非特定行业	使用有机溶剂、光漆进行光漆涂布、喷漆工艺过程中产生的废物
		使用油漆（不包括水性漆）、有机溶剂进行阻挡层涂敷过程中产生的废物
		使用油漆（不包括水性漆）、有机溶剂进行喷漆、上漆过程中产生的废物
		使用油墨和有机溶剂进行丝网印刷过程中产生的废物
		使用遮盖油、有机溶剂进行遮盖油的涂敷过程中产生的废物
		使用各种颜料进行着色过程中产生的废颜料
		使用酸、碱或有机溶剂清洗容器设备过程中剥离下的废油漆、染料、涂料
		生产、销售及使用过程中产生的失效、变质、不合格、淘汰、伪劣的油墨、染料、颜料、油漆
HW13 有机 树脂类废物	合成材料 制造	树脂、乳胶、增塑剂、胶水/胶合剂生产过程中产生的不合格产品
		树脂、乳胶、增塑剂、胶水/胶合剂生产过程中合成、酯化、缩合等工序产生的废母液

废物类别	行业来源	危险废物
HW13 有机树脂类废物	合成材料制造	树脂、乳胶、增塑剂、胶水/胶合剂生产过程中精馏、分离、精制等工序产生的釜底残液、废过滤介质和残渣
		树脂、乳胶、增塑剂、胶水/胶合剂生产过程中产生的废水处理污泥(不包括废水生化处理污泥)
	非特定行业	废弃的黏合剂和密封剂
		废弃的离子交换树脂
		使用酸、碱或有机溶剂清洗容器设备剥离下的树脂状、黏稠杂物
		废覆铜板、印制电路板、电路板破碎分选回收金属后产生的废树脂粉
HW14 新化学物质废物	非特定行业	研究、开发和教学活动中产生的对人类或环境影响不明的化学物质废物
HW15 爆炸性废物	炸药、火工及焰火产品制造	炸药生产和加工过程中产生的废水处理污泥
		含爆炸品废水处理过程中产生的废活性炭
		生产、配制和装填铅基起爆药剂过程中产生的废水处理污泥
		三硝基甲苯生产过程中产生的粉红水、红水,以及废水处理污泥
	非特定行业	报废机动车拆解后收集的未引爆的安全气囊
HW16 感光材料废物	专用化学产品制造	显(定)影剂、正负胶片、像纸、感光材料生产过程中产生的不合格产品和过期产品
		显(定)影剂、正负胶片、像纸、感光材料生产过程中产生的残渣及废水处理污泥
	印刷	使用显影剂进行胶卷显影,定影剂进行胶卷定影,以及使用铁氰化钾、硫代硫酸盐进行影像减薄(漂白)产生的废显(定)影剂、胶片及废相纸
		使用显影剂进行印刷显影、抗蚀图形显影,以及凸版印刷产生的废显(定)影剂、胶片及废相纸
	电子元件制造	使用显影剂、氢氧化物、偏亚硫酸氢盐、醋酸进行胶卷显影产生的废显(定)影剂、胶片及废相纸
	电影	电影厂产生的废显(定)影剂、胶片及废相纸
	其它专业技术服务业	摄影扩印服务行业产生的废显(定)影剂、胶片及废相纸
	非特定行业	其它行业产生的废显(定)影剂、胶片及废相纸
HW17 表面处理废物	金属表面处理及热处理加工	使用氯化亚锡进行敏化处理产生的废渣和废水处理污泥
		使用氯化锌、氯化铵进行敏化处理产生的废渣和废水处理污泥
		使用锌和电镀化学品进行镀锌产生的废槽液、槽渣和废水处理污泥
		使用镉和电镀化学品进行镀镉产生的废槽液、槽渣和废水处理污泥
		使用镍和电镀化学品进行镀镍产生的废槽液、槽渣和废水处理污泥
		使用镀镍液进行镀镍产生的废槽液、槽渣和废水处理污泥
		使用硝酸银、碱、甲醛进行敷金属法镀银产生的废槽液、槽渣和废水处理污泥
		使用金和电镀化学品进行镀金产生的废槽液、槽渣和废水处理污泥
		使用镀铜液进行化学镀铜产生的废槽液、槽渣和废水处理污泥
		使用钯和锡盐进行活化处理产生的废渣和废水处理污泥
		使用铬和电镀化学品进行镀黑铬产生的废槽液、槽渣和废水处理污泥
		使用高锰酸钾进行钻孔除胶处理产生的废渣和废水处理污泥
		使用铜和电镀化学品进行镀铜产生的废槽液、槽渣和废水处理污泥

续表

废物类别	行业来源	危险废物
HW17 表面处理 废物	金属表面 处理及热 处理加工	其它电镀工艺产生的废槽液、槽渣和废水处理污泥
		金属和塑料表面酸(碱)洗、除油、除锈、洗涤、磷化、出光、化抛工艺产生的废腐蚀液、废洗涤液、废槽液、槽渣和废水处理污泥
		镀层剥除过程中产生的废液、槽渣及废水处理污泥
		使用含重铬酸盐的胶体、有机溶剂、黏合剂进行漩流式抗蚀涂布产生的废渣及废水处理污泥
		使用铬化合物进行抗蚀层化学硬化产生的废渣及废水处理污泥
		使用铬酸镀铬产生的废槽液、槽渣和废水处理污泥
		使用铬酸进行塑料表面粗化产生的废槽液、槽渣和废水处理污泥
HW18 焚烧处置 残渣	环境治理业	生活垃圾焚烧飞灰
		危险废物焚烧、热解等处置过程产生的底渣、飞灰和废水处理污泥(医疗废物焚烧处置产生的底渣除外)
		危险废物等离子体、高温熔融等处置过程产生的非玻璃态物质和飞灰
		固体废物焚烧过程中废气处理产生的废活性炭
HW19 含金属羰基 化合物废物	非特定行业	金属羰基化合物生产、使用过程中产生的含有羰基化合物成分的废物
HW20 含铍废物	基础化学 原料制造	铍及其化合物生产过程中产生的熔渣、集(除)尘装置收集的粉尘和废水处理污泥
HW21 含铬废物	毛皮鞣制及 制品加工	使用铬鞣剂进行铬鞣、复鞣工艺产生的废水处理污泥
		皮革切削工艺产生的含铬皮革废碎料
	基础化学 原料制造	铬铁矿生产铬盐过程中产生的铬渣
		铬铁矿生产铬盐过程中产生的铝泥
		铬铁矿生产铬盐过程中产生的芒硝
		铬铁矿生产铬盐过程中产生的废水处理污泥
		铬铁矿生产铬盐过程中产生的其它废物
		以重铬酸钠和浓硫酸为原料生产铬酸酐过程中产生的含铬废液
	铁合金冶炼	铬铁硅合金生产过程中集(除)尘装置收集的粉尘
		铁铬合金生产过程中集(除)尘装置收集的粉尘
		铁铬合金生产过程中金属铬冶炼产生的铬浸出渣
	金属表面处 理及热处理 加工	使用铬酸进行阳极氧化产生的废槽液、槽渣及废水处理污泥
	电子元件 制造	使用铬酸进行钻孔除胶处理产生的废渣和废水处理污泥
HW22 含铜废物	玻璃制造	使用硫酸铜进行敷金属法镀铜产生的废槽液、槽渣及废水处理污泥
	常用有色 金属冶炼	铜火法冶炼烟气净化产生的收尘渣、压滤渣
		铜火法冶炼电除雾除尘产生的废水处理污泥
	电子元件 制造	线路板生产过程中产生的废蚀铜液
		使用酸进行铜氧化处理产生的废液及废水处理污泥
		铜板蚀刻过程中产生的废蚀刻液及废水处理污泥

废物类别	行业来源	危险废物
HW23 含锌废物	金属表面处理及热处理加工	热镀锌过程中产生的废熔剂、助熔剂和集(除)尘装置收集的粉尘
	电池制造	碱性锌锰电池、锌氧化银电池、锌空气电池生产过程中产生的废锌浆
	非特定行业	使用氢氧化钠、锌粉进行贵金属沉淀过程中产生的废液及废水处理污泥
HW24 含砷废物	基础化学原料制造	硫铁矿制酸过程中烟气净化产生的酸泥
HW25 含硒废物	基础化学原料制造	硒及其化合物生产过程中产生的熔渣、集(除)尘装置收集的粉尘和废水处理污泥
HW26 含镉废物	电池制造	镍镉电池生产过程中产生的废渣和废水处理污泥
HW27 含锑废物	基础化学原料制造	锑金属及粗氧化锑生产过程中产生的熔渣和集(除)尘装置收集的粉尘
		氧化锑生产过程中产生的熔渣
HW28 含碲废物	基础化学原料制造	碲及其化合物生产过程中产生的熔渣、集(除)尘装置收集的粉尘和废水处理污泥
HW29 含汞废物	天然气开采	天然气除汞净化过程中产生的含汞废物
	常用有色金属矿采选	汞矿采选过程中产生的尾砂和集(除)尘装置收集的粉尘
	贵金属矿采选	混汞法提金工艺产生的含汞粉尘、残渣
	印刷	使用显影剂、汞化合物进行影像加厚(物理沉淀)以及使用显影剂、氨氯化汞进行影像加厚(氧化)产生的废液及残渣
	基础化学原料制造	水银电解槽法生产氯气过程中盐水精制产生的盐水提纯污泥
		水银电解槽法生产氯气过程中产生的废水处理污泥
		水银电解槽法生产氯气过程中产生的废活性炭
		卤素和卤素化学品生产过程中产生的含汞硫酸钡污泥
	合成材料制造	氯乙烯生产过程中含汞废水处理产生的废活性炭
		氯乙烯生产过程中吸附汞产生的废活性炭
		电石乙炔法聚氯乙烯生产过程中产生的废酸
		电石乙炔法生产氯乙烯单体过程中产生的废水处理污泥
	常用有色金属冶炼	铜、锌、铅冶炼过程中烟气制酸产生的废甘汞,烟气净化产生的废酸及废酸处理污泥
	电池制造	含汞电池生产过程中产生的含汞废浆层纸、含汞废锌膏、含汞废活性炭和废水处理污泥
	照明器具制造	含汞电光源生产过程中产生的废荧光粉和废活性炭
	通用仪器仪表制造	含汞温度计生产过程中产生的废渣
	非特定行业	废弃的含汞催化剂
		生产、销售及使用过程中产生的废含汞荧光灯管及其它废含汞电光源
		生产、销售及使用过程中产生的废含汞温度计、废含汞血压计、废含汞真空表和废含汞压力计
		含汞废水处理过程中产生的废树脂、废活性炭和污泥

续表

废物类别	行业来源	危险废物
HW30 含铊废物	基础化学 原料制造	铊及其化合物生产过程中产生的熔渣、集(除)尘装置收集的粉尘和废水处理污泥
HW31 含铅废物	玻璃制造	使用铅盐和铅氧化物进行显像管玻璃熔炼过程中产生的废渣
	电子元件 制造	电路板制造过程中电镀铅锡合金产生的废液
	炼钢	电炉炼钢过程中集(除)尘装置收集的粉尘和废水处理污泥
	电池制造	铅蓄电池生产过程中产生的废渣、集(除)尘装置收集的粉尘和废水处理污泥
	工艺美术品 制造	使用铅箔进行烤钵试金法工艺产生的废烤钵
	废弃资源 综合利用	废铅蓄电池拆解过程中产生的废铅板、废铅膏和酸液
	非特定行业	使用硬脂酸铅进行抗黏涂层过程中产生的废物
HW32 无机氟 化物废物	非特定行业	使用氢氟酸进行蚀刻产生的废蚀刻液
HW33 无机氰化物 废物	贵金属矿 采选	采用氰化物进行黄金选矿过程中产生的氰化尾渣和含氰废水处理污泥
	金属表面 处理及热 处理加工	使用氰化物进行浸洗过程中产生的废液
	非特定行业	使用氰化物进行表面硬化、碱性除油、电解除油产生的废物
		使用氰化物剥落金属镀层产生的废物
		使用氰化物和双氧水进行化学抛光产生的废物
HW34 废酸	精炼石油 产品制造	石油炼制过程产生的废酸及酸泥
	涂料、油墨、 颜料及类似 产品制造	硫酸法生产钛白粉(二氧化钛)过程中产生的废酸
	基础化学 原料制造	硫酸和亚硫酸、盐酸、氢氟酸、磷酸和亚磷酸、硝酸和亚硝酸等的生产、配制过程中产生的废酸及酸渣
		卤素和卤素化学品生产过程中产生的废酸
	钢压延加工	钢的精加工过程中产生的废酸性洗液
	金属表面 处理及热 处理加工	青铜生产过程中浸酸工序产生的废酸液
	电子元件 制造	使用酸进行电解除油、酸蚀、活化前表面敏化、催化、浸亮产生的废酸液
		使用硝酸进行钻孔蚀胶处理产生的废酸液
		液晶显示板或集成电路板的生产过程中使用酸浸蚀剂进行氧化物浸蚀产生的废酸液
	非特定行业	使用酸进行清洗产生的废酸液
		使用硫酸进行酸性碳化产生的废酸液
		使用硫酸进行酸蚀产生的废酸液
		使用磷酸进行磷化产生的废酸液
		使用酸进行电解除油、金属表面敏化产生的废酸液

废物类别	行业来源	危险废物
HW34 废酸	非特定行业	使用硝酸剥落不合格镀层及挂架金属镀层产生的废酸液
		使用硝酸进行钝化产生的废酸液
		使用酸进行电解抛光处理产生的废酸液
		使用酸进行催化（化学镀）产生的废酸液
		生产、销售及使用过程中产生的失效、变质、不合格、淘汰、伪劣的强酸性擦洗粉、清洁剂、污迹去除剂以及其它废酸液及酸渣
HW35 废碱	精炼石油 产品制造	石油炼制过程产生的废碱液及碱渣
	基础化学 原料制造	氢氧化钙、氨水、氢氧化钠、氢氧化钾等的生产、配制中产生的废碱液、固态碱及碱渣
	毛皮鞣制及 制品加工	使用氢氧化钙、硫化钠进行浸灰产生的废碱液
	纸浆制造	碱法制浆过程中蒸煮制浆产生的废碱液
	非特定行业	使用氢氧化钠进行煮炼过程中产生的废碱液
		使用氢氧化钠进行丝光处理过程中产生的废碱液
		使用碱进行清洗产生的废碱液
		使用碱进行清洗除蜡、碱性除油、电解除油产生的废碱液
		使用碱进行电镀阻挡层或抗蚀层的脱除产生的废碱液
		使用碱进行氧化膜浸蚀产生的废碱液
		使用碱溶液进行碱性清洗、图形显影产生的废碱液
		生产、销售及使用过程中产生的失效、变质、不合格、淘汰、伪劣的强碱性擦洗粉、清洁剂、污迹去除剂以及其它废碱液、固态碱及碱渣
HW36 石棉废物	石棉及其它 非金属矿 采选	石棉矿选矿过程中产生的废渣
	基础化学 原料制造	卤素和卤素化学品生产过程中电解装置拆换产生的含石棉废物
	石膏、水泥 制品及类似 制品制造	石棉建材生产过程中产生的石棉尘、废石棉
	耐火材料 制品制造	石棉制品生产过程中产生的石棉尘、废石棉
	汽车零部件 及配件制造	车辆制动器衬片生产过程中产生的石棉废物
	船舶及相关 装置制造	拆船过程中产生的石棉废物
	非特定行业	其它生产过程中产生的石棉废物
		含有石棉的废绝缘材料、建筑废物
		含有隔膜、热绝缘体等石棉材料的设施保养拆换及车辆制动器衬片的更换产生的石棉废物
HW37 有机磷 化合物废物	基础化学 原料制造	除农药以外其它有机磷化合物生产、配制过程中产生的反应残余物
		除农药以外其它有机磷化合物生产、配制过程中产生的废过滤吸附介质
		除农药以外其它有机磷化合物生产过程中产生的废水处理污泥
	非特定行业	生产、销售及使用过程中产生的废弃磷酸酯抗燃油

废物类别	行业来源	危险废物
HW38 有机氰化物 废物	基础化学 原料制造	丙烯腈生产过程中废水汽提器塔底的残余物
		丙烯腈生产过程中乙腈蒸馏塔底的残余物
		丙烯腈生产过程中乙腈精制塔底的残余物
		有机氰化物生产过程中产生的废母液及反应残余物
		有机氰化物生产过程中催化、精馏和过滤工序产生的废催化剂、釜底残余物和过滤介质
		有机氰化物生产过程中产生的废水处理污泥
		废腈纶高温高压水解生产聚丙烯腈-铵盐过程中产生的过滤残渣
HW39 含酚废物	基础化学 原料制造	酚及酚类化合物生产过程中产生的废母液和反应残余物
		酚及酚类化合物生产过程中产生的废过滤吸附介质、废催化剂、精馏残余物
HW40 含醚废物	基础化学 原料制造	醚及醚类化合物生产过程中产生的醚类残液、反应残余物、废水处理污泥(不包括废水生化处理污泥)
HW45 含有机 卤化物废物	基础化学 原料制造	乙烯溴化法生产二溴乙烯过程中废气净化产生的废液
		乙烯溴化法生产二溴乙烯过程中产品精制产生的废吸附剂
		芳烃及其衍生物氯代反应过程中氯气和盐酸回收工艺产生的废液和废吸附剂
		芳烃及其衍生物氯代反应过程中产生的废水处理污泥
		氯乙烷生产过程中的塔底残余物
		其它有机卤化物的生产过程中产生的残液、废过滤吸附介质、反应残余物、废水处理污泥、废催化剂(不包括上述 HW06、HW39 类别的废物)
		其它有机卤化物的生产过程中产生的不合格、淘汰、废弃的产品(不包括上述 HW06、HW39 类别的废物)
		石墨作阳极隔膜法生产氯气和烧碱过程中产生的废水处理污泥
	非特定行业	其它生产、销售及使用过程中产生的含有机卤化物废物(不包括 HW06 类)
HW46 含镍废物	基础化学 原料制造	镍化合物生产过程中产生的反应残余物及不合格、淘汰、废弃的产品
	电池制造	镍氢电池生产过程中产生的废渣和废水处理污泥
	非特定行业	废弃的镍催化剂
HW47 含钡废物	基础化学 原料制造	钡化合物(不包括硫酸钡)生产过程中产生的熔渣、集(除)尘装置收集的粉尘、反应残余物、废水处理污泥
	金属表面 处理及热 处理加工	热处理工艺中产生的含钡盐浴渣
HW48 有色金属 冶炼废物	常用有色 金属矿采选	硫化铜矿、氧化铜矿等铜矿物采选过程中集(除)尘装置收集的粉尘
		硫砷化合物(雌黄、雄黄及硫砷铁矿)或其它含砷化合物的金属矿石采选过程中集(除)尘装置收集的粉尘
	常用有色 金属冶炼	铜火法冶炼过程中集(除)尘装置收集的粉尘和废水处理污泥
		粗锌精炼加工过程中产生的废水处理污泥
		铅锌冶炼过程中,锌焙烧矿常规浸出法产生的浸出渣
		铅锌冶炼过程中,锌焙烧矿热酸浸出黄钾铁矾法产生的铁矾渣
		硫化锌矿常压氧浸或加压氧浸产生的硫渣(浸出渣)
		铅锌冶炼过程中,锌焙烧矿热酸浸出针铁矿法产生的针铁矿渣

废物类别	行业来源	危险废物
HW48 有色金属 冶炼废物	常用有色 金属冶炼	铅锌冶炼过程中,锌浸出液净化产生的净化渣,包括锌粉-黄药法、砷盐法、反向锑盐法、铅锑合金锌粉法等工艺除铜、锑、镉、钴、镍等杂质过程中产生的废渣
		铅锌冶炼过程中,阴极锌熔铸产生的熔铸浮渣
		铅锌冶炼过程中,氧化锌浸出处理产生的氧化锌浸出渣
		铅锌冶炼过程中,鼓风炉炼锌锌蒸气冷凝分离系统产生的鼓风炉浮渣
		铅锌冶炼过程中,锌精馏炉产生的锌渣
		铅锌冶炼过程中,提取金、银、铋、镉、钴、铟、锗、铊、碲等金属过程中产生的废渣
		铅锌冶炼过程中,集(除)尘装置收集的粉尘
		粗铅精炼过程中产生的浮渣和底渣
		铅锌冶炼过程中,炼铅鼓风炉产生的黄渣
		铅锌冶炼过程中,粗铅火法精炼产生的精炼渣
		铅锌冶炼过程中,铅电解产生的阳极泥及阳极泥处理后产生的含铅废渣和废水处理污泥
		铅锌冶炼过程中,阴极铅精炼产生的氧化铅渣及碱渣
		铅锌冶炼过程中,锌焙烧矿热酸浸出黄钾铁矾法、热酸浸出针铁矿法产生的铅银渣
		铅锌冶炼过程中产生的废水处理污泥
		电解铝过程中电解槽维修及废弃产生的废渣
		铝火法冶炼过程中产生的初炼炉渣
		电解铝过程中产生的盐渣、浮渣
		铝火法冶炼过程中产生的易燃性撇渣
		铜再生过程中集(除)尘装置收集的粉尘和废水处理污泥
		锌再生过程中集(除)尘装置收集的粉尘和废水处理污泥
		铅再生过程中集(除)尘装置收集的粉尘和废水处理污泥
		汞再生过程中集(除)尘装置收集的粉尘和废水处理污泥
	稀有稀土 金属冶炼	仲钨酸铵生产过程中碱分解产生的碱煮渣(钨渣)、除钼过程中产生的除钼渣和废水处理污泥
HW49 其他废物	石墨及其它 非金属矿物 制品制造	多晶硅生产过程中废弃的三氯化硅和四氯化硅
	非特定行业	化工行业生产过程中产生的废活性炭
		无机化工行业生产过程中集(除)尘装置收集的粉尘
		含有或沾染毒性、感染性危险废物的废弃包装物、容器、过滤吸附介质
		由危险化学品、危险废物造成的突发环境事件及其处理过程中产生的废物
		废弃的铅蓄电池、镉镍电池、氧化汞电池、汞开关、荧光粉和阴极射线管
		废电路板(包括废电路板上附带的元器件、芯片、插件、贴脚等)
		离子交换装置再生过程中产生的废水处理污泥
		研究、开发和教学活动中,化学和生物实验室产生的废物(不包括HW03,900-999-49)
		未经使用而被所有人抛弃或者放弃的;淘汰、伪劣、过期、失效的;有关部门依法收缴以及接收的公众上交的危险化学品

废物类别	行业来源	危险废物
HW50 废催化剂	精炼石油产品制造	石油产品加氢精制过程中产生的废催化剂
		石油产品催化裂化过程中产生的废催化剂
		石油产品加氢裂化过程中产生的废催化剂
		石油产品催化重整过程中产生的废催化剂
	基础化学原料制造	树脂、乳胶、增塑剂、胶水/胶合剂生产过程中合成、酯化、缩合等工序产生的废催化剂
		有机溶剂生产过程中产生的废催化剂
		丙烯腈合成过程中产生的废催化剂
		聚乙烯合成过程中产生的废催化剂
		聚丙烯合成过程中产生的废催化剂
		烷烃脱氢过程中产生的废催化剂
		乙苯脱氢生产苯乙烯过程中产生的废催化剂
		采用烷基化反应(歧化)生产苯、二甲苯过程中产生的废催化剂
		二甲苯临氢异构化反应过程中产生的废催化剂
		乙烯氧化生产环氧乙烷过程中产生的废催化剂
		硝基苯催化加氢法制备苯胺过程中产生的废催化剂
		以乙烯和丙烯为原料,采用茂金属催化体系生产乙丙橡胶过程中产生的废催化剂
		乙炔法生产醋酸乙烯酯过程中产生的废催化剂
		甲醇和氨气催化合成、蒸馏制备甲胺过程中产生的废催化剂
		催化重整生产高辛烷值汽油和轻芳烃过程中产生的废催化剂
		采用碳酸二甲酯法生产甲苯二异氰酸酯过程中产生的废催化剂
		合成气合成、甲烷氧化和液化石油气氧化生产甲醇过程中产生的废催化剂
		甲苯氯化水解生产邻甲酚过程中产生的废催化剂
		异丙苯催化脱氢生产 α-甲基苯乙烯过程中产生的废催化剂
		异丁烯和甲醇催化生产甲基叔丁基醚过程中产生的废催化剂
		甲醇空气氧化法生产甲醛过程中产生的废催化剂
		邻二甲苯氧化法生产邻苯二甲酸酐过程中产生的废催化剂
		二氧化硫氧化生产硫酸过程中产生的废催化剂
		四氯乙烷催化脱氯化氢生产三氯乙烯过程中产生的废催化剂
		苯氧化法生产顺丁烯二酸酐过程中产生的废催化剂
		甲苯空气氧化生产苯甲酸过程中产生的废催化剂
		羟丙腈氨化、加氢生产 3-氨基-1-丙醇过程中产生的废催化剂
		β-羟基丙腈催化加氢生产 3-氨基-1-丙醇过程中产生的废催化剂
		甲乙酮与氨催化加氢生产 2-氨基丁烷过程中产生的废催化剂
		苯酚和甲醇合成 2,6-二甲基苯酚过程中产生的废催化剂
		糠醛脱羰制备呋喃过程中产生的废催化剂
		过氧化法生产环氧丙烷过程中产生的废催化剂
		除农药以外其它有机磷化合物生产过程中产生的废催化剂

续表

废物类别	行业来源	危险废物
HW50 废催化剂	农药制造	农药生产过程中产生的废催化剂
	化学药品 原料药制造	化学合成原料药生产过程中产生的废催化剂
	兽用药品 制造	兽药生产过程中产生的废催化剂
	生物药品 制造	生物药品生产过程中产生的废催化剂
	环境治理	烟气脱硝过程中产生的废钒钛系催化剂
	非特定行业	废液体催化剂
		废汽车尾气净化催化剂

（2）危险特性鉴别法

对不明确是否具有危险特性的固体废物，应当按照国家规定的危险废物鉴别标准和鉴别方法予以认定。经鉴别，只要具有一种或一种以上的危险特性的废物均属于危险废物。经鉴别具有危险特性的属于危险废物，并根据其主要有害成分和危险特性确定所属废物类别；经鉴别不具有危险特性的不属于危险废物。

危险废物鉴别方法标准主要包括：《固体废物鉴别标准　通则》（GB 34330—2017）、《危险废物鉴别技术规范》（HJ 298—2019）、《危险废物鉴别标准　腐蚀性鉴别》（GB 5085.1—2007）、《危险废物鉴别标准　急性毒性初筛》（GB 5085.2—2007）、《危险废物鉴别标准　浸出毒性鉴别》（GB 5085.3—2007）、《危险废物鉴别标准　易燃性鉴别》（GB 5085.4—2007）、《危险废物鉴别标准　反应性鉴别》（GB 5085.5—2007）、《危险废物鉴别标准　毒性物质含量鉴别》（GB 5085.6—2007）、《危险废物鉴别标准　通则》（GB 5085.7—2019）等。

危险废物鉴别首先要判断物质是否属于固体废物，按照《固体废物鉴别标准　通则》，可以依据产生来源的固体废物鉴别、利用和处置过程中的固体废物鉴别、不作为固体废物管理的物质、不作为液态废物管理的物质等准则进行判断。

不作为固体废物管理的物质：

任何不需要修复和加工即可用于其原始用途的物质；不经贮存或堆积，现场直接返回原生产过程的物质；修复后作为土壤用途使用的污染土壤；供实验分析、科研用的固废样品；采矿过程直接留在/返回采空区的符合 GB 18599 要求的废石、尾矿和煤矸石；工程施工过程按要求就地处置的物质。

（3）危险废物鉴别程序

鉴别危险废物，首先通过《固体废物鉴别标准　通则》鉴别是否属于固体废物，如是固体废物，看是否是列入《国家危险废物名录》中的危险废物，如是则可确定为危险废物，如未列入《国家危险废物名录》，但不排除具有腐蚀性、毒性、易燃性、反应性的固体废物，则根据危险废物危险特性鉴别方法标准进行鉴别，凡具有腐蚀性、毒性、易燃性、反应性中一种或一种以上危险特性的固体废物，属于危险废物。对未列入《国家危险废物名录》且根据危险废物鉴别标准无法鉴别，但可能对人体健康或生态环境造成有害影响的固体废物，

4-2　《危险废物鉴别标准通则》

由国务院生态环境主管部门组织专家认定（图 4-1）。

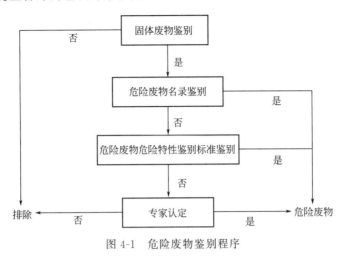

图 4-1　危险废物鉴别程序

4.1.2　危险废物的收集、运输与贮存

4.1.2.1　危险废物的收集

（1）收集方式

危险废物收集，是指将分散的危险废物进行集中的活动。危险废物的收集应根据危险废物产生的工艺特征、排放周期、危险废物特性、废物管理计划等因素制订收集计划。收集计划应包括收集任务概述、收集目标及原则、危险废物特性评估、危险废物收集量估算、收集作业范围和方法、收集设备与包装容器、安全生产与个人防护、工程防护与事故应急、进度安排与组织管理等。

危险废物产生单位进行的危险废物收集包括两个方面：一是在危险废物产生节点将危险废物集中到适当的包装容器中或运输车辆上的活动；二是将已包装或装到运输车辆上的危险废物集中到危险废物产生单位内部临时贮存设施的内部转运。

（2）危险废物的包装

危险废物收集时应根据危险废物的种类、数量、危险特性、物理形态、运输要求等因素确定包装形式，并要进行以下检查：材质与废物相容性检查、废物间相容性检查、包装材料安全性检查、标签信息完整性和规范性检查、防渗和防漏检查、运输条件符合性检查等。

包装材质要与危险废物相容，可根据废物特性选择钢、铝、塑料等材质。对于腐蚀性废物，为防止容器腐蚀泄漏，必须装在衬胶、衬玻璃或衬塑料的容器中，甚至用不锈钢容器；塑料容器不应用于贮存废溶剂；对于反应性废物，必须装在防湿防潮的密闭容器中；对于含氰化物废物，如装在不密封的容器中，一旦通水或酸就会产生氰化氢剧毒气体；对于欲进行焚烧的有机废物，如滤饼、泥渣等，宜采用纤维板等。

危险废弃物的包装应足够安全，危险废物包装应能有效隔断危险废物迁移扩散途径，并达到防渗、防漏要求。包装好的危险废物应设置相应的标签，标签信息应填写完整翔实。盛装过危险废物的包装袋或包装容器破损后应按危险废物进行管理和处置。

根据危险废弃物的性质和形态，采用不同大小和不同材质的容器进行包装。以下是可供选择的包装装置和相应适宜于盛装的废弃物种类：

① $V=200L$ 带塞钢圆桶或钢圆罐，可供盛装废油和废溶剂。

② $V=200L$ 带卡箍盖钢圆桶，可供盛装固态或半固态有机物。

③ $V=30L$、$45L$ 或 $200L$ 塑料桶或聚乙烯箱，可供盛装无机盐液。

④ $V=200L$ 带卡箍盖钢圆桶或塑料桶，可供散装的固态或半固态危险废弃物装入。

⑤ 贮罐，其外形与大小尺寸可根据需要设计加工，要求坚固结实，并应便于检查渗漏或溢出等事故的发生。该装置适宜于贮存可通过管线、皮带等输送方式送进或输出的散装、液态危险废弃物。

（3）危险废物的收集包装要求

① 有符合要求的包装容器、运输工具、收集人员的个人防护设备。容器内切勿混合互不相容（相互反应）的危险废物，体积特大的危险废物（或被危险废物污染的物体）可以用防漏胶袋等盛装。盛装液态或半固态危险废物的容器，须留足够空间，至少容器顶部与液体表面之间保留 100mm 的空位。

② 危险废物收集容器应在醒目位置贴有危险废物标签，在收集场所醒目的地方设置危险废物警告标志。

③ 危险废物标签应标明下述信息：主要化学成分或商品名称、数量、物理状态、危险类别、安全措施以及危险废物产生单位名称、地址、联系人及联系电话，以及发生泄漏、扩散、污染事故的应急措施。

④ 液态、半固态的危险废物应使用密闭防渗漏的容器盛装，固态危险废物应采用防扬散的包装物或容器盛装。

⑤ 危险废物按规定或下列方式分类分别包装：易燃性液体、易燃性固体、可燃性液体、腐蚀性物质（酸、碱）、特殊毒性物质、氧化物、有机过氧化物。

（4）危险废物收集作业要求

应根据收集设备、转运车辆以及现场人员等实际情况确定相应作业区域，同时要设置作业界限标志和警示牌。作业区域内应设置危险废物收集专用通道和人员避险通道；收集时应配备必要的收集工具和包装物，以及必要的应急监测设备及应急装备。危险废物收集应填写《危险废物收集记录表》，并将记录表作为危险废物管理的重要档案妥善保存。收集结束后应清理和恢复收集作业区域，确保作业区域环境整洁安全。收集过危险废物的容器、设备、设施、场所及其它物品转作他用时，应消除污染，确保其使用安全。

常见不相容的废物见表 4-2。

表 4-2 常见不相容的废物

常见不相容废物		混合时产生的危险
氧化物	酸类	产生氰化氢,吸入少量可能会致命
次氯酸盐	非氧化性酸类	产生氯气,吸入可能会致命
铜、铬等多种重金属	氧化性酸类,如硝酸	产生二氧化氮、亚硝酸烟,会刺激眼睛及烧伤皮肤
强酸	强碱	可能引起爆炸性的反应及产生热能
氨盐	强碱	产生氨气,吸入会刺激眼睛及呼吸道
氧化剂	氧化剂	可能引起强烈及爆炸性的反应并产生热能

4.1.2.2 危险废物的运输

危险废物的运输应由持有危险废物经营许可证的单位按照其许可证的经营范围组织实

施，承担危险废物运输的单位应获得交通运输部门颁发的危险货物运输资质，按照交通运输主管部门的有关规定运输危险货物，防止危险废物丢失、包装破损、泄漏等造成突发环境事件。

危险废物运输时的中转、装卸过程应遵守如下技术要求：卸载区的工作人员应熟悉废物的危险特性，并配备适当的个人防护装备，装卸剧毒废物应配备特殊的防护装备；卸载区应配备必要的消防设备和设施，并设置明显的指示标志；危险废物装卸区应设置隔离设施，液态废物卸载区应设置收集槽和缓冲罐。

公路运输为危险废物的主要运输方式，运输工具为专用公路槽车或铁路槽车。

4.1.2.3　危险废物的贮存

危险废物贮存，是指将危险废物放置在符合环境保护标准的场所或者设施中的活动。危险废物贮存可分为产生单位内部贮存、中转贮存及集中性贮存。所对应的贮存设施分别为：产生危险废物的单位用于暂时贮存的设施；有危险废物收集经营许可证的单位用于临时贮存废矿物油、废镍镉电池的设施；危险废物经营单位所配置的贮存设施。

危险废物的贮存设施运行管理有以下要求：从事危险废物贮存的单位，必须得到有资质单位出具的该危险废物样品物理和化学性质的分析报告，认定可以贮存后，方可接收；危险废物贮存前应进行检验，确保同预定接收的危险废物一致，并登记注册；不得接收粘贴不符合规定的标签或标签没按规定填写的危险废物；不得将不相容的废物混合或合并存放；盛装在容器内的同类危险废物可以堆叠存放；贮存危险废物时应按危险废物的种类和特性进行分区贮存，每个贮存区域之间宜设置挡墙间隔，并应设置防雨、防火、防雷、防扬尘装置；危险废物产生者和危险废物贮存设施经营者均须做好危险废物情况的记录，记录上须注明危险废物的名称、来源、数量、特性和包装容器的类别、入库日期、存放库位、废物出库日期和接收单位名称，从而建立危险废物贮存的台账制度。

4.1.3　危险废物法律法规与规范化管理

4.1.3.1　危险废物法律法规

我国危险废物管理已经形成了完善的法律法规体系，主要包括宪法、环境保护基本法、固体废物污染环境防治专项法、部门规章、地方法规、环境标准和技术导则及其规范性文件、司法解释、国际公约等。同时，形成了一套制度在运行程序层次上规范危险废物管理工作。危险废物主要的制度包括：危险废物名录制度；危险废物申报登记制度；危险废物识别制度；危险废物经营许可制度；危险废物转移联单制度等。

4.1.3.2　危险废物规范化管理

危险废物污染防治是环境保护工作的重要内容。随着社会经济的发展，危险废物产生量日益增多，成分日益复杂，因此需要工业危险废物产生单位在源头上做好规范化管理，化解环境风险，维护生态安全，保障人民身体健康。

生态环境部于2021年9月制定了《十四五全国危险废物规范化管理管理评估工作方案》，主要包括污染环境防治责任制度、标识制度、管理计划制度、排污许可制度、台账和申报制度、源头分类制度、转移制度、环境应急预案制度、贮存设施环境管理、信息发布、利用设施环境管理和处置设施环境管理12大评估制度，共24个小项指标。危险废物规范化管理指标体系具体如图4-2所示。

（1）工业危险废物产生单位规范化管理

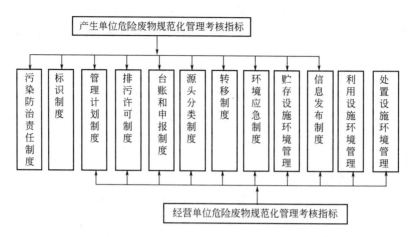

图 4-2 危险废物规范化管理指标体系

对照《工业危险废物产生单位规范化管理指标及抽查表》内容，作为工业危险废物产生单位，在日常管理中的工作指引有：

① 污染防治责任制度 危险废物产生单位，成立危险废物规范化管理领导小组，建立危险废物规范化管理责任制度，负责人明确，各级管理人员及各部门责任清晰，公司负责人熟悉危险废物管理的相关法律法规、制度、标准、规范要求，公司制定的管理制度得到有效落实，并采取了防治工业固体废物污染环境的措施，现场管理井然有序，杜绝"跑冒滴漏"情况，废水、废气、噪声达标排放。

执行危险废物污染防治责任信息公开制度，在显著位置粘贴危险废物防治责任信息，且粘贴信息能够表明危险废物产生环节、危险特性、去向及责任人等。

【注意】各工业危险废物产生单位专门设置危险废物规范化管理部门，收集、更新危险废物规范化管理相关法律法规清单，定期组织公司负责人及各级管理人员进行学习、考核，降低企业经营风险。

② 识别标志制度 危险废物的容器和包装物必须设置危险废物识别标志；收集、贮存、运输、利用、处置危险废物的设施、场所，必须设置危险废物识别标志；依据《危险废物贮存污染控制标准》（GB 18597）附录 A 和《环境保护图形标志-固体废物贮存（处置）场》（GB 15562.2）所示标签设置危险废物识别标志。危险废物的标志分为两类，一类是警告标志，另一类是标签。标志内容应包括危险废物名称、成分、废物特性、应急措施、产生时间等（图 4-3）。

【注意】警告标志要准确，标签颜色、尺寸要规范，内容填写要准确完整。

③ 管理计划制度 "根据《危险废物管理计划和管理台账制定技术导则》（2022 版）的规定，所有产生危险废物的单位应按年度制定危险废物管理计划，应于每年 3 月 31 日前通过国家危险废物信息管理系统在线填写并提交当年度的危险废物管理计划，由国家危险废物信息管理系统自动生成备案编号和回执，完成备案。根据分类管理要求，危险废物环境重点监管单位的管理计划制定内容应包括单位基本信息、设施信息、危险废物产生情况信息、危险废物贮存情况信息、危险废物自行利用/处置情况信息、危险废物减量化计划和措施、危

说　明
1. 危险废物警告标志规格颜色
形状: 等边三角形, 边长40cm
颜色: 背景为黄色, 图形为黑色
2. 警告标志外檐2.5cm
3. 必须固定于贮存库(车间)外门或者外
墙壁; 除此之外, 场所内墙壁也可加挂

(A-1)危险废物警告标志牌式样一
(适合于室内外悬挂的危险废物警告标志)

说　明
1. 主标识要求同室外悬挂标志(A-1)
2. 主标识背面以螺钉固定, 以调整支杆高度, 支
杆底部可以埋于地下, 也可以独立摆放, 标志牌下
沿距地面120cm
3. 使用于:
(1)危险废物贮存设施建有围墙或防护栅栏的高度
不足100cm时;
(2)危险废物贮存设施其它箱、柜等独立贮存设施
的, 其箱、柜上不便于悬挂时;
(3)危险废物贮存于库房一隅的, 需独立摆放时;
(4)所产生的危险废物密封不外排存放的, 需独立
摆放时;
(5)部分危险废物利用、处置场所

(A-2)危险废物警告标志牌式样二
(适合于室内外独立摆放或树立的危险废物警告标志)
(A)场所标识

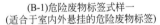

说　明
1. 危险废物标签尺寸颜色
尺寸: 40×40cm
底色: 醒目的橘黄色
字体: 黑体字
字体颜色: 黑色
2. 危险类别: 按危险废物种类选择。
3. 使用于: 危险废物贮存设施为房屋的; 或建
有围墙或防护栅栏, 且高度高于100cm时。

(B-1)危险废物标签式样一
(适合于室内外悬挂的危险废物标签)

说　明
1. 危险废物警告标志要求同(A-1)。
2. 危险废物标签要求同(B-1)。
3. 支杆距地面120cm。
4. 使用于:
(1)危险废物贮存设施建有围墙或防护栅
栏的高度不足100cm时;
(2)危险废物贮存设施其它箱、柜等独立
贮存设施的, 其箱、柜上不便于悬挂时;
(3)危险废物贮存于库房一隅的, 需独立摆
放时;
(4)所产生的危险废物密封不外排存放的,
需独立摆放时。

(B-2)危险废物标签式样二
(适合于室内外独立树立或摆放的危险废物标签)

图 4-3

4-3 危险废物管理
计划和管理台账
制定技术导则

说 明

1.危险废物标签尺寸颜色
尺寸:20×20cm
底色:醒目的橘黄色
字体:黑体字
字体颜色:黑色
2.危险类别:按危险废物种类选择。
3.材料为不干胶印刷品。

(B-3)危险废物标签式样三
(粘贴于危险废物储存容器上的危险废物标签)

说 明

1.危险废物标签尺寸颜色
尺寸:10×10cm
底色:醒目的橘黄色
字体:黑体字
字体颜色:黑色
2.危险类别:按危险废物种类选择。
3.材料为印刷品。

(B-4)危险废物标签式样四
(系挂于袋装危险废物包装物上的危险废物标签)
(B)包装容器标签

图 4-3 危险废物识别标志和标签式样

险废物转移情况信息;危险废物简化管理单位的管理计划制定的内容包括单位基本信息、危险废物产生情况信息、危险废物贮存情况信息、危险废物减量化计划和措施,危险废物转移情况信息;危险废物登记管理单位的管理计划制定内容应包括基本信息、危险废物产生情况信息、危险废物转移情况信息。"

危险废物管理计划的编制要求,按照中华人民共和国环境保护部公告 2016 年第 7 号文件关于《危险废物产生单位管理计划制定指南》要求编制。

危险废物管理计划编制完成后,报所在地县级以上地方人民政府环境保护行政主管部门备案,备案、证明文件保存完好,如有重大改变要及时申报。

管理计划内容有重大改变的情形包括:变更法人名称、法定代表人和地址;增加或减少危险废物产生类别;危险废物产生数量变化幅度超过 20%;新、改、扩建或拆除原有危险废物贮存、利用和处置设施。

> 【注意】危险废物管理计划要根据制定指南进行编制,管理计划内容有重大改变的要及时进行变更、备案。

④ 排污许可制度 产生工业固体废物的单位应当取得排污许可证。

⑤ 台账和申报制度 根据《危险废物管理计划和管理台账制定技术导则》(2022 版)的规定,产生危险废物的单位应建立危险废物管理台账,落实危险废物管理台账记录的责任人,明确工作职责,并对危险废物管理台账的真实性、准确性和完整性负法律责任;产生危险废物的单位应根据危险废物产生、贮存、利用、处置等环节的动态流向,如实建立各环节的危险废物管理台账;危险废物管理台账分为电子管理台账和纸质管理台账两种形式。产生危险废物的单位可通过国家危险废物信息管理系统、企业自建信息管理系统或第三方平台等方式记录电子管理台账。

【注意】各危险废物产生单位申报登记工作，建立工作清单，按照各级环境保护行政主管部门频率、时间节点要求进行申报。

⑥ 源头分类制度 危险废物按种类分别存放，性质不相容且未经安全性处置的危险废物不能混合贮存，不能将危险废物混入非危险废物中贮存，不同类废物间应有明显的间隔（如过道等）。

【注意】危险废物与一般废物分开存放；工业危险废物与办公、生活废物分开存放；固态、液态、置于容器中的气态废物分开存放；性质不相容的废物分开存放；利用和处置方法不同的废物分开存放；涉及高毒性危险废物的须设置专门的仓库进行贮存管理。

⑦ 转移联单制度 在转移危险废物前，向环保部门报批危险废物转移计划，并得到批准；转移危险废物的单位，按照《危险废物转移联单管理办法》有关规定，如实填写转移联单中产生单位栏目，并加盖公章；近五年内危险废物转移联单保存齐全，数据与申报登记等材料数据一致。

【注意】危险废物转移联单填写人员要系统学习《危险废物转移联单管理办法》，如实、准确、规范填写转移联单。采用固废管理平台操作生成电子联单的地方，需组织各相关人员对平台操作进行系统的培训，及时、准确生成电子联单。危险废物转移联单要作为工业危险废物产生企业重要文件存档。

⑧ 转移制度 产生工业固体废物的单位委托他人运输、利用、处置工业固体废物的，应当对受托方的主体资格和技术能力进行核实，依法签订书面合同，在合同中约定污染防治要求。

转移危险废物的，按照危险废物转移有关规定，如实填写、运行转移联单。

跨省、自治区、直辖市转移危险废物的，应当向危险废物移出地省、自治区、直辖市人民政府生态环境主管部门申请。

【注意】危险废物接收单位所持《危险废物经营许可证》处于有效期内，计划转移的危险废物与危险废物接收单位的资质相匹配；《危险废物经营许可证》内容有变更（如法人变更等），需要从危险废物经营单位获取最新《危险废物经营许可证》复印件存档；危险废物转移合同在有效期范围内；能提供危险废物经营单位所持危险废物经营许可证、营业执照复印件。

【注意】按要求制定意外事故的防范措施和应急预案，生产工艺变化或有新建项目的应根据情况及时更新，无变化时，3年一更新。年产危险废物10t以上企业，编制应急演练方案，每年至少组织一次应急演练，并且有详细的演练计划，有演练图片、文字或视频记录，有演练后总结材料，参加演练人员熟悉应急防范措施。

【注意】每年年初，各危险废物产生单位须编制本年度意外事故应急演练计划并组织演练；每次演练前有演练计划，有演练图片、文字或视频记录，演练后有总结材料，通过演练，检验企业在应急管理工作中存在的不足；参加演练人员熟悉应急防范措施；企业根据公司经营情况，配备和不断补充应急装备和物质，并定期进行点检。

> 【注意】企业每年年初，要制订危险废物管理相关的培训计划；有开展培训的课件、培训图片、视频等资料，并且对参加培训的学员进行考核；定期对培训计划执行情况进行核对、追踪。

⑨ 贮存设施管理　环境影响评价文件中对危险废物贮存设施进行了评价，且完成了"三同时"验收或在经核准的试生产期内贮存场所符合《危险废物贮存污染控制标准》的有关要求（贮存场所地面硬化及防渗处理；场所应有雨棚、围堰或围墙，并采取措施禁止无关人员进入；设置废水导排管道或渠道；将冲洗废水纳入企业废水处理设施中处理或进行危险废物管理；贮存液态或半固态废物的，需设置泄漏液体收集装置；装载危险废物的容器完好无损）；按照危险废物特性进行分类贮存，未混合贮存性质不相容且未经安全性处置的危险废物；未将危险废物混入非危险废物中贮存；建立危险废物贮存台账，并如实和规范记录危险废物贮存情况。

⑩ 信息发布制度　产生固体废物的单位，应当依法及时公开固体废物污染环境防治信息，主动接受社会监督。

> 【注意】危险废物产生单位，在企业进行规划、建设时，对于危险废物贮存场所，须按照《危险废物贮存污染控制标准》进行规划建设；贮存场所的环境影响评价报告、批复资料保存完整，有试运行批准文件及"三同时"验收资料；完善贮存场所应急收集处理装置，降低贮存风险。

⑪ 利用设施管理　环境影响评价文件中对危险废物利用设施进行了评价，且完成了"三同时"验收或在经核准的试生产期内；建立了危险废物利用台账，如实记录危险废物利用的种类、数量、操作人员等基本情况，且定期进行汇总（每年至少汇总一次，并装订成册）；近一年内按照管理要求项目及频次对污染物排放情况进行了监测，有环境监测报告，并且污染物排放符合环境影响评价文件及验收执行标准。

> 【注意】危险废物利用设施环境影响评价报告、批复资料保存完整，有试运行批准文件及"三同时"验收资料；配合环保部门对企业危险废物利用设施污染物排放情况进行监督性监测，企业内部编制自行监测方案，自行监测过程如有异常，及时落实整改。

⑫ 处置设施管理　环境影响评价文件中对危险废物处置设施进行了评价，且完成了"三同时"验收或在经核准的试生产期内；建立了危险废物处置台账，如实记录危险废物处置的种类、数量、操作人员等基本情况，且定期进行汇总（每年至少汇总一次，并装订成册）；近一年内按照管理要求项目及频次对污染物排放情况进行了监测，有环境监测报告，并且污染物排放符合环境影响评价文件及验收执行标准。

> 【注意】危险废物处置设施环境影响评价报告、批复资料保存完整，有试运行批准文件及"三同时"验收资料；配合环保部门对企业危险废物处置设施污染物排放情况进行监督性监测，企业内部编制自行监测方案，自行监测过程如有异常，及时落实整改。

因此，工业危险废物产生单位，要落实固体废物污染防治责任制度，明确各级管理人员及各部门责任，定期进行内部检查，持续改进。

（2）危险废物（含医疗废物）经营单位规范化管理

对照《危险废物（含医疗废物）经营单位规范化管理指标及抽查表》内容。危险废物（含医疗废物）经营单位在日常管理中的工作指引有：

① 经营许可证制度　从事收集、贮存、利用和处置危险废物经营活动的单位，依法申请领取危险废物经营许可证；严格按照危险废物经营许可证规定从事经营活动，不得超量、超范围、超期经营；领取危险废物收集经营许可证的单位，应当与处置单位签订接收合同，并将收集的危险废物在 90 个工作日内提供或者委托给处置单位处置（仅适用于持危险废物收集经营许可证的单位）。

② 识别标志制度　危险废物的容器和包装物必须设置危险废物识别标志；收集、贮存、运输、利用、处置危险废物的设施、场所，必须设置危险废物识别标志；依据《危险废物贮存污染控制标准》（GB 18597）附录 A、《环境保护图形标志-固体废物贮存（处置）场》（GB 15562.2）和《医疗废物专用包装袋、容器和警示标志标准》（HJ 421—2008）所示标签设置危险废物识别标志。危险废物的标志分为两类，一是警告标志，二是标签。

【注意】警告标示要准确，标签颜色、尺寸要规范，内容填写要准确完整。

③ 管理计划制度　危险废物管理计划备案内容需要调整的，产生危险废物的单位应当及时变更。

【注意】危险废物管理计划要根据制定指南进行编制，管理计划内容有重大改变的要及时进行变更、备案。

④ 申报登记制度　如实地向所在地县级以上地方人民政府环境保护行政主管部门申报危险废物的种类、产生量、流向、贮存、处置等有关资料，且可提供证明材料（如：环评文件、竣工验收文件、危险废物管理台账、危险废物转移联单、危险废物处置利用合同、财务数据等）。申报事项有重大改变的，应当及时申报。

【注意】各危险废物经营单位申报登记工作，建立工作清单，按照各级环境保护行政主管部门频率、时间节点要求进行申报。

⑤ 转移联单制度　根据实际转移的危险废物，按照《危险废物转移管理办法》有关规定，如实填写转移联系的相关信息，且危险废物电子转移联单数据应当在信息系统中至少保存十年。

因特殊原因无法运行危险废物电子转移联单的，可以先使用纸质转移联单，并于转移活动完成后十个工作日内在信息系统中补录电子转移联单。

【注意】危险废物转移联单填写人员要系统学习《危险废物转移联单管理办法》，如实、准确、规范填写转移联单。采用固废管理平台操作生成电子联单的地方，需组织各相关人员对平台操作进行系统的培训，及时、准确地生成电子联单。危险废物转移联单要作为危险废物经营单位的重要文件存档。

⑥ 应急预案备案制度　参照《危险废物经营单位编制应急预案指南》制定了意外事故的防范措施和应急预案；向所在地县级以上地方人民政府环境保护行政主管部门备案，有备案的证明材料；按照预案要求每年组织应急演练。

【注意】每年年初，各危险废物经营单位必须编制本年度意外事故应急演练计划并组织演练；每次演练前有详细的演练计划，有演练图片、文字或视频记录，演练后有总结材料，通过演练，检验企业在应急管理工作中存在的不足；参加演练人员熟悉应急防范措施；企业根据公司经营情况，配备和不断补充应急装备和物质，并定期进行点检。

⑦ 贮存设施管理　按照危险废物特性进行分类贮存，未混合贮存性质不相容且未经安全性处置的危险废物，装载危险废物的容器和包装物无破损、泄漏和其它缺陷；未将危险废物混入非危险废物中贮存；建立危险废物贮存台账，并如实和规范记录危险废物贮存情况；危险废物贮存不超过一年，超过一年的报经相应环保部门批准。

【注意】危险废物运输单位及车辆应具有相应的危险货物运输资质；危险废物贮存、利用、处置设施应有环评材料，且完成了"三同时"验收；贮存场所符合《危险废物贮存污染控制标准》的有关要求（贮存场所地面须做硬化及防渗处理；场所应有雨棚、围堰或围墙；设置废水导排管道或渠道，将冲洗废水纳入企业废水处理设施中处理或进行危险废物管理；贮存液态或半固态废物的，需设置泄漏液体收集装置；装载危险废物的容器完好无损）。

【注意】危险废物产生单位，在企业进行规划、建设时，对于危险废物贮存场所，须按照《危险废物贮存污染控制标准》进行规划建设；贮存场所的环境影响评价报告、批复资料保存完整，有试运行批准文件及"三同时"验收资料；完善贮存场所应急收集处理装置，降低贮存风险。

⑧ 利用处置设施管理　按照有关要求定期对利用处置设施污染物排放进行环境监测，监测频次符合要求，有定期环境监测报告，并符合《危险废物焚烧污染控制标准》《危险废物填埋污染控制标准》《危险废物集中焚烧处置工程建设技术规范》等相关标准要求；填埋危险废物的经营设施服役期届满后，危险废物经营单位应当对填埋过危险废物的土地采取封闭措施，并在划定的封闭区域设置永久性标记。

⑨ 运行安全要求　危险废物（医疗废物除外）入厂时对所接收的性质不明确的危险废物进行危险特性分析并有分析报告；定期对处置设施、监测设备、安全和应急设备以及运行设备等进行检查，发现破损，应及时采取措施清理更换，应对环境监测和分析仪器进行校正和维护；按照培训计划定期对危险废物利用处置的管理人员、操作人员和技术人员进行培训，制订培训计划，并开展相关培训；单位负责人、相关管理人员和从事危险废物收集、运输、暂存、利用和处置等工作的人员掌握国家相关法律法规、规章和有关规范性文件的规定，熟悉本单位制定的危险废物管理规章制度、工作流程和应急预案等各项要求，掌握危险废物分类收集、运输、暂存、利用和处置的正确方法和操作程序。

【注意】对管理人员和从事危险物收集、运输、暂存、利用和处置等工作的人员进行培训，有开展培训的图片、文字或视频等资料；制订人员培训计划，全年培训材料涵盖危险废物管理的所有制度、本单位危险废物规章制度、工作流程；对培训人员进行考核，有培训人员签到记录；参加培训人员对危险废物管理制度、相应岗位危险废物的管理要求、工作流程较熟悉。

【注意】监测频次与项目可按环评、验收、监测计划及相关标准等要求执行。

⑩ 记录和报告经营情况制度　参照《危险废物经营单位记录和报告经营情况指南》建立危险废物经营情况记录簿，如实记载收集、贮存、处置危险废物的类别、来源去向和有无事故等事项；按照危险废物经营许可证及环保部门的要求，每年定期向环保部门报告危险废物经营情况；将危险废物经营情况记录簿保存10年以上，以填埋方式处置危险废物的经营情况记录簿应当永久保存。

【注意】经营情况记录簿，涵盖了危险废物详细分析记录、接收记录、利用处置记录、新产生危险废物记录（不新产生危险废物的单位除外）、内部检查记录、设施运行及环境监测记录、人员培训记录、事故记录和报告、应急预案演练记录等9项内容。

4.1.4　危险废物安全与风险管理

某危险废物经营单位在开展经营活动中，将含剧毒品废物、低闪点废物、强氧化性废物、强还原性废物、活泼金属废物、强腐蚀性废物及在经营过程中容易造成火灾、环境污染、重大工伤等的危险废物列入高风险废物目录中。在日常经营活动中，在安全管理方面开展如下实践工作：

① 企业内部根据各危险废物产生单位工艺情况，梳理出高风险废物种类，并在日后业务开展过程中不断积累，建立高风险废物明细目录；

② 纳入高风险废物目录的废物，危险废物经营单位在收集之前，要求危险废物产生单位提供废物现场贮存及包装情况照片，明确计划转移的数量，符合入场要求的方可安排转移工作；

③ 危险废物经营单位业务部门将高风险废物信息通知到收集运输、接收、贮存、技术支持、处理、安全管理部门，内部各部门结合废物高风险特性，做好接收、处理准备工作；

④ 高风险废物收集、运输、接收、贮存、处理全过程作业人员，必须通过EHS（健康、安全与环境）培训合格后方可上岗作业，作业前检查配置的劳保用品是否齐全，性能是否完好，正确佩戴劳保用品后方可作业；

⑤ 高风险废物收集运输车辆必须清洗干净方可收集、运输；

⑥ 高风险废物进厂后，做好色标管理，存放在专门的贮存仓库，仓库要满足安全、环保、消防等管理要求；

⑦ 贮存过程中仓库管理人员要建立危险废物贮存管理台账，并定期组织盘点工作；

⑧ 高风险废物贮存过程中，针对不同废物特性编制日常检查表，并纳入厂区日常检查的重点区域；

⑨ 各类高风险废物在处理之前，必须进行工艺安全分析，技术支持部门编制相应的作业指导书，作业人员经过培训考核合格后方可作业；

⑩ 处理过程须确保"三废"达标排放。

实践过程中，危险废物经营单位梳理高风险废物明细、建立产废单位名录，经营单位内部各部门信息互通、全过程重点管控，确保高风险废物安全处理处置。

4.1.5　强化危险废物监管和利用处置能力改革

2021年5月国务院办公厅印发了《强化危险废物监管和利用处置能力改革实施方案》

（以下简称《实施方案》）。《实施方案》深入贯彻习近平生态文明思想，坚持精准治污、科学治污、依法治污，深化体制机制改革，着力提升危险废物监管和利用处置能力，对于持续改善生态环境质量、有效防控危险废物环境与安全风险、切实维护人民群众身体健康和生态环境安全具有重大意义。

近年来，危险废物非法转移倾倒案件时有发生，对生态环境和人民群众生命安全造成严重影响，暴露出危险废物监管能力和利用处置能力仍存在突出短板。对此，党中央、国务院高度重视，习近平总书记强调，严厉打击危险废物破坏环境违法行为，坚决遏制住危险废物非法转移、倾倒、利用和处理处置；加快补齐医疗废物、危险废物收集处理设施方面的短板。中共中央、国务院《关于全面加强生态环境保护 坚决打好污染防治攻坚战的意见》提出，提升危险废物利用处置能力。新修订的《中华人民共和国固体废物污染环境防治法》完善了危险废物污染环境防治制度。2020 年，中央深改委将强化危险废物监管和利用处置能力列为一项重要改革任务。

《实施方案》分为十个部分。第一部分是总体要求。提出以习近平新时代中国特色社会主义思想为指导，深入贯彻习近平生态文明思想和全国生态环境保护大会精神，坚持改革创新、着力激发活力，坚持依法治理、着力强化监管，坚持统筹安排、着力补齐短板，坚持多元共治、着力防控风险等原则，到 2025 年底建立健全源头严防、过程严管、后果严惩的危险废物监管体系。第二至第九部分提出主要任务，包括完善危险废物监管体制机制、强化危险废物源头管控、强化危险废物收集转运等过程监管、强化废弃危险化学品监管、提升危险废物集中处置基础保障能力、促进危险废物利用处置产业高质量发展、建立平战结合的医疗废物应急处置体系、强化危险废物环境风险防控能力等。第十部分是保障措施。提出压实地方和部门责任、加大督察力度、加强教育培训、营造良好氛围等要求。

4.1.6　打击危险废物环境违法犯罪专项行动

打击危险废物环境违法犯罪行为专项行动。自 2020 年以来，生态环境部、最高人民检察院、公安部三部门组织开展严厉打击危险废物环境违法犯罪行为专项行动。2020 年 7 月至 11 月联合组织开展严厉打击危险废物环境违法犯罪行为活动。各地迅速行动，部门通力协作，突出打击了非法排放、倾倒、处置危险废物 3 吨以上，或跨行政区域违法排放、倾倒、处置危险废物；逃避监管，私设暗管或利用渗井、渗坑、裂隙、溶洞等排放、倾倒、处置危险废物的；向河流、河道、水库等倾倒危险废物；无危险废物经营处置资质的作坊、工厂或以合法形式为掩护的单位非法收集、贮存、利用、运输、倾倒、处置危险废物；危险废物产生企业及工作人员明知他人无经营许可证或者超出经营许可范围，向其提供或者委托其收集、贮存、运输、利用、处置危险废物等环境违法犯罪行为。全国共查处危险废物环境违法案件 5841 起，罚款 2.40 亿元。发现危险废物环境违法犯罪线索 1311 个，移送公安机关立案 768 起，打掉环境污染犯罪团伙 379 个，捣毁犯罪窝点 780 个，批捕犯罪嫌疑人 1253 人，检察机关已起诉 301 起案件，审判完成 160 起，判决罪犯 335 人，严厉打击了违法犯罪分子的嚣张气焰。公安部先后对 44 起污染环境刑事案件进行挂牌督办，现已全部结案。

医疗机构废弃物专项整治行动。为落实《医疗机构废弃物综合治理工作方案》（国卫医发〔2020〕3 号）中"开展医疗机构废弃物专项整治"的任务要求，国家卫生健康委、生态环境部、工业和信息化部、公安部、住房和城乡建设部、商务部、市场监管总局决定于 2020 年 5-12 月联合开展医疗机构废弃物专项整治工作，工作任务为整治医疗机构、医疗废物集中处置单位、其他单位和个人违法违规行为。重点整治医疗机构不规范分类收集、登记和交接废弃物；未使用专用包装物及容器盛装医疗废物，未按照规定暂存医疗废物；未将医疗废物交由有资质的单位集中处置，或自建医疗废物处置设施处置不规范；虚报瞒报医疗废物产生量；未严格执行危险废物转移联单制度，非法倒卖医疗废物；医疗废物集中处置单位无危险废物经营许可证，或未按照许可证规定收集、贮存、处置医疗废物；未按规定及时收运医疗机构医疗废物，未严格执行危险废物转移联单制度；医疗废物的转运和处置不符合要求；医疗机构外医疗废物处置脱离闭环管理，非法倒卖医疗废物；非法倒卖、回收利用和处置医疗废物；生活垃圾处置单位未及时清运、处理医疗机构生活垃圾；再利用的输液瓶（袋）用于原用途、制造餐饮容器以及玩具等儿童用品等；医疗机构外输液瓶（袋）回收利用脱离闭环管理等行为。

严厉打击危险废物环境违法犯罪和重点排污单位自动监测数据弄虚作假违法犯罪专项行动。2021年生态环境部、最高人民检察院、公安部继续联合组织开展严厉打击危险废物环境违法犯罪和重点排污单位自动监测数据弄虚作假违法犯罪专项行动。工作重点是：一是重点打击无危险废物经营许可证或以合法资质为掩护的单位非法收集、贮存、利用、处置危险废物；明知他人无危险废物经营许可证，向其提供或者委托其收集、贮存、利用、处置危险废物；非法排放、倾倒、处置危险废物3吨以上；违反《危险废物转移管理办法》规定，跨行政区域非法转移、排放、倾倒、处置危险废物；将危险废物隐瞒为中间产物（产品）、副产物（品），非法转移、利用和处置等危险废物环境违法犯罪行为；二是保持严查不正常运行自动监测设备违法行为；重点打击篡改、伪造自动监测数据或者干扰自动监测设施的环境违法犯罪行为；对违法案件中出具比对监测报告的第三方监测单位进行延伸检查，依法严肃查处提供虚假证明文件或出具证明文件存在重大失实的环境领域违法犯罪行为。2021年1月至9月全国生态环境部门查处涉危险废物和自动监测数据造假环境违法案件7025起，移送1266起，罚款8.94亿元，对其中的124起案件开展生态环境损害赔偿工作，已赔偿完成的34起案件共追偿约1.2亿元。公安部对40起涉危险废物和自动监测数据造假环境违法犯罪重大案件挂牌督办，均已成功告破。检察机关共起诉1614起涉危险废物和自动监控等环境违法案件，共起诉涉案人员4077人。全国共有23个省（市、区）签订了12个涉危险废物环境跨区域联防联控或联合执法机制或协议，各地协同办理116起跨省级行政区域"两打"专项环境违法案件。《人民日报》头版头条以"坚持不懈为群众办实事做好事"刊发了专项行动信息。

开展打击危险废物环境违法犯罪行为专项行动，是深入贯彻落实习近平生态文明思想和习近平法治思想，坚决遏制了非法排放、倾倒、处置危险废物环境违法案件频发态势，切实保障了人民群众身体健康和生态环境安全。

4.1.7 填写危险废物转移联单

| 来做一做 |

任务要求：填写危险废物转移联单。

实施过程：以小组为单位，按产生单位、运输单位、接收单位等分角色填写转移联单，小组讨论、互评完成任务。

成果提交：填写完的危险废物转移联单。

知识拓展

有关危险废物刑事案件适用法律若干问题的解释（摘录）

根据《最高人民法院、最高人民检察院　关于办理环境污染刑事案件适用法律若干问题的解释》（2016 年 11 月 7 日最高人民法院审判委员会第 1698 次会议、2016 年 12 月 8 日最高人民检察院第十二届检察委员会第 58 次会议通过，自 2017 年 1 月 1 日起施行。法释〔2016〕29 号），有关危险废物刑事案件适用法律若干问题的解释有：

第一条　实施刑法第三百三十八条规定的行为，具有下列情形之一的，应当认定为"严重污染环境"：

（一）在饮用水水源一级保护区、自然保护区核心区排放、倾倒、处置有放射性的废物、含传染病病原体的废物、有毒物质的；

（二）非法排放、倾倒、处置危险废物三吨以上的；

（三）排放、倾倒、处置含铅、汞、镉、铬、砷、铊、锑的污染物，超过国家或者地方污染物排放标准三倍以上的；

（四）排放、倾倒、处置含镍、铜、锌、银、钒、锰、钴的污染物，超过国家或者地方污染物排放标准十倍以上的；

（五）通过暗管、渗井、渗坑、裂隙、溶洞、灌注等逃避监管的方式排放、倾倒、处置有放射性的废物、含传染病病原体的废物、有毒物质的；

（六）二年内曾因违反国家规定，排放、倾倒、处置有放射性的废物、含传染病病原体的废物、有毒物质受过两次以上行政处罚，又实施前列行为的。

……

第三条　实施刑法第三百三十八条、第三百三十九条规定的行为，具有下列情形之一的，应当认定为"后果特别严重"：

……

（二）非法排放、倾倒、处置危险废物一百吨以上的。

第四条　实施刑法第三百三十八条、第三百三十九条规定的犯罪行为，具有下列情形之一的，应当从重处罚：

……

（二）在医院、学校、居民区等人口集中地区及其附近，违反国家规定排放、倾倒、处置有放射性的废物、含传染病病原体的废物、有毒物质或者其它有害物质的；

（三）在重污染天气预警期间、突发环境事件处置期间或者被责令限期整改期间，违反国家规定排放、倾倒、处置有放射性的废物、含传染病病原体的废物、有毒物质或者其它有害物质的；

（四）具有危险废物经营许可证的企业违反国家规定排放、倾倒、处置有放射性的废物、含传染病病原体的废物、有毒物质或者其它有害物质的。

第五条　实施刑法第三百三十八条、第三百三十九条规定的行为，刚达到应当追究刑事责任的标准，但行为人及时采取措施，防止损失扩大、消除污染，全部赔偿损失，积极修复生态环境，且系初犯，确有悔罪表现的，可以认定为情节轻微，不起诉或者免予刑事处罚；确有必要判处刑罚的，应当从宽处罚。

第六条　无危险废物经营许可证从事收集、贮存、利用、处置危险废物经营活动，严重污染环境的，按照污染环境罪定罪处罚；同时构成非法经营罪的，依照处罚较重的规定定罪处罚。

实施前款规定的行为，不具有超标排放污染物、非法倾倒污染物或者其它违法造成环境污染的情形的，可以认定为非法经营情节显著轻微，危害不大，不认为是犯罪；构成生产、销售伪劣产品等其它犯罪的，以其它犯罪论处。

第七条 明知他人无危险废物经营许可证，向其提供或者委托其收集、贮存、利用、处置危险废物，严重污染环境的，以共同犯罪论处。

第八条 违反国家规定，排放、倾倒、处置含有毒害性、放射性、传染病病原体等物质的污染物，同时构成污染环境罪、非法处置进口的固体废物罪、投放危险物质罪等犯罪的，依照处罚较重的规定定罪处罚。

......

第十三条 对国家危险废物名录所列的废物，可以依据涉案物质的来源、产生过程、被告人供述、证人证言以及经批准或者备案的环境影响评价文件等证据，结合环境保护主管部门、公安机关等出具的书面意见作出认定。

对于危险废物的数量，可以综合被告人供述、涉案企业的生产工艺、物耗、能耗情况，以及经批准或者备案的环境影响评价文件等证据作出认定。

第十四条 对案件所涉的环境污染专门性问题难以确定的，依据司法鉴定机构出具的鉴定意见，或者国务院环境保护主管部门、公安部门指定的机构出具的报告，结合其它证据作出认定。

第十五条 下列物质应当认定为刑法第三百三十八条规定的"有毒物质"：

（一）危险废物，是指列入国家危险废物名录，或者根据国家规定的危险废物鉴别标准和鉴别方法认定的，具有危险特性的废物；

（二）《关于持久性有机污染物的斯德哥尔摩公约》附件所列物质；

（三）含重金属的污染物；

（四）其它具有毒性，可能污染环境的物质。

第十六条 无危险废物经营许可证，以营利为目的，从危险废物中提取物质作为原材料或者燃料，并具有超标排放污染物、非法倾倒污染物或者其它违法造成环境污染的情形的行为，应当认定为"非法处置危险废物"。

第十七条 本解释所称"无危险废物经营许可证"，是指未取得危险废物经营许可证，或者超出危险废物经营许可证的经营范围。

小链接

危险废物违法案件

根据中国再生资源回收利用协会统计，2019年，全国通过主流媒体公开报道的危险废物典型环境违法案件共140件，同比2018年减少61.6%。媒体公开报道危险废物违法案件数量下降，从侧面反映出执法监管部门开展打击固体废物非法转移倾倒专项行动取得了比较明显的效果。

从地域看，江苏曝光危险废物违法案件18件，山东16件，浙江14件，广东、河北均11件，占全国案件总数的一半；从涉及危险废物种类看，违法案件以HW08废矿物油与含矿物油废物（20件），HW17表面处理废物（14件），HW34废酸（11件），HW12染料、涂料废物（10件）为主；从主要违法行为类型看，违法案件以无经营许可证或者不按照经营许可证规定从事危险废物经营活动（60件），产废单位未按要求申报并将危险废物交给无经营许可资质的企业或者个人非法处置（39件），产废单位私设暗管及渗坑排放危险废物（20件）为主。综合分析，一是跨省非法转移倾倒依然是危险废物环境违法行为的重要表现形式，并多由苏、浙、粤等发达地区向相对欠发达地区流动，种类主要为不具有综合利用价值的危险废物。二是危险废物处理服务费显著低于市场正常价格的，往往伴随着不规范处理、不安全处理或者非法倾倒掩埋等严重违法行为。三是再生利用价值大的危险废物，如医疗废物中的废输液袋和输液管、危险废物包装容器、废矿物油、废溶剂等，容易发生非法倒卖等违法问题。这些问题将是管理部门下一步重点监管的方向。对于企业而言，一方面要增强守法意识，合规操作；另一方面还要努力提高技术水平，并通过加强危险废物综合利用标准、规范建设等，拓宽废物利用渠道，提高资源利用效率。

4.2 典型危险废物利用处置工艺选择与运行管理

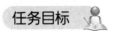

任务目标

知识目标	能力目标
（1）掌握典型危险废物利用处置过程控制与影响因素； （2）掌握危险废物利用处置工艺流程，熟悉危险废物利用处置设备； （3）掌握危险废物利用处置运行管理操作规程。	（1）能合理选择和深刻理解典型危险废物利用处置工艺； （2）能对危险废物利用处置过程进行管控，对产品及排放进行管理。

素质目标

（1）牢固树立法治观念，能够运用法治思维和法治方式维护自身权益；
（2）具备一定科学素养，具有研究新技术、新方法的热情；
（3）熟悉国家相关战略和政策，具有创新精神。

案例导入

根据"无废城市"建设试点先进适用技术评审结果公示介绍，印制电路板生产过程中的图形转移酸性失效含铜蚀刻液循环再生回用技术的主要技术指标和参数如下。

一、主要技术指标

蚀刻液回用率：100%；再生液合格率：100%。

二、工艺流程

蚀刻线上的酸性蚀刻液在蚀刻过程中，Cu^{2+}逐渐还原为Cu^+，ORP不断下降，需添加氧化剂来氧化Cu^+以维持其ORP。随着蚀刻过程进行，铜含量逐渐饱和，蚀刻速度变慢，溶液极不稳定，不能满足蚀刻工序要求，此时蚀刻液成为废液而被排放，同时补充高ORP、低铜含量的新蚀刻液（图4-4）。

采用阴、阳离子膜电解-电沉积氧化法对低ORP酸性含铜蚀刻液进行氧化处理，同时回收铜，降低蚀刻液的铜离子含量使其得以循环利用，其基本原理如下。

（1）阴离子膜电解法取代氧化剂

低ORP的酸性蚀刻液经阴离子膜电解槽的阳极，蚀刻液中一价的铜离子在阳极失去电子生成二价的铜离子，这样可以降低蚀刻液中一价铜离子的含量，提高二价铜离子的含量，

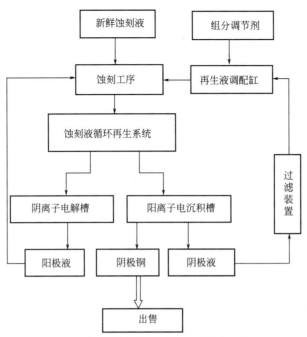

图 4-4　含铜蚀刻液循环再生回用技术工艺流程

从而提高蚀刻液的氧化能力，取代蚀刻工序所使用的氧化剂，保证蚀刻工艺稳定进行，同时也使氯元素得以回用至蚀刻液中，实现了循环再生利用。

电解反应机理：

阳极：$Cu^+ - e \longrightarrow Cu^{2+}$　　　　阴极：$2H^+ + 2e \longrightarrow H_2$

（2）阳离子膜电沉积法循环利用蚀刻液

高铜含量的蚀刻液经阳离子膜电沉积槽回收铜后，蚀刻液中铜含量降低，基本无其它元素参与反应和损失，达到返回蚀刻液继续使用技术标准。由此形成蚀铜液循环利用。

电沉积反应机理：

阳极：$2OH^- - 2e \longrightarrow 2H^+ + O_2$

阴极：$Cu^{2+} + e \longrightarrow Cu^+$　　　　$Cu^+ + e \longrightarrow Cu$

三、技术特点

采用无损分离工艺回收铜，不破坏蚀刻液原有的组成成分，使蚀刻液得以完全回用，使蚀刻生产线成为废物零排放的清洁生产线。

任务导入：含铜蚀刻液、有机溶剂、高浓度废液等典型危废应该怎样利用处置？

4.2.1　含铜蚀刻液利用处置工艺选择与管理

印制电路板（PCB），是各类电子产品中不可缺少的重要部件。印制电路板是电子元件工业中最大的行业，它广泛应用于大型机算机、办公和个人电脑、家用电器、娱乐电器及其辅助性产品等各种电子设备中。

印制电路板按结构可分为单面印制板、双面印制板、多层印制板和挠性电路板等。近年来，我国电子工业发展迅速，印制电路板的生产逐渐在我国形成了规模产业，大大小小的电路板生产厂有 3500 多家，年产量达到 2 亿平方米。我国铜的资源保有储量近 6000 万吨，其中工业储量约为 3000 万吨。虽然资源总量占世界第 4 位，但人均只有 0.5t 铜，为资源贫国。而印制电路板蚀刻过程产生大量的含铜蚀刻废液，平均日产废蚀刻液在 6000t 以上。按 120g/L 计，每日可从废蚀刻液中回收铜 600t，全国每年从电路板蚀刻过程可回收铜 20 万吨，相当于 10 多个万吨铜厂的总产量。因此，必须加速二次资源的利用。

4.2.1.1 含铜蚀刻废液

印制电路板（PCB）在生产过程中，铜蚀刻工序排出的废液，即为含铜蚀刻废液。含铜蚀刻废液有酸性蚀刻废液和碱性蚀刻废液两种。

酸性蚀刻废液主要成分为氯化铜、氯化亚铜、盐酸、氯化钠、氯化铵、双氧水等，其中铜含量可达 120~160g/L，盐酸浓度为 1~4mol/L，密度为（1.2~1.4）×10^3g/L。

碱性蚀刻废液主要成分为氯化铜、氨水、氯化铵等，其中铜含量为 120~160g/L。

4.2.1.2 含铜蚀刻废液利用处置

目前，含铜蚀刻废液的利用处置主要是采用中和沉淀的方式，生产铜盐产品。铜盐产品包括碱式氯化铜、氧化铜、硫酸铜等，该类铜盐产品广泛应用于饲料、化工行业。含铜废液生产铜盐产品的过程，包括了预处理、产品合成、生产废水处理工序，确保含铜蚀刻废液得到妥善的利用处置。

（1）含铜蚀刻废液原料预处理

含铜蚀刻废液除含铜外，也含有其它的杂质，包括机械杂质、亚铜、重金属杂质等，这些杂质均会影响后续生产过程、产品的质量及铜的回收率，因此需要对杂质进行去除。

酸性蚀刻废液预处理工艺见图 4-5，碱性蚀刻废液预处理工艺见图 4-6。

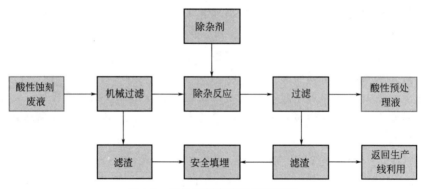

图 4-5　酸性蚀刻废液预处理工艺

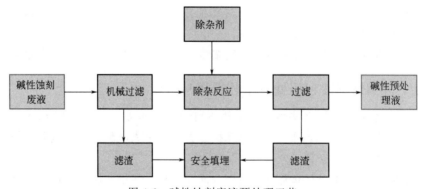

图 4-6　碱性蚀刻废液预处理工艺

工艺说明：酸性或碱性的含铜蚀刻废液经过机械过滤去除机械杂质后，进入反应罐/反应釜中，加入适量的除杂剂，进行反应去除重金属等杂质，再进一步沉淀、过滤，机械杂质与产生的滤渣送有相应处理资质的单位进行安全填埋处理。其中，酸性蚀刻废液在除重金属过程中产生部分有机的含铜滤渣，可返回生产线进行再利用。经过预处理后的溶液进入后续的产品合成工序。

> **原料预处理工艺参数：**
> 酸性蚀刻废液反应控制 pH 值为 0～2；
> 碱性蚀刻废液反应控制 pH 值为 8～10。

【注意事项】含铜蚀刻废液的预处理是否到位，决定了产品的质量。由于原料来源于不同的产废单位，性质不尽相同，为保证后续产品质量，一是进行分类暂存，二是预处理过程针对不同的杂质采用针对性的预处理措施，确保杂质去除到位。

① 过滤设备选择　对于含铜蚀刻废液，原料中的机械杂质可选用压滤机进行过滤，过滤速度快，防止机械杂质对泵体的损坏，同时减少对后续产品的影响；对于预处理过程产生的重金属杂质沉淀，考虑其颗粒较细，可采用袋式的过滤器或者精密过滤器，以更好地对沉淀颗粒进行去除。

② 亚铜氧化剂管理　亚铜的氧化剂为强氧化性物质，比如双氧水、高氯氧化物等。那么，在氧化剂的存储及使用方法方面必须加强管理，需要有独立的存储空间，保持通风、常温，使用过程中须严格控制氧化剂加入量，防止反应剧烈而产生危险。

（2）碱式氯化铜生产

① 反应原理　碱式氯化铜的合成，主要通过酸性蚀刻废液与碱性蚀刻废液进行中和反应，得到碱式氯化铜的晶体。其反应方程式如下：

$$[Cu(NH_3)_4]Cl_2 + 3CuCl_2 + 2NH_3 \cdot H_2O + 4H_2O \longrightarrow 2Cu_2(OH)_3Cl\downarrow + 6NH_4Cl$$

② 生产工艺流程　碱式氯化铜生产工艺见图 4-7。

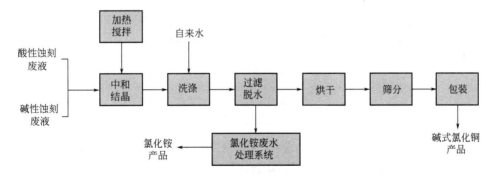

图 4-7　碱式氯化铜生产工艺

工艺说明：经过预处理的酸性蚀刻废液与碱性蚀刻废液，按照一定的比例在反应罐/反应釜中进行中和结晶，中和结晶过程控制 pH、温度等参数，结晶体通过后续的过滤、洗涤、烘干、筛分、包装得到碱式氯化铜产品。

【注意事项】碱式氯化铜晶体合成过程中，对 pH 的控制非常关键，pH 值过高或过低均可能导致最终合成产生的不是晶体。

> **合成工艺参数：**
> 合成反应釜保持常压，温度控制为 60～90℃，pH 值为 3～5。

碱式氯化铜生产过程所产生的氯化铵废水，需进入废水处理系统进行处理。主要通过中和沉淀—离子交换—蒸发—脱水处理后，回收氯化铵产品，蒸发产生的蒸汽冷凝水进入生化处理系统处理后，达标排放。

③ 产品指标 碱式氯化铜产品技术要求见表4-3。

表 4-3 碱式氯化铜产品技术要求

项目			指标
碱式氯化铜	[以 $Cu_2(OH)_3Cl$ 计]$w/\%$	≥	95.0
	(以 Cu 计)$w/\%$	≥	54.0
铅(Pb)$w/\%$		≤	0.01
镉(Cd)$w/\%$		≤	0.003
砷(As)$w/\%$		≤	0.01

（3）氧化铜生产

① 反应原理 氧化铜的合成，主要是利用上述过滤脱水后的碱式氯化铜作为原材料，通过加入一定的碱液，在加热的条件下进行碱化及分解反应，最终生产氧化铜晶体。其反应方程式如下：

$$Cu_2(OH)_3Cl + NaOH \longrightarrow 2CuO + NaCl + 2H_2O$$

② 生产工艺流程 氧化铜生产工艺见图4-8。

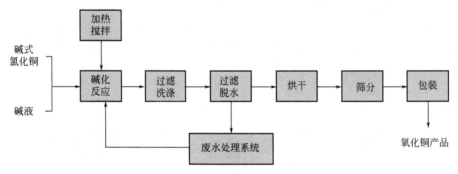

图 4-8 氧化铜生产工艺

工艺说明：碱式氯化铜生产过程，经过滤脱水后的碱式氯化铜晶体，与碱液按照一定的比例，在反应罐/反应釜中，进行加热、搅拌反应，再经过多次过滤、洗涤、脱水、烘干、包装，得到氧化铜产品。一次洗涤液可返回氧化铜合成工艺中打浆使用，二次洗涤液可循环使用，循环使用多次后进入废水处理系统进行处理后达标排放。

【注意事项】碱化反应过程，碱度及温度偏低，容易造成反应不完全的情况，即氧化铜颜色偏灰；碱度及温度过高，则造成辅料、能源的浪费。因此，需做好过程的控制。

氧化铜生产工艺参数：

碱液（浓度30%）过量2%～4%；

反应温度为80～90℃。

---

③ 产品指标 氧化铜产品技术要求见表4-4。

表 4-4 氧化铜产品技术要求

项目		指标
氧化铜(以 CuO 计)$w/\%$	$\geqslant$	94.0
铁(Fe)$w/\%$	$\leqslant$	0.009
氯化物(以 Cl 计)$w/\%$	$\leqslant$	0.2
盐酸不溶物 $w/\%$	$\leqslant$	0.02

（4）硫酸铜生产

① 反应原理　硫酸铜的合成有两种方式：一是利用碱式氯化铜作为原料生产硫酸铜；二是利用氧化铜作为原料生产硫酸铜。

利用碱式氯化铜作为原料生产硫酸铜，其反应方程式如下：

$$Cu_2(OH)_3Cl + 2H_2SO_4 + 2H_2O \longrightarrow 2CuSO_4 \cdot 5H_2O + HCl$$

利用氧化铜作为原料生产硫酸铜，其反应方程式如下：

$$CuO + H_2SO_4 + 4H_2O \longrightarrow CuSO_4 \cdot 5H_2O$$

② 生产工艺流程　硫酸铜生产工艺见图 4-9。

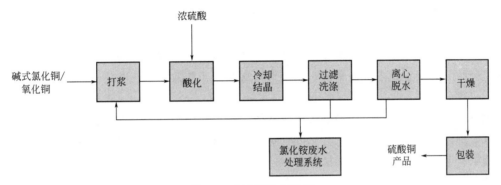

图 4-9　硫酸铜生产工艺

工艺说明：碱式氯化铜或者氧化铜，利用自来水或者后续的硫酸铜过滤液进行打浆，之后在反应罐/反应釜中加入浓硫酸进行酸化，后续冷却结晶、过滤洗涤、离心脱水、干燥后包装，生产硫酸铜产品。中和过程产生的滤液进入氯化铵废水处理系统进行处理。

【注意事项】酸化及冷却结晶过程，对硫酸铜的产品质量起着至关重要的作用。酸化过程酸度过低，酸化不完全，碱式氯化铜或氧化铜未完全溶解；酸度过高，则造成辅料的浪费。而冷却结晶过程，如降温速度过快，生产的硫酸铜晶体偏细。

硫酸铜生产工艺参数：

浓硫酸（浓度98%）过量 1%～3%；酸化反应温度为 90～100℃。

③ 产品指标　硫酸铜产品技术要求见表 4-5。

表 4-5　硫酸铜产品技术要求

项目			指标
硫酸铜	(以 CuSO$_4$ · 5H$_2$O 计)$w/\%$	$\geqslant$	98.5
	(以 Cu 计)$w/\%$	$\geqslant$	25.1

续表

项目		指标
铅(Pb)w/%	≤	0.05
砷(As)w/%	≤	0.04
镉(Cd)w/%	≤	0.001
汞(Hg)w/%	≤	0.002
水不溶物 w/%	≤	0.005

4.2.2　有机溶剂利用处置工艺选择与管理

在电子元器件、光电、船舶制造及车辆制造等多个行业，其生产过程将产生废有机溶剂，这些废有机溶剂种类繁多、成分复杂，以前处理这些废有机溶剂多采用焚烧的方法，不仅处理成本较大，对资源也造成浪费，焚烧的烟气处理不当还会对环境造成污染。因此，有机溶剂的回收利用势在必行。

4.2.2.1　废有机溶剂回收方法

废有机溶剂回收方法主要有蒸馏法、膜分离法、萃取法、吸附法等。

（1）蒸馏法

利用废有机溶剂中各组分挥发度的差别，使有机溶剂部分汽化而且分步冷凝，从而实现所含组分的分离。根据不同的情况，蒸馏方法有精馏、萃取蒸馏、减压蒸馏、共沸蒸馏等。

（2）膜分离法

膜分离法是指分子混合状态的气体或液体，经过特定膜的渗透作用，改变其分子混合物的组成，直到能使某一种分子从其它混合物中分离出来，从而实现混合物分离的目的。具体有渗透法、电渗析法、浓度渗透法等。

（3）萃取法

萃取法即利用系统中组分在不同溶剂中有不同的溶解度来分离混合物的单元操作。

（4）吸附法

吸附是指物质（主要是固体物质）表面吸住周围介质（液体或气体）中的分子或离子的现象。

蒸馏法为最常见的废有机溶剂回收方法，在这里主要对蒸馏法进行介绍。

4.2.2.2　蒸馏法回收有机溶剂

（1）原理

采用物理方法蒸馏，根据废物化学性质和组分，利用废物所含各组分沸点的不同，将某种纯物质从废液中分离或提纯出来，可分别采用蒸馏和精馏的方法提纯。

（2）生产工艺流程

废有机溶剂蒸馏法回收工艺见图 4-10。

工艺说明：

① 因回收的废有机溶剂原料品质差异较大，需对同种类桶装废有机溶剂进行过滤、均质、沉降处理。

② 控制相应的温度、回流比等参数，利用有机物沸点不同，将物质分离。废有机溶剂经加热，物料中各个组分按照沸点由低到高的顺序，陆续从塔顶蒸出。再根据所需产品的品

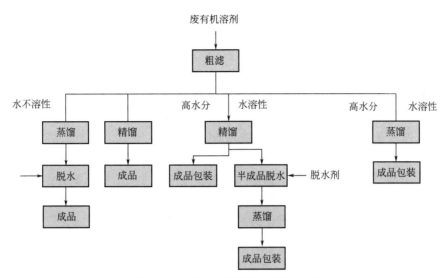

图 4-10 废有机溶剂蒸馏法回收工艺

种，冷凝收集特定温度蒸出的馏分。蒸馏后塔釜残留残渣外送处置，有机废水送入物化和废水处理车间，各塔顶蒸气经过冷凝器后进入相应出料缓冲罐，如物料已达标则装桶入库。

③ 各冷凝器未能回收的有机气体通过活性炭气体处理装置处理，经吸附达标后的剩余气体集中排放至大气。

【注意事项】废有机溶剂及有机溶剂产品均为易挥发且易燃易爆物质，因此在其存储、处理过程中均需要按照要求进行防爆、防晒、防静电处理，现存空间保持通风、常温，且需与其它建筑物有一定的安全距离。

4.2.3 高浓度废液利用处置工艺选择与管理

工业高浓度废液指 COD、盐分等成分较高的废液，主要来源于电路板、电子、光电、化工等多个行业。这些废液存在处理难、成本高、成分复杂等问题，如直接排入环境，将对环境造成严重的污染。为此，需对高浓度废液进行有效的利用处置，减少对环境的污染。高浓度废液主要有重金属废液、剧毒性废液、无机废液、有机废液等，在这里，主要对含氰废液、含镍废液、酸碱废液及有机废液等几个比较典型的废液种类进行利用处置的介绍。

4.2.3.1 含氰废液处理

含氰废液是指含有 CN^- 的工业废液。在有色金属矿物提取金银铜、氰化电镀、化工、炼焦、热处理等行业生产工艺中均排放大量的含氰废液，废水中 CN^- 质量浓度较高，还含有大量的重金属、硫氰酸盐等化合物，对外界水环境污染很严重。

（1）含氰废液处理方法

含氰废液的处理方法主要有碱氯法、H_2O_2 氧化法、臭氧法、电解法等。对于不同的含氰废液水质情况，可选择不同的方法进行处理。

① 碱氯法　碱氯法是目前处理含氰废液比较成熟的技术，通过氯处理来分解氰化物，从而达到无害化处理的目的。

② H_2O_2 氧化法　利用 H_2O_2 在碱性、常温、有铜离子作催化剂的条件下氧化 CN^-，

生成 CNO¯ 从而进一步水解的过程。该方法适合处理低浓度含氰废水。

③ 臭氧法　利用臭氧在水溶液中可释放出原子氧参加反应，表现出很强的氧化性，彻底氧化游离状态的氰化物，此方法需要添加一定的催化剂，以促进氰的分解反应。该方法由于电力费用较高，未达到一般性的实用化阶段。

④ 电解法　通过食盐水电解同时生成氯气和强碱，把它们使用于氰的分解。此法的缺点是电解阳极用的炭极的使用寿命较短。它适用于较小规模的工厂。

碱氯法处理含氰废液是目前应用较为普遍的一种方法，在此主要对此方法进行介绍。

（2）含氰废液处理工艺

① 原理　在碱性含氰废水中加入高价态的氯氧化剂，常用的氧化剂有：氯气、漂白粉、次氯酸钠、次氯酸钙、亚氯酸盐等。在碱性溶液中，一般生成 OCl¯ 或高价态的氯化合物，CN¯ 首先被氧化为氰酸盐，进一步氧化为二氧化碳和氮。主要化学反应为：

$$OCl^- + CN^- + H_2O \longrightarrow CNCl + 2OH^-$$

$$CNCl + 2OH^- \longrightarrow CNO^- + Cl^- + H_2O$$

$$2CNO^- + 3OCl^- \longrightarrow CO_2\uparrow + N_2\uparrow + 3Cl^- + CO_3^{2-}$$

② 处理工艺流程　含氰废液处理工艺见图 4-11。

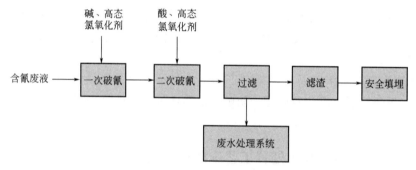

图 4-11　含氰废液处理工艺

工艺说明：

在碱性条件下，采用氯系氧化剂将氰化物破坏，处理过程分为以下两个阶段。

第一阶段：将氰氧化为氰酸盐，对氰破坏不彻底，叫作不完全氧化阶段。该工艺的原理是在碱性条件（一般 pH≥10）下，用高态氯氧化剂将氰化物氧化成氰酸盐。

第二阶段：将氰酸盐进一步氧化分解成二氧化碳和水，叫完全氧化阶段。在局部氧化处理的基础上，调节废水的 pH 值（一般 pH≥8.5），再投加一定量的氧化剂，经搅拌使 CNO¯ 完全氧化为 N_2 和 CO_2。

因含氰废液中仍含有重金属等其它污染物，需后续进一步处理后方可达标排放。

【注意事项】含氰废液为剧毒性危险废物，在酸性条件下产生氰化氢气体，易使人中毒。因此，在收集、运输、处理过程中，均需保证废液保持碱性条件。同时，对于含氰废液的处理车间，必须单独且进行上锁管理，以确保处理过程得以安全管控。

破氰工艺参数：

一次破氰：pH≥10，ORP 为 300～350mV；

二次破氰：pH≥8.5，ORP 为 600～700mV。

4.2.3.2 含镍废液处理

含镍废液主要产生于电镀工业，污染物镍、卤化物、硝酸根、硫酸根等以络合态的形式存在含镍电镀废液中，镍含量可达到 1000mg/L 以上，如直接排放于环境中，将造成严重污染。

（1）含镍废液处理方法

目前，对于含镍电镀废液的处理方法主要有化学法、离子交换法、吸附法、膜分离技术等。

① 化学法　主要是向含镍废液中加入药剂，使镍离子与碱等作用生成难溶于水的镍化合物，然后与水分离达到去除镍离子的目的，包括中和沉淀和硫化物沉淀等。

② 离子交换法　采用阳离子交换树脂对含镍废液中的镍金属进行回收，通过阳离子的交换，达到去除水中镍离子的目的。

③ 吸附法　将吸附剂加入含镍废液中，通过吸附剂的表面活性吸附富集镍，分离后解吸得到单质镍。吸附法包括非生物吸附法和微生物吸附法。

④ 膜分离技术　利用高分子所具有的选择性进行物质分离，从而回收镍的方法，包括反渗透、膜萃取等。

目前，离子交换法作为回收率高、操作简单、无二次污染的含镍废液处理方法，在行业中的使用较多。在此，主要介绍离子交换法处理含镍废液，由于经离子交换回收镍后的废液中仍有其它污染物，因此，需对离子交换后的废水进行进一步处理后再达标排放。

（2）含镍废液处理工艺

① 原理　含镍废液先通过离子交换回收镍后，出水通过芬顿氧化的方式降低废水中的污染物含量，而后通过蒸发浓缩进一步去除废水中的污染物，蒸发冷凝水再进入生化系统进行处理。反应方程式为：

$$Ni(OH)_2 + H_2SO_4 \longrightarrow NiSO_4 + 2H_2O$$

蒸发浓缩：指加热溶液使部分水分挥发，溶质的浓度增大的过程。在这里，主要指对预处理后的含镍废液进行蒸发，浓缩出渣的过程。

② 处理工艺　含镍废液处理工艺见图 4-12。

工艺说明：含镍废液含有部分机械杂质，通过过滤系统过滤后，进入离子交换柱进行金

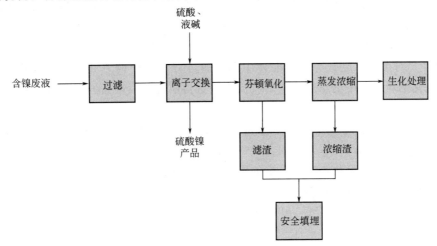

图 4-12　含镍废液处理工艺

属吸附处理。离子交换吸附的镍通过硫酸进行洗脱，生产硫酸镍产品。离子交换的出水进一步进行芬顿氧化/沉淀处理，降低废液中的污染物含量。反应液过滤后再进行蒸发浓缩，去除废液中的污染物，产生的蒸发冷凝水再进入生化系统处理。芬顿氧化及蒸发浓缩产生的残渣送有相应资质的单位进行安全填埋处置，浓缩液则返回蒸发系统继续进行蒸发浓缩处理。

蒸发浓缩可以采用单效蒸发、多效蒸发、MVR 蒸发等方法。

a. 单效蒸发：凡溶液在蒸发器内蒸发时，其所产生的二次蒸汽不再利用，溶液也不再通入第二个蒸发器进行浓缩，即只用一台蒸发器完成蒸发操作，称为单效蒸发。

b. 多效蒸发：将加热蒸汽通入一台蒸发器，溶液受热而沸腾，可将二次蒸汽当作加热蒸汽，引入另一台蒸发器，只要后者蒸发室压力和溶液沸点均较原来蒸发器中的为低，则引入的二次蒸汽即能起加热热源的作用。

c. MVR 蒸发：机械式蒸汽再压缩技术的简称，是利用蒸发系统自身产生的二次蒸汽及其能量，将低品位的蒸汽经压缩机的机械做功提升为高品位的蒸汽热源，如此循环向蒸发系统提供热能，从而减少对外界能源的需求的一项节能技术。

对于蒸汽费用较低的项目，可采用单效蒸发或多效蒸发，而对于蒸汽费用高的区域，可采用 MVR 蒸发。

含镍废液处理工艺参数：

离子交换：酸浓度≤10%，碱浓度≤10%；

芬顿氧化：pH 值为 3~5，ORP≤-300mV。

【注意事项】判断离子交换树脂是否饱和，观察出水颜色变化，由无色变为淡绿色，即为树脂饱和，需进行解析再生。

4.2.3.3 无机废液处理

无机废液主要指废酸、废碱等无机类的废液，污染物成分主要为 COD、无机盐、重金属等。

(1) 无机废液处理方法

对无机废液多采用中和沉淀的方式进行污染物的去除。由于工业的发展，产生的无机废液成分越来越复杂，污染物浓度也越来越高，采用简单的酸碱中和沉淀已无法达到区域排放水的要求。因此，对于中和沉淀后的废液处理也尤为重要。下面，对当前采用较普遍的无机废液处理方法进行介绍。

(2) 无机废液处理工艺

① 原理　对废酸、废碱等进行酸碱中和，通过芬顿氧化的方式降低废液中的 COD 含量，再以硫化钠对废液中的重金属进行沉淀去除，再通过蒸发浓缩的方式对大部分的污染物进行去除。

芬顿氧化：过氧化氢（H_2O_2）与二价铁离子 Fe^{2+} 的混合溶液把大分子氧化成小分子，把小分子氧化成二氧化碳和水，同时 $FeSO_4$ 可以被氧化成三价铁离子，在一定的絮凝作用下，三价铁离子变成氢氧化铁，有一定的网捕作用，从而达到处理水的目的。

该工艺涉及的反应方程式如下：

$$H^+ + OH^- \longrightarrow H_2O$$

$$R^{x+} + xOH^- \longrightarrow R(OH)_x \downarrow$$

$$R^{2+} + Na_2S \longrightarrow RS \downarrow + 2Na^+$$

$$Fe^{2+}+H^{+}+H_2O_2 \longrightarrow Fe^{3+}+H_2O+\cdot OH$$

② 处理工艺　无机废液处理工艺见图 4-13。

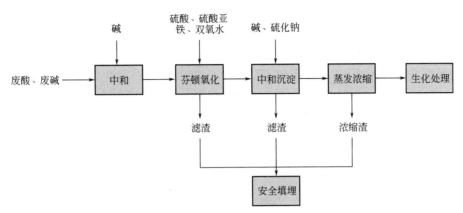

图 4-13　无机废液处理工艺

> **无机废液处理工艺参数：**
> 芬顿氧化：pH 值为 3～5，ORP≤−300mV；
> 中和沉淀：pH 值为 6～8。

工艺说明：无机废液通过酸碱中和调节 pH，而后加入一定量的芬顿试剂（硫酸、硫酸亚铁、双氧水）进行芬顿氧化处理，去除部分 COD；经芬顿氧化后的废液将 pH 调节至中性后，加入碱与硫化钠，去除废液中的重金属；过滤后的滤液，进入蒸发浓缩系统去除大部分的污染物，蒸发浓缩产生的蒸发冷凝水进入后续的生化系统，而芬顿氧化、中和沉淀、蒸发浓缩产生的残渣，则送至有相应资质的单位进行安全填埋处置。

【注意事项】由于硫化钠溶解后，在酸性条件下易产生硫化氢气体，因此，在中和沉淀过程须把 pH 调节至中性条件后，再加入硫化钠进行金属沉淀。

4.2.3.4　有机废液处理

有机废液主要指高 COD 的废液，包括废乳化液、含油废水、染料涂料废水、油墨废水、普通的高 COD 有机废水等。有机废液 COD 含量高（10000mg/L 以上）、成分复杂，常伴随有色度高、气味重等问题，给周围环境造成不良影响。

废乳化液是一种典型的含油量高的有机废水，对其进行处理的方法较多，而其它类型的有机废水处理方法大同小异。在此，主要对废乳化液进行介绍。

（1）废乳化液处理方法

废乳化液主要在机械加工过程中产生，污染物浓度高。目前，废乳化液的处理方法有多种，包括物理法、物化法、化学法、生化法等。

废乳化液的处理方法各有其适用性：

① 气浮法　适用于分散油、乳化油等，油粒径相对较大（10μm 以上），对于该类废乳化液，气浮法的处理效果较好，但占地面积大，浮油较难处理。

② 膜过滤法　适用于油粒径小于 60μm 的乳化油、溶解油，处理效果也相对较好，但膜的清洗困难、运行费用高。

③ 电磁吸附法　适用于油粒径小于 60μm 的乳化油，除油率高，占地面积也小，但目

前工艺不成熟，且能耗高。

④ 化学絮凝法　适用于油粒径大于 $10\mu m$ 的乳化油，处理效果好，工艺较成熟，但使用的药剂量多，且处理后污染物仍难以达到地方的排放要求。

⑤ 活性污泥法　适用于油粒径小于 $10\mu m$ 的溶解油，出水水质好，基建费用低，但进水的要求及运行费用均较高。

（2）废乳化液处理工艺

对于废乳化液，单独采用以上某种方法进行处理，均存在一定的局限性，且处理后的出水难以达到地方废水排放要求。因此，可采用多种方法组合的方式进行处理。以下对一种废乳化液处理新工艺进行介绍。

① 原理　在酸性条件下，将溶解态的乳化油转化为浮油，再加入破乳剂，将分散油聚成大颗粒乳油，再利用絮凝、气浮等方法将乳油去除。

采用酸析破乳—芬顿氧化—蒸发浓缩—生化的组合工艺对废乳化液进行处理，出水可达到地方的排放要求。

② 处理工艺　废乳化液处理工艺见图 4-14。

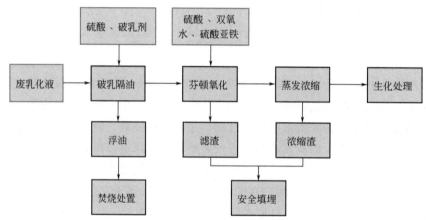

图 4-14　废乳化液处理工艺

工艺说明：采用酸析破乳、隔油的方法处理，即采用破乳剂去除表面活性剂和抑制双电层，使乳化液被凝集、吸附而大部分被除去。然后废水经硫酸亚铁-双氧水催化氧化处理，对废水中可能存在的有机高分子进行氧化降解，降低废水中的 COD，同时提高废水的 BOD/COD 的值，以提高其可生化性，再经沉降分离不溶物，进入有机综合废水反应池。

废乳化液预处理后的有机废液继续蒸发浓缩处理，进一步去除废液中的有机物，蒸发浓缩产生的蒸发冷凝水进入生化系统进行后续的降解处理。隔出的浮油送至有相应资质的单位进行焚烧处置，而废液处理过程产生的滤渣则送至有相应资质的单位进行安全填埋处置。

【注意事项】对于芬顿氧化过程，双氧水及硫酸亚铁的投加量需根据每一种废乳化液的小试实验来确定，实际生产按小试实验的 1.5 倍进行药剂投加。如过量投加药剂，将引入大量的污染物，使后续的处理成本更高。

废乳化液处理工艺参数：
酸析破乳：pH 值为 1.5～2.5；
芬顿氧化：pH 值为 3～5。

有机废水的主要污染成分为COD，通过芬顿氧化—蒸发浓缩—生化的处理方式，COD、色度、气味等均可有效地去除。因此，该工艺也适用于其它类的有机废水。

知识拓展

有关废铅蓄电池污染防治要求

废铅蓄电池是指在生产、生活和其它活动中产生的丧失原有利用价值或者虽未丧失利用价值但被抛弃或者放弃的铅蓄电池，不包括在保质期内返厂故障检测、维修翻新的铅蓄电池。

铅蓄电池生产企业应落实生产者责任延伸制度，采取自主回收、联合回收或委托回收模式，通过企业自有销售渠道或再生铅企业、专业回收企业在消费末端建立的网络回收废铅蓄电池，可采用"以旧换新"等方式提高回收率。废铅蓄电池利用处置应采用成熟可靠的技术、工艺和设备，做到运行稳定、维修方便、经济合理、保护环境。

一、再生铅企业设施建设要求

① 再生铅企业应有预处理系统、铅冶炼系统、环境保护设施以及相应配套工程和生产管理等设施。

② 再生铅企业出入口、贮存设施、处置场所等，应按GB 15562.2的要求设置警示标志。

③ 应在法定边界设置隔离围护结构，防止无关人员和家禽、宠物进入。

④ 废铅蓄电池贮存库房、车间应采用全封闭、微负压设计，室内排出的空气必须进行净化处理，达到国家相关标准后排放。废铅蓄电池贮存时间原则上不得超过1年。

⑤ 再生铅企业铅回收率应大于98%。

⑥ 再生铅工艺过程应采用密闭的熔炼设备或湿法冶金工艺设备，并在负压条件下生产，防止废气逸出。

⑦ 应具有完整的废水和废气处理设施、报警系统和应急处理装置，确保废水、废气达标排放。

⑧ 再生铅冶炼过程中产生的粉尘和污泥应妥善处置。

⑨ 再生铅企业主要废气排放口应安装颗粒物、二氧化硫、氮氧化物（以NO_2计）的自动监测设备。有条件的其它排放口宜安装自动监测设备，无法安装的应进行人工监测。

⑩ 再生铅企业生产废水总排放口应安装流量、pH值、化学需氧量、氨氮自动监测设备，有条件的其它排放口宜安装自动监测设备，无法安装的应进行人工监测。

二、再生铅企业工艺过程污染控制要求

1. 预处理

① 废铅蓄电池的利用处置应先经过预处理，再采用冶金的方法处理电极板等含铅物料。

② 废铅蓄电池的预处理一般包括破碎、分离等，其过程应符合以下要求：

a. 再生铅企业应对带壳废铅蓄电池进行预处理，加强对原料场所及各生产工序无组织排放的控制；

b. 预处理过程应采用自动破碎分选设备进行，采用连续化和全部机械化的作业方式，宜采用全自动破碎分选技术与装备；

c. 废铅蓄电池破碎工艺应保证电池中的极板、连接器、电池槽盒和酸性电解质等成分在后续步骤中易被分离；

d. 破碎后的铅及其化合物可通过筛分、水力分选、过滤等方式从其它原料中分离出来；

e. 应对废塑料进行清洗，并应清洗至无污染。

③ 废铅蓄电池的预处理应在封闭式构筑物中进行，对于新建 5 万吨/年的再生铅企业，应采取封闭式预处理措施；对于现有企业，应做到车间局部抽风。不得对废铅蓄电池进行人工破碎和在露天环境进行破碎作业。

④ 拆解过程中产生的废塑料、废铅电极板、含铅废料、废隔板等固体废物，应分类收集、处理，分别计量且对各自的去向有明确的记录。

⑤ 废铅蓄电池中的废酸液应收集处理，不得将其排入下水道或环境中，宜采用离子交换或离子膜反渗透等处理技术。

2. 铅回收

① 经预处理后的含有金属铅、铅的氧化物、铅的硫酸盐以及其它金属的电池碎片，可采取火法冶金法或湿法冶金法把金属铅从混合物中分离出来。废铅膏与铅栅应分别熔炼；对分选出的铅膏宜进行脱硫处理；板栅熔炼可采用低温熔炼技术。

② 铅回收过程应采用技术装备先进、设备能效高、资源综合利用率高、污染防治水平高的先进工艺，不得采用设备能效低、处理能力小、资源综合利用率低、环境污染严重、能耗高的落后工艺。

③ 火法冶金

a. 火法冶金一般包括三种方式：第一种为预脱硫后高温冶炼还原铅工艺；第二种为直接熔炼还原回收铅，同时进行硫的回收处理工艺；第三种为再生铅与铅精矿混合熔炼工艺。

b. 预脱硫过程可通过与碳酸铵、碳酸氢铵、氨水或碳酸钠和氢氧化钠混合物等反应来脱硫。

c. 利用直接熔炼还原工艺回收铅，其尾气应经净化处理后达标排放，可对冶炼过程含二氧化硫烟气进行收集制酸。

d. 火法冶金熔炼工序可采用富氧底吹炉、富氧侧吹炉、铅栅低温连续熔炼炉、多室熔炼炉等先进的密闭熔炼设备。应确保有预处理和污染控制措施，并严格控制熔炼介质和还原介质的加入量，以保证去除所有的硫和其它杂质以及还原所有的铅氧化物。

e. 采用火法冶金工艺利用处置废铅蓄电池，其冶炼过程应在密闭负压条件下进行，避免有害气体和粉尘逸出，收集的气体应进行净化处理，达标后排放。

④ 湿法冶金

a. 湿法冶金一般包括两种方式：一种是预脱硫-电解沉积工艺；另一种是固相电解还原铅工艺。

b. 预脱硫-电解沉积工艺应采用碳酸铵或碱金属碳酸盐等脱硫剂，将铅膏中的硫酸铅脱硫以及二氧化铅还原，转化为易溶于氟硅酸或氟硼酸的铅化合物；脱硫物料可采用氟硅酸或氟硼酸等浸出得到电解质，电解质应进行电解沉积进而得到产品电解铅，然后将脱硫液蒸发回收硫酸钠。

c. 固相电解还原铅工艺可采用氢氧化钠、硫酸铵或硫酸铵与硫酸混合液作为电解质，采用不锈钢板作为阴极，钛基涂铱钽、钛基涂铱钌、铅基合金等作为阳极。经过还原处理的铅膏填装于阴极框架中，电解时铅膏中的固相铅物质从阴极获得电子直接还原为金属铅。

d. 应将铅的结晶状或海绵状的电解沉积物收集压成纯度高的铅饼，然后送到炉中浇铸成锭，或直接熔铸成锭。

e. 采用湿法冶金工艺利用处置废铅蓄电池，其工艺过程应在封闭式构筑物内进行，排出气体须进行除尘和酸雾净化，达标后排放。

三、再生铅企业末端污染控制要求

1. 大气污染控制

① 再生铅企业所有工序排放出来的粉尘，都应经过收集和处理后排放。可根据污染治理程度要求，采用袋式除尘、静电除尘或袋式除尘与湿式除尘等组合工艺处理铅烟，可采用袋式除尘、静电除尘、滤筒除尘等组合工艺技术处理铅尘。宜采用高密度小孔径滤袋、微孔膜复合滤料等新型滤料的袋式除尘器及其它高效除尘设备。收集的粉尘可直接返回再生铅生产系统。

② 对于二氧化硫，其消除可采用石灰/石灰石-石膏法、有机溶液循环吸收法、活性炭吸附法、氨法、钠碱法、双氧水脱硫法等方法，应采用先进成熟的脱硫技术和设备，宜采用冷凝回流或物理捕捉加逆流碱液洗涤等技术进行处理。

③ 再生铅企业的废气排放应按照 GB 31574 的排放限值执行。

④ 再生铅熔炼过程中，应控制原料中氯含量，宜采用烟气急冷、功能材料吸附、催化氧化等技术控制二噁英等污染物的排放。

2. 酸性电解质和溢出液污染控制

① 若采用中和处理的方法，宜将产生的中和渣返回熔炼炉进行处置。

② 再生铅企业应建有废水处理站，用于处理废铅蓄电池拆解产生的酸性电解质、生产废水、雨水、废铅蓄电池贮存设施溢出液等。未经处理的酸性电解质不得直接排放，进入污水处理系统处理的酸性电解质，产生的废水处理污泥和硫酸盐等固体废物应当进行危险废物鉴别。再生铅企业排放废水应当满足 GB 31574 和其它相关标准的要求。

③ 废水收集输送应雨污分流，生产区内的初期雨水应进行单独收集并处理。生产区地面冲洗水、厂区内洗衣废水和淋浴水应按含铅废水处理，收集后汇入含铅废水处理设施，处理后达标排放或循环利用，不与生活污水混合处理。

④ 含重金属（铅、镉、砷等）生产废水，应在其生产车间或设施进行分质处理或回用，经处理后实现车间、处理设施和总排放口的一类污染物的稳定达标排放；其它污染物在厂区总排放口应达到法定排放要求；生产废水宜全部循环利用。

⑤ 含重金属（铅、镉、砷等）废水，应按照其水质及排放要求，采用化学沉淀法、生物制剂法、吸附法、电化学法、膜分离法、离子交换法等组合工艺进行处理。

3. 固体废物污染控制

① 应妥善处理废铅蓄电池再生过程产生的冶炼残渣、废气净化灰渣、废水处理污泥、分选残余物、铅尘、废活性炭、含铅物料、隔板、含铅废旧劳保用品（废口罩、手套、工作服等）和带铅尘包装物等含铅废物，以及湿法冶金含氟废酸液等固体废物。

② 拆解和再生过程中产生的固体废物不应任意堆放或填埋。列入《国家危险废物名录》或经鉴别属于危险废物的，应按照危险废物进行严格管理；不属于危险废物的，应按照一般工业固体废物进行妥善管理。

③ 再生铅熔炼产生的熔炼浮渣、合金配制过程中产生的合金渣应返回熔炼工序；除尘工艺收集的含砷、镉的烟（粉）尘应密闭返回熔炼配料系统或直接采用湿法冶金方式提取有价金属。

4.3　危险废物焚烧工艺选择与运行管理

任务目标

知识目标	能力目标
（1）掌握危险废物焚烧典型工艺流程及常用炉型； （2）熟悉危险废物焚烧污染控制标准和技术； （3）掌握危险废物焚烧系统运行管理操作规程。	（1）能合理选择和深刻理解危险废物焚烧工艺； （2）能对危险废物焚烧系统进行污染控制管理。

素质目标

（1）具备一定科学素养，具有探究学习、分析问题和解决问题的能力；
（2）牢固树立安全意识，具备一定的风险识别能力和应急处理能力。

案例导入

2016 年以来，水泥窑协同处置危险废物以其项目建设周期短、运行成本低的优势成为近年来危险废物处理项目投资的热点。据统计，截至 2019 年底，全国累计投产综合性水泥窑协同处置项目 81 个，合计处置能力达 464 万吨/年。其中 2019 年新增产能 26 个，合计新增总处置能力达 139 万吨/年。从水泥企业看，海螺、红狮、金隅、金圆、中联等对协同处置均有较大的投资力度，总能力位居前列，龙头企业加速扩张使得行业集中度提高。从地域看，浙江、广西、山东、四川等省新增水泥窑协同处置危险废物总能力相对较大，而北京、上海、广东、重庆等地区市场相对成熟，总体而言新增项目空间不大。从项目运营模式看，以水泥生产企业和第三方联合成立运营实体的分散联合形式为主，收集、运输、检测、预处理和焚烧全链条完全由水泥生产企业负责的运营模式相对较少。

工艺流程上的相似让水泥窑具备了变成废弃物处理系统的可能。水泥窑的煅烧过程与处理工业和医疗废弃物的焚烧炉有很多相似之处。水泥窑的煅烧过程有三大特点：温度高，火焰温度为 1800℃，物料温度为 1500℃；煅烧过程中是强碱性气氛和弱还原气氛；高温持续时间长。

与普通的垃圾焚烧炉相比，水泥窑处置废弃物具有明显的优势。比如，温度更高，物料在高温段停留时间达 1h 左右，可以有效避免二噁英的产生；焚烧炉是一个纯粹的燃烧环境，而水泥窑的碱性环境更有利于消解很多有毒、有害物质；水泥窑煅烧过程中对于氧气的控制十分严格，有助于将废弃物中的有害物质还原，比如，可以将剧毒的六价铬离子还原为性质稳定的三价铬。

任务导入：危险废物焚烧与生活垃圾焚烧有什么不同要求呢？

4.3.1　危险废物焚烧工艺流程选择

4.3.1.1　危险废物焚烧处理

焚烧处置技术适用于处置有机成分多、热值高的危险废物，处置危险废物的形态可为固态、液态和气态，但含汞废物不适宜采用焚烧技术进行处置，爆炸性废物必须通过合适的预处理技术消除其反应性后再进行焚烧处置，或者采用专门设计的焚烧炉进行处置。

危险废物焚烧处置包括回转窑焚烧、液体注射炉焚烧、流化床炉焚烧、固定床炉焚烧和热解焚烧等。一般采用回转窑焚烧。回转窑可处置的危险废物包括有机蒸气、高浓度有机废液、液态有机废物、粒状均匀废物、非均匀的松散废物、低熔点废物、含易燃组分的有机废物、未经处理的粗大而散装的废物、含卤化芳烃废物、有机污泥等。

危险废物焚烧典型工艺流程如图 4-15 所示。

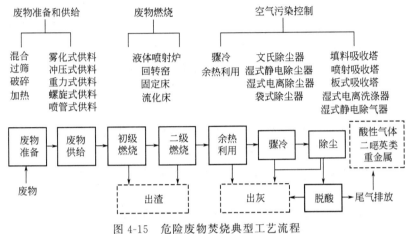

图 4-15 危险废物焚烧典型工艺流程

危险废物焚烧炉技术性能指标如表 4-6 所示。

表 4-6 危险废物焚烧炉的技术性能指标

废物类型	焚烧炉温度/℃	烟气停留时间/s	燃烧效率/%	焚毁去除率/%	焚烧残渣热灼减率/%
危险废物	≥1100	≥2.0	≥99.9	≥99.99	<5
多氯联苯	≥1200	≥2.0	≥99.9	≥99.9999	<5
医院临床废物	≥850	≥1.0	≥99.9	≥99.99	<5

4.3.1.2 危险废物焚烧处置案例分析

某环保工业废弃物回收综合处理有限公司危险废物焚烧系统的工艺方案为：焚烧炉（回转窑＋二燃室）＋余热锅炉（SNCR 脱硝装置）＋半干法脱酸（急冷塔添加石灰乳液）＋干式反应器（活性炭及消石灰粉进行吸附）＋气箱脉冲袋式除尘器。

（1）工艺简述

① 废物计量及贮存 危险废物由专用车辆经计量分类后运往贮池（或储罐）。固体及半固体散状危险废物送往焚烧车间前端的危废贮池内，贮池数量共三个（每个 200m³），其中两个池用于贮存，另一个池用于混合。

② 废物进料 起重机（5t）将固体、膏状等多种废物在混合池内混合后抓入回转窑（φ3.6m×12m）焚烧炉的进料斗，再由板喂机输送到计量料仓计量后通过进料装置（液压进料推杆）把废物推入炉进行焚烧。

浆状污泥被送入料斗，通过混合打包机进行混合搅拌打包后用提升机送到计量仓后通过进料装置入回转窑焚烧。

袋装废物送入专用贮存区（5～30L）后，人工送入提升机输送到计量料仓计量后通过进料装置（液压进料推杆）把废物推入炉进行焚烧。

液体废物经过滤后由泵送入废液贮罐（高热值 $2 \times 40 m^3$，低热值 $2 \times 40 m^3$）贮存，高热值废液经加热器加热后经泵、管路以及计量装置等输送到回转窑和二燃室，低热值废液直接通过泵送入回转窑进行焚烧。

不能入罐的有机溶剂等高腐蚀废液通过直接喂料胶隔膜泵送入回转窑。

③ 废物燃烧　废物进入焚烧炉内，在助燃风的混合下开始燃烧，由于有窑头燃烧器燃烧，废物很快完成干燥、热解的过程进入高温焚烧过程。废物在窑内焚烧时间约 60～120min，在负压状态下，窑内温度约 850～950℃，此时废物完全燃烧成高温残渣，沿着回转窑的倾斜角度和旋转方向缓慢移动（与烟气流动方向相同），从窑内流出掉进二燃室下部的水封刮板捞渣机（能力 3t/h），残渣经水急速冷却后形成 3～10mm 的类玻璃状颗粒物，用料斗进行收集后固化填埋。

回转窑内焚烧后的烟气约 900℃，从窑尾进入二燃室。通过二燃室的燃烧器将燃烧室温度加热到 1100℃ 以上，高热值液体废物可喷入二燃室内。烟气在二燃室停留时间 ≥3.5s，使烟气中的微量有机物及二噁英得以充分分解和全部焚毁，保证进入焚烧系统的危险废物充分燃烧完全。

④ 余热利用　经在二燃室充分燃烧的高温烟气由烟道进入余热锅炉（1.25MPa，12t/h）进行热量回收，余热锅炉将烟气中的部分热能回收，产生的蒸汽供内部使用和冷凝循环使用。

⑤ 烟气净化　烟气经过余热锅炉后，温度降至 450～500℃ 左右进入急冷塔（$\phi 3.8 m \times 13.2 m$）。从半干式吸收塔出来的烟气温度由原来的 450～500℃ 降至 190℃ 左右进入干式反应器和袋式除尘器进行净化。

烟气净化系统由喷射器、气箱袋式除尘器组成。半干式吸收塔出来的烟气进入干式反应器，粉末活性炭经喷射器喷入干式反应器吸附去除烟气中的重金属和二噁英等，出来的烟气进入离线气箱脉冲袋式除尘器。

含尘烟气进入离线气箱脉冲袋式除尘器（LPM104-2×3，过滤面积 1248m²，过滤风速约 0.6m/min）除去粉尘及进一步吸附重金属。

考虑到环保标准的提高，还在余热锅炉第一炉膛安装一套非催化还原（SNCR）装置。

经布袋除尘器除尘后的烟气经引风机通过烟囱（共用烟囱）排入大气。

为了监视烟气污染物排放情况，在烟囱上设置烟气在线监测系统（CEMS），主要监测因子为烟尘、HF、SO_2、NO_x、HCl、O_2、NH_3、CO 和 CO_2。

（2）工艺特点

本工艺整体上操作简单，能达到净化粉尘、酸性气体和吸附烟气中二噁英、重金属的目的，并可最终实现烟气排放符合"GB 18484—2001"修订版标准的要求。

① 配置了多种预处理及上料方式，能满足公司所有废物焚烧预处理及入窑焚烧的要求。

② 严格控制焚烧"3T1E"因素。通过采用入窑的高风量（回转窑空气过剩系数 2.2 以上）、高燃烧温度（回转窑炉膛温度 850～950℃，二燃室温度 >1120℃）、烟气在高温区长停留时间（烟气在二燃室的停留时间超过 3.5s）、炉膛中烟气充分扰动等控制技术，确保废物能燃烧完全，烟气中有害废物能充分分解，保证二噁英在高温区能彻

底焚毁。

③ 针对烟气中烟尘多、易黏结、具有一定腐蚀性等特性，余热锅炉采用了烟道式悬吊膜式壁结构，并配置了高效能的机械清灰装置，同时在锅炉内部重要部位均设置了防腐措施，确保余热锅炉具有抗腐蚀、易清灰、寿命长等特点。

④ 半干法脱酸为主要的脱酸工艺，同时又是抑制二噁英再合成的关键设备。该设备能确保控制烟气在 200～400℃ 的滞留时间小于 1s，采取的措施为"急冷"。该设备采用美国喷雾公司喷枪（水＋气＋石灰乳液同时混合喷出），水、气和碱液通过不同的通道混合后同时从同一喷嘴喷入塔内。喷枪组设置在急冷塔顶部的气体散布系统中，从锅炉出来的高温气体由塔顶端进入，与喷枪雾化浆液充分混合接触，进行蒸发，并与烟气中的 HF、HCl、SO_2 等组分反应。气体、液体在塔内充分接触，可有效降低气体温度，蒸发浆液的水分及脱除酸性气体。本工艺的优点为工艺相对湿法来讲简单，维修方便，酸性气体去除率较高，温度控制调节灵活。

⑤ 后段脱酸由干式反应器和气箱袋式除尘器等组成。其主要作用是进一步提高整个系统对酸性气体的去除效率，吸附重金属（低温 160～170℃ 高效去除）和二噁英等。干式反应器装置由干式反应器、沉降室、活性炭添加装置、消石灰粉添加装置、烟尘收集装置等组成。

⑥ 净化合格后的烟气通过引风机送入烟囱排入大气，该烟气温度高达 160℃ 以上，且控制稳定。彻底避免烟气温度过低时产生的结露、冒白烟现象，并从根本上避开了烟道、风机及烟囱等设备的低温腐蚀敏感区域，确保这些设备长期安全使用。

4.3.2　危险废物焚烧系统运行管理

4.3.2.1　物料配伍

为保障焚烧炉稳定运行，降低残渣的热灼减率，烟气可达标排放，废物入窑前均需要根据其化学成分、理化性质、热值等参数进行搭配，使其符合入窑要求，搭配时首先要注意废物间的相容性，以免不相容的废物混合后产生不良后果。

准确、全面了解危险废物的成分、特性，是废物配伍的第一步，也是至关重要的一步，所需获得的数据主要包括以下几个方面：

① 特性鉴别：浸出毒性等危险特性、反应性、相容性、水稳定性等；

② 工业分析：水分、低位热值、闪点、灰分等；

③ 元素分析：硫、氯、氟、重金属、碱金属等。

对入窑焚烧物料的要求：

① 配伍后的低位热值：3000～3500kcal/kg；

② 硫含量：不大于 1%（质量分数）；

③ 氯含量：不大于 3%（质量分数）；

④ 氟含量：不大于 0.1%（质量分数）；

⑤ 重金属总含量：小于 0.5%（质量分数）；

⑥ 汞、砷总含量：小于 0.05%（质量分数）；

⑦ 含水量：不大于 25%（质量分数）；

⑧ 固体物料粒度：不大于 200mm；

⑨ 袋装物料规格：不大于 200mm×400mm×500mm；

⑩固液比：6∶4。

4.3.2.2　废物预处理

由于焚烧的危险废物种类多、状态各异，必须对危险废物进行预处理，以提高焚烧的效率。

① 固体废物规格（尺寸）不宜超过 200mm×400mm×500mm，最佳规格不希望超过 100mm×100mm×200mm，不符合尺寸要求的废物，需经分拣后进行破碎。

② 油漆渣等膏状废物需与木糠混合后以抓斗等固体废物进料装置直接进料，或者通过打包或桶装的形式，人工搬运到上料提升机输送到计量料仓，再由液压推杆推入回转窑。

③ 由于废液种类繁多，需检查不同包装内废液的均一性，是否为同种废物，有无分层、沉淀、挥发等异常情况，避免喷烧性质差异大的废液给焚烧工况造成大幅度波动或出现堵塞喷枪等工艺事故；不同液体贮存到同一贮罐时一定要注意它们的相容性，应逐包装进行相容性测试，避免废物发生发热、沉淀、产气等不相容反应；配备过滤、伴热、吹堵、沉渣排放等必备的辅助设施，废液先经过滤以滤除杂质，提高废液热值，尽量使进炉废液热值均匀，并将低热值液体喷入回转窑，高热值液体喷入二燃室和回转窑，并根据焚烧情况确定各种废液的输送时段和流量；处理过程中注意进料速率及与其它形态废物进料量的配合，避免炉内温度大幅波动。

④ 碱性金属（钠、钾）盐类容易和其它金属盐类形成低熔点物质，导致结渣和腐蚀，需要和其它种类的废物混合，降低其入窑浓度。

⑤ 环链（含苯环物质）及多环（两个苯环以上）物质比非环链物质稳定，难以分解。如环状物质含量高，必须提高焚烧温度，延长停留时间。

4.3.2.3　焚烧结焦分析与控制

回转窑焚烧危险废物炉内结焦的问题，主要是燃烧不同物料的灰熔点不同、回转窑转速和含氧量控制不当等原因造成的，物料燃烧温度一旦超过其本身的灰熔点，其就会熔融流淌以致结焦。

解决焚烧物料时的结焦问题要根据物料焚烧时的具体情况而定，针对不同性质的物料，控制窑内的燃烧温度、转速以及控制含氧量是非常重要的。危险废物焚烧结焦问题的解决，主要是通过对各类废物科学搭配以及操作时对主要运行技术参数控制予以解决。

控制燃烧温度防止炉内结焦的措施主要有：

① 保证定时定量地输送物料，加料的间隔时间不能过长。

② 对一次风风量的控制，有效地控制窑内的焚烧温度。

③ 进料及焚烧过程中设备和部件尽量少漏风，焚烧过程中送入的燃烧空气量可以按需要进行控制。

④ 对物料的性能进行充分的了解，了解不同物料的灰熔点温度，对其进行合理搭配掺混燃烧，控制其灰熔点区的温度，降低整体焚烧物料在回转窑内结焦的可能性。

⑤ 一旦发生结焦现象，采取合理的措施对结焦物料进行有效的清除也是非常重要的。

4.3.2.4　焚烧设备保养与维护

焚烧车间设备保养期间应重点进行以下内容：

① 应重点对焚烧炉耐火材料进行检查和修复，防止运行中出现炉墙坍塌事故。

② 应对焚烧炉炉膛温度测点及其传输回路进行维护检查和检定，确保显示正确。

③ 应重点对余热锅炉的受热面换热管壁厚度进行测量并做好记录和分析统计，抽检率不得低于20%，壁厚减薄量不得超过20%，对可能在运行中发生泄漏的受热面应尽早做好技术方案，按计划更换。

④ 应重点对布袋除尘器各仓室布袋进行荧光粉查漏，对于破损或脱落的布袋及时更换维护；根据上次更换时间对各仓室布袋进行抽检分析，根据理化指标判定布袋寿命并有计划地更换；焚烧车间对布袋除尘器布袋的每次检查和更换应认真做好记录。

⑤ 压力容器按《压力容器安全监察规程》进行检查，检修主要内容包括：定期检验时确定返修的项目；筒体、封头与对接焊缝；接管与角焊缝；内构件；防腐、保温、衬里、堆焊层；密封面、密封元件及紧固螺栓；基础及地脚螺栓；支撑、制作及附属结构；安全附件；检修期间发现需要检修的其它项目。

⑥ 泵检修内容主要包括：检修或更换机械密封；双支承泵检查清洗轴承、轴承箱、挡油环、挡水环、油标等，调整轴承及轴承油封间隙；检查并校正轴的直线度、联轴器及驱动机与泵的对中情况；检查清理冷却水、油封和润滑等系统；解体检查各零部件的磨损、磨蚀和冲蚀情况，必要时进行泵轴、叶轮的无损探伤；检查测量转子各部圆跳动和间隙、轴向窜动量，必要时做动平衡校验；检查泵体、基础、地脚螺栓及进出口法兰的错位情况，防止将附加应力施加于泵体，必要时重新配管。

4.3.3 危险废物焚烧污染控制

4.3.3.1 烟气污染控制

（1）烟气净化技术选择

危险废物焚烧应充分考虑废物特性、组分和焚烧污染物等因素确定净化技术。

焚烧烟气净化处理设备包括：半干式吸收塔、半干法脱酸装置、消石灰粉循环干式反应器、活性炭吸附和气箱脉冲袋式除尘器。

根据危险废物特性，结合在焚烧过程中产生的尾气种类、浓度，尾气处理采用半干法及干法脱酸（石灰乳液和干消石灰粉）。采用半干法脱硫脱酸（吸收塔）＋干式反应器（消石灰粉除酸、活性炭吸附重金属和二噁英）＋气箱脉冲袋式除尘器等多种组合工艺，能有效控制烟气中各类污染物，使得大气污染物排放满足 GB 18484—2001 修订版标准。

烟气净化系统重点控制尾气中二噁英及重金属的含量。除了对焚烧系统焚烧温度进行控制使二噁英得以彻底焚毁外，还要减少二噁英再合成的机会，因此要减少烟气在 200~400℃ 的滞留。采取的设施为"半干法急冷塔"。

经"急冷"后的烟气进入干式反应器进一步脱酸，并在进入干式反应器前加入消石灰粉，在温度170℃左右进一步脱除烟气中 SO_2 和 HCl 等酸性气体，没有完全反应的消石灰粉通过沉降室收集后再次进入干式反应器循环使用，提高消石灰粉的使用效率。在沉降室出口加入活性炭用以吸附烟气中的二噁英和重金属等有害物质。含尘烟气经过袋式除尘器收集下来的粉尘通过螺旋输送机输送至收集斗进行收集。

经过袋式除尘器进一步过滤和吸附，净化后的烟气通过引风机送往烟囱外排。

（2）烟气净化案例分析

① 酸性污染物的去除 采用急冷塔进行半干法脱酸。在塔内喷入石灰乳液，与酸性烟气进行湿法反应，出口烟气温度约为190℃。反应干飞灰大部分沉降到塔底部锥斗排出口排出。

从急冷塔出来的烟气进入干式反应器通过消石灰粉继续除酸，加入活性炭吸附重金属及二噁英。

② 烟尘去除　烟气净化系统的末端选用离线气箱脉冲袋式除尘器。除尘器采用大过滤面积、低过滤风速设计。并设置除尘器电加热系统，维持除尘器灰斗内温度在 120～150℃ 之间。

袋式除尘器选用耐酸耐碱 PTFE 滤料，该滤料耐温高（260℃）、过滤效果好（＞99.9％）、耐酸碱腐蚀和耐水解能力强，袋笼材质的选择上也考虑到烟气的腐蚀问题，进行了特殊的防腐处理。

为避免烟气结露而影响布袋除尘器的正常工作，除尘器设有灰斗电伴热器和完善的整体保温设施。

根据连续监测的滤袋阻力使脉冲控制仪工作，脉冲控制仪控制脉冲阀进行喷吹。压缩空气以极短的时间顺序通过各脉冲阀并经喷吹管上的喷嘴向滤袋内喷射，使滤袋膨胀产生的振动和反向气流的作用迫使附着在滤袋外表面上的粉尘脱离滤袋落入灰斗。为防止二次吸附，减少除尘器阻力，延长布袋寿命，采用分室进气，离线清灰。

③ 二噁英控制措施　采用以下一些措施对二噁英进行控制：

a. 炉内抑制产生及充分分解。危险废物在回转窑本体中高温焚烧，保证废物的充分燃烧。由于焚烧炉中一直处于较高温（850～950℃）状态，避开了二噁英容易生成的温度范围（200～400℃），在焚烧炉中大大减少了二噁英的生成。此外，由于高温充分焚烧，也减少二噁英物质的前驱物 CO 的产生。危险废物焚烧时产生的高温烟气进入二燃室。为充分分解前期产生的微量二噁英，遵守国际上通用的 "3T1E" 原则。二燃室烟气温度控制在1100℃ 以上，停留时间大于 3.5s；二燃室燃烧器对烟气充分搅动；余热锅炉出口安装氧气分析仪，控制 $O_2 > 6\%$；自动燃烧系统保证稳定燃烧。经过以上环节，二噁英得到彻底分解和摧毁。

b. 炉后抑制再合成。通过急冷塔的急冷，使烟气自 200～400℃ 区间急冷，停留时间＜1s，防止了二噁英的再合成。

c. 烟气净化装置进一步去除。喷入药剂（消石灰粉、活性炭）吸附二噁英的前驱物质（HCl）、二噁英合成的催化剂（重金属）以及残留的微量二噁英，在袋式除尘器中高效去除；当温度低于190℃时，重金属的去除效率很高（＞90％）；使用布袋除尘器降低烟气中的粉尘浓度和低速（约 0.6m/min）高效（＞99.9％）过滤。

经过炉内抑制产生及充分分解，炉后抑制再合成，烟气净化装置进一步去除后，焚烧炉烟气中二噁英含量可望达到 TEQ 0.1ng/m³ 以下。

④ 重金属去除　危险废物中的重金属及其化合物可根据沸点及挥发性再加以区分。部分重金属的沸点小于焚烧温度（1100℃），因此，焚烧中更易蒸发至废气中，铅的沸点约1700℃，大部分残存于炉渣中。

控制排放浓度首要的做法是在废物收集管理中做好废物分类工作，将含有重金属的废物（如电池、日光灯管、杀虫剂、印刷油墨等）先回收处理。去除重金属的最佳方式是通过降温的方式将易挥发的重金属冷凝，再用除尘设备去除。Hg、Cd 等重金属在烟气中部分以气体形式存在，除了上述通过降温的方式将其冷凝后收集外，由于排放要求的提高，本项目根据需要采取活性炭注入法，即活性炭通过计量装置直接送入干式反应器与废气接触吸附，再用袋式除尘设备去除。

4.3.3.2　残渣处理

危险废物焚烧处置残渣应按照《国家危险废物目录》及相关规定鉴别是否属于危险废物。危险废物焚烧处置残渣经鉴别，属于危险废物的应按照危险废物进行安全处置，不属于危险废物的按一般废物进行处置。一般情况下，危险废物焚烧的底渣（医疗废物焚烧底渣除外）和飞灰都属于危险废物。

炉渣处理应包括除渣冷却、输送、贮存、碎渣等过程。飞灰处理应包括飞灰收集、输送、贮存等过程。根据废物成分、热灼减率和焚烧量核定渣灰产生量，并确定合理的处理技术；残渣处理装置应稳定可靠易维护，且炉内密封，防止扬洒；湿法烟气净化渣灰应脱水；半干法飞灰处理应机械除灰防结块。飞灰收集应密封防散落，贮灰罐设置符合要求。

4.3.3.3　废水污染控制

应根据不同危险废物处置技术的废水排放情况配置相应的废水/废液处理设施。废水处理可采用多种切实可行的处理技术，污染物排放指标必须达到 GB 8978 及相关标准的要求。

4.3.3.4　自动化控制

处置设施的自动化系统应采用成熟的控制技术和可靠性高、性价比适宜的设备和元件。设计中采用的新产品、新技术应优先选用在相关领域有成功运行经验的产品、技术。

中控室应实现对焚烧线、热能利用及辅助系统监控；设置工业电视监视系统监控贮存、物料传输及焚烧线；设报警器和数字显示仪显示重要参数，设紧急停车系统；检测工况、供给状态和运行环境等参数，并能显示；烟尘、HCl、CO 等污染因子，温度工况指标在线监测联网；工况参数不正常，电源、设备故障等应能热工报警；报警项目应能在显示器上显示并打印输出。

4.3.4　医疗废物管理和处置情况调研

> **来做一做**

> **任务要求**：调查某城市（医疗机构）医疗废物产生、污染及处置情况，对医疗废物综合治理提出建议和意见。
>
> **实施过程**：调研可分组完成，调查前查阅相关资料，设计调研方案，小组讨论决策，编制调查问卷。各组开展调查，查阅资料，数据分析，小组讨论，并编写调研报告。
>
> **成果提交**：任务完成后，提交调研方案、调查问卷及调研报告。

知识拓展

有关危险废物焚烧排污许可证申请与核发技术规范（摘录）

《排污许可证申请与核发技术规范　危险废物焚烧》（HJ 1038—2019）规定了危险废物焚烧排污单位排污许可证申请与核发的基本情况填报要求、许可排放限值确定、实际排放量核算和合规判定的方法，以及自行监测、环境管理台账与排污许可证执行报告等环境管理要求，提出了污染防治可行技术要求，适用于指导危险废物焚烧排污单位在全国排污许可证管理信息平台填报相关申请信息，适用于指导核发机关审核确定排污单位排污许可证许可要求。标准适用于危险废物（含医疗废物）焚烧排污单位排放大气污染物、水污染物的排污许可管理。

《排污许可证申请与核发技术规范　危险废物焚烧》对废气、废水、工业固体废物、土壤及地下水污染防治提出了如下运行管理要求。

排污单位应当按照行业适用的法律法规、标准、技术规范和管理规定等要求设计、运行各生产设施和污染防治设施并进行维护管理，保证设施运行正常，使排放的污染物符合国家或地方相关标准的规定。由于事故或设备维修等原因造成污染防治设施停止运行时，应立即报告当地生态环境主管部门。

1. 废气

① 焚烧炉应当设置烟气净化系统，安装烟气在线监测装置，并提出定期比对监测和校准的要求。

② 焚烧炉设计及焚烧控制条件应当满足相关标准、技术规范要求，焚烧热能的利用应避开 200～500℃温度区间。

③ 对活性炭、脱酸剂、脱硝剂等烟气净化消耗性物资和材料，应当实施计量并记入台账。袋式除尘器应安装压差计，及时更换袋式除尘器破损滤袋。

④ 严格管控无组织排放，产生无组织废气的环节，应当在密闭空间或设备中进行，废气经收集系统或治理设施处理后排放；如不能密闭，则应采取局部气体收集治理措施或其它有效污染控制措施。

2. 废水

① 产生的废水应当分类收集、分质处理，处理后回用时应满足相应回用水水质标准要求。

② 应当对贮存和作业区的初期雨水进行收集、处理后回用或排放。

③ 规范记录废水处理设施开停、维修巡检、药剂和消耗材料使用、处理前后水质水量监测等数据。

3. 工业固体废物

① 应当建立台账记录固体废物的产生量、去向（贮存、利用、处置及委托利用处置）及相应量。

② 危险废物产生、收集、贮存、利用、处置过程应满足危险废物有关法律法规、标准规范要求，并按照相关规定报送危险废物产生、贮存、转移、利用和处置等情况，危险废物转移过程应当执行《危险废物转移联单管理办法》。

③ 焚烧残渣的热灼减率应按照 GB 18484 要求开展监测。

4. 土壤及地下水污染

① 排污单位应当按 HJ942 要求采取相应防治措施，防止有毒有害物质渗漏、泄漏造成土壤和地下水污染。

② 列入设区的市级以上地方人民政府生态环境主管部门制定的土壤污染重点监管单位名录的排污单位，应当履行下列义务并在排污许可证中载明：

a. 严格控制有毒有害物质排放，并按年度向生态环境主管部门报告排放情况；

b. 建立土壤污染隐患排查制度，保证持续有效防止有毒有害物质渗漏、流失、扬散；

c. 制定、实施自行监测方案，并将监测数据报生态环境主管部门。

4.4 危险废物安全填埋工艺选择与运行管理

任务目标

知识目标	能力目标
(1) 掌握危险废物固化/稳定化特点和应用范围，掌握典型的固化工艺； (2) 掌握安全填埋工艺流程和填埋技术要求； (3) 熟悉危险废物填埋污染控制标准。	(1) 能合理选择和深刻理解危险废物安全填埋方法和工艺； (2) 能对危险废物安全填埋场进行污染控制管理。

素质目标

(1) 具有良好的职业道德、职业品格、行为习惯，牢固树立安全意识；
(2) 具有较强的实践能力和团队协作意识。

案例导入

《危险废物填埋污染控制标准》（GB 18598—2019）于 2020 年 6 月 1 日实施。本次对《危险废物填埋污染控制标准》的修订重点围绕以下几个方面：一是完善填埋场选址要求。增加了填埋场选址应没有泉水出露等技术要求，明确了填埋场场址天然基础层的饱和渗透系数要求，对于特定地质条件提出了刚性填埋结构的建设要求。二是加强设计、施工与质量保证要求。增加了渗滤液导排层渗透系数、可接受渗漏速率技术规定，新增了设计寿命期后废物处置方案制定要求，通过新增施工方案等报备要求确保填埋场科学施工。三是细化废物入场填埋要求。明确了进入柔性填埋场和刚性填埋场的污染物控制限值、水溶性盐总量、有机质含量等技术要求。

标准修订首次对刚性填埋提出建设运行要求，要求刚性填埋场应分成单元建设，能在目视条件下观察到每个填埋单元的渗漏情况，并考虑了有利于以后可能的废物回取操作。鉴于东部沿海地区填埋处置能力仍然紧张，填埋需求旺盛，考虑到环境敏感性与建设高标准的填埋场需求，本次修订规定在地下水位高、软土区等特定地质条件处如需建设危险废物填埋场，必须采用刚性填埋建设方案。

危险废物填埋场环境风险控制主要是通过三重屏障实现，一是地质屏障，二是防渗屏障，三是预处理屏障。其中地质屏障是通过选址进行保障，防渗屏障和预处理屏障都和运行管理要求紧密联系。本次修订对于危险废物填埋运行管理要求更加严格，加强危险废物填埋场运行管理要求，通过监测渗滤液产生量、渗滤液组分和浓度、渗漏检测层渗漏量、地下水监测结果等数据可对填埋场环境风险进行综合评估，以确保填埋场长期运行过程的环境安全。

本次修订根据不同结构危险废物填埋场的环境风险大小，规定了废物入场不同技术要求。对于柔性填埋结构，规定了填埋废物浸出液中的有害成分浓度限值、有机质含量等要求。考虑到废盐等水溶性物质对于填埋稳定性的不利影响，对废物进入柔性填埋场水溶性盐总量也提出了具体规定。基于刚性填埋结构的环境风险控制水平和日后回取再利用的需求，本次修订适当放宽了废物进入刚性填埋场的污染控制技术要求。

本次修订基于危险废物填埋环境管理需求和技术发展水平，进一步提升了危险废物填埋污染控制技术水平，并凸显以下四方面的作用：

一是有利于提高危险废物填埋行业水平。本次修订将提高危险废物填埋场建设、运行水平，有效防止危险废物填埋行业的低水平竞争，提升企业在填埋过程的污染控制水平和管理水平。

二是有利于控制危险废物填埋环境风险。危险废物填埋是重要社会风险防范领域之一，本次修订将会加强危险废物填埋全过程的环境风险控制，识别关键环境风险环节，以保障土壤与地下水环境安全。

三是有利于推进地方填埋环境风险防控工作。本次修订将促进地方政府加强危险废物填埋处置企业的环境监管，切实推动地方政府按照国家有关要求开展危险废物填埋环境风险防控工作。

四是有利于推进"无废城市"建设。本次修订提出的刚性填埋结构将有利于今后的废物回取利用，将填埋废物再次纳入废物资源循环再生产业链中，对减少填埋量、提高资源化利用水平起到关键作用。

任务导入：危险废物填埋与生活垃圾填埋有什么不同的要求呢？

4.4.1 稳定化/固化技术选择与运用

4.4.1.1 稳定化/固化处理的基本要求

稳定化/固化处理是通过化学药剂的化学反应使有毒有害物质稳定化，或通过固化基材将危险废物固定或包覆起来，以减小污染物的毒性和迁移性，改进稳定物质的工程性质，降低其对环境的危害，因而能较安全地运输和处置的一种处理过程。

稳定化/固化处理的基本要求是：

① 有害废物经稳定化/固化处理后所形成的固化体应具有良好的抗渗透性、抗浸出性、抗干湿性、抗冻融性及足够的机械强度等；

② 稳定化/固化过程中材料和能量消耗要低，增容比要低；

③ 稳定化/固化过程简单，便于操作；

④ 固化剂、稳定剂来源丰富、价廉易得；

⑤ 处理费用低。

4-4 电镀污泥水泥固化处理工艺流程

4.4.1.2 稳定化/固化技术的确定

稳定化处理是将有毒有害污染物转变为低溶解性、低迁移性及低毒性物质的过程。稳定化是选用某种适当的添加剂与废物混合，将污染物部分或全部束缚固定于支持基质上的过程。稳定化技术包括有机污染物氧化解毒技术、重金属离子稳定化技术等。

固化处理是在危险废物中添加固化剂，使其转变为不可流动固体或形成紧密固体的过程。固化是一种利用添加剂改变废物的工程特性（如渗透性、可压缩性、强度等）的过程。固化技术包括水泥固化、石灰固化、塑料固化及自胶结固化等。

不同固化技术的优缺点见表 4-7。

表 4-7 不同固化技术优缺点对比表

序号	技术	适用对象	优点	缺点
1	水泥固化法	重金属、氧化物、废酸	(1)水泥搅拌,技术已相当成熟; (2)对废物中化学性质的变动承受力强; (3)可由水泥与废物的比例来控制固化体的结构缺陷与防水性; (4)无需特殊的设备,处理成本低; (5)废物可直接处理,无需前处理	(1)废物如含特殊的盐类,会造成固化体破裂; (2)有机物的分解造成裂隙,增加渗透性,降低结构强度; (3)大量水泥的使用可增加固化体的体积和质量
2	石灰固化法	重金属、氧化物、废酸	(1)所用物料来源方便,价格便宜; (2)操作不需特殊设备及技术; (3)产品通常便于装卸,渗透性有所降低	(1)固化体的强度较低,需较长的养护时间; (2)有较大的体积膨胀,增加清运和处置的困难
3	沥青固化法	重金属、氧化物、废酸	(1)有时需要对废物预先脱水或浓缩; (2)固化体空隙率和污染物浸出速率均大大降低; (3)固化体的增容较小	(1)需高温操作,安全性较差; (2)一次性投资费用与运行费用比水泥固化法高
4	塑性固化法	部分非极性有机物、氧化物、废酸	(1)固化体的渗透性较其它固化法低; (2)对水溶液有良好的阻隔性; (3)接触液损失率远低于水泥固化与石灰固化	(1)需特殊设备和专业操作人员; (2)废物如含氧化剂或挥发性物质,加热时会着火或逸散,在操作前需先对废物干燥、破碎
5	玻璃固化法	不挥发高危性废物、核废料	(1)固化体可长期稳定; (2)可利用废玻璃屑作为固化材料; (3)对核能废料的处理已有相当成功的技术	(1)不适用于可燃或挥发性的废物; (2)高温热熔需消耗大量能源; (3)需要特殊设备及专业人员
6	自胶结固化法	硫酸钙和亚硫酸钙的废物	(1)烧结体的性质稳定,结构强度高; (2)烧结体不具生物反应性及着火性	(1)应用面较狭窄; (2)需要特殊设备及专业人员

4.4.1.3 稳定化/固化处理流程

稳定化/固化处理流程为:

(1)试验

根据废物处理计划,事先从废物储存料箱或飞灰储罐抽取将要处理的危险废物试样,根据其化学成分、有害废物性质进行实验室的稳定化/固化试验和浸出试验,以确定固化剂、稳定剂、水的配比,以指导下一步的稳定化/固化处理工作。

(2)废物暂存及给料

污泥和残渣采用约 $2m^3$ 的钢制料箱盛装存放在稳定化/固化车间内的废物暂存区,用叉车转运至搅拌机的液压上料系统,将其翻转卸入搅拌机内。液压上料系统附有称量设备,自动计量废物质量并将其计量信息输送至控制室。场内焚烧车间运来的飞灰废物用空气加压设备送入储罐,经计量后采用螺旋给料机送至搅拌机,计量信息输送至控制室。

(3)固化剂和稳定剂贮存及给料

集中控制室(采用 PLC 控制)根据输入搅拌机的废物种类、质量和实验室稳定化/固化试验初步确定的固化剂、稳定剂配比,分别向水泥、粉煤灰螺旋输送机和清水、稳定剂溶液计量泵发送计量指令,向搅拌机定量加入固化剂和稳定剂。水泥和粉煤灰用运输车上自带的设备送入储罐贮存备用,经计量后采用螺旋给料机送至搅拌机,计量信息输送至控制室。在稳定剂配制槽分别配制稳定剂(螯合物、磷酸盐、硫化钠、硫代硫酸钠等)溶液备用,采用计量泵输送至搅拌机。作业顺序为先加稳定剂,后加固化剂。

（4）搅拌混合

将进入搅拌机的废物、固化剂、稳定剂和水充分搅拌混合。

（5）卸料及养护

搅拌均匀后的混合体经搅拌机下部卸料口卸入固化体料箱，然后将其转运至固化体暂存区养护和取样进行浸出毒性检测。

（6）转运填埋

经浸出毒性检测后，满足《危险废物填埋场污染控制标准》中填埋物入场要求（控制指标限值见表4-8）的固化体经1～3天养护后用叉车或自卸车转运至安全填埋场填埋，不符合填埋物入场要求的固化体经破碎机破碎后重新进行稳定化/固化处理。

表 4-8　固化工艺控制指标限值

序号	项目	稳定化控制限值/(mg/L)
1	有机汞	0.001
2	汞及其化合物（以总汞计）	0.25
3	铅（以总铅计）	5
4	镉（以总镉计）	0.50
5	总铬	12
6	六价铬	2.50
7	铜及其化合物（以总铜计）	75
8	锌及其化合物（以总锌计）	75
9	铍及其化合物（以总铍计）	0.20
10	钡及其化合物（以总钡计）	150
11	镍及其化合物（以总镍计）	5
12	砷及其化合物（以总砷计）	2.5
13	无机氟化物（不包括氟化钙）	100
14	氰化物（以 CN⁻ 计）	5

注：为尽可能减小后期渗滤液处理难度及减少填埋气产生，建议在国标之外增加废物氨氮及 TOC（总有机碳）的企业标准，氨氮建议≤150mg/L，TOC 可以根据填埋场导气情况自行设置标准。

危险废物固化处理流程如图 4-16 所示。

4.4.2　危险废物安全填埋工艺

4.4.2.1　危险废物安全填埋处置

危险废物填埋场是指处置危险废物的一种陆地处置设施，它由若干个处置单元和构筑物组成，主要包括接收与贮存设施、分析与鉴别系统、预处理设施、填埋处置设施（其中包括：防渗系统、渗滤液收集和导排系统）、封

4-5　安全土地填埋场

场覆盖系统、渗滤液和废水处理系统、环境监测系统、应急设施及其它公用工程和配套设施。危险废物安全填埋是指对危险废物在安全填埋场进行的填埋处置。危险废物安全填埋处置包括单组分填埋处置和多组分填埋处置等。安全填埋适用于《国家危险废物名录》中，除与填埋场衬层不相容废物之外的危险废物的安全处置。采用安全填埋技术处置危险废物时，实施填埋前应进行稳定化/固化处理等预处理。有机危险废物不适宜采用安全填埋进行处置。

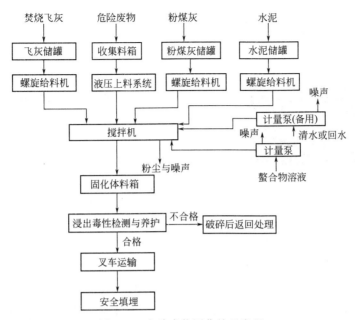

图 4-16　危险废物固化处理流程

采用安全填埋技术应设置防渗衬层渗漏检测系统，以保证在防渗层发生渗滤液渗漏时及时发现并采取必要污染控制措施。

4.4.2.2　危险废物安全填埋工艺流程

危险废物安全填埋工艺流程见图 4-17。

4-6　人造托盘
式土地填埋

4-7　天然洼地
式土地填埋

图 4-17　危险废物安全填埋工艺流程图

4.4.3　危险废物安全填埋场防渗处理

4.4.3.1　危险废物安全填埋场防渗系统

填埋场防渗系统通常以柔性结构为主，当填埋场基础层达不到防渗要求时可采用刚性

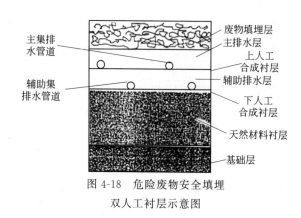

图 4-18   危险废物安全填埋
双人工衬层示意图

（图中标注）主集排水管道、辅助集排水管道、废物填埋层、主排水层、上人工合成衬层、辅助排水层、下人工合成衬层、天然材料衬层、基础层

结构。

柔性结构的防渗系统应采用双人工衬层（图 4-18），衬层材料应具有化学兼容性、耐久性、耐热性以及高强度、低渗透率、易维护、无二次污染等特点，渗透系数应 $\leqslant 1.0 \times 10^{-12} \mathrm{cm/s}$，且上层厚度应 $\geqslant 2.0 \mathrm{mm}$、下层厚度应 $\geqslant 1.0 \mathrm{mm}$。

刚性结构由钢筋混凝土外壳与柔性人工衬层组合而成。刚性结构填埋场的钢筋混凝土箱体侧墙和底板应按抗渗结构进行设计，其渗透系数应 $\leqslant 1.0 \times 10^{-6} \mathrm{cm/s}$；刚性填埋场底部以及侧面的人工衬层的渗透系数应 $\leqslant 1.0 \times 10^{-12} \mathrm{cm/s}$，厚度应 $\geqslant 2.0 \mathrm{mm}$。

4.4.3.2   填埋场底部和侧面防渗系统

为了保证危险废弃物的最终安全处置，以防对环境产生长期或短期的影响，填埋场的底部和侧面建设由以下几部分组成：地下排水层，紧实土壤层，由过渡性土工合成材料模板合成的双层模板，渗滤液收集系统。

① 场底防渗系统一般设计结构如下：

a. 300mm 碎石导流层；

b. 6mm 厚复合土工排水席垫（自带外包 $200 \mathrm{g/m^2}$ 土工布）；

c. 2.0mm 厚 HDPE 单面粗糙膜；

d. 6mm 厚复合土工排水席垫（自带外包 $200 \mathrm{g/m^2}$ 土工布）；

e. 1.5mm 厚 HDPE 双面粗糙膜；

f. $5000 \mathrm{g/m^2}$ 膨润土垫 GCL；

g. 500mm 厚压实筛分土基础层；

h. 500mm×400mm 速排龙片材（外包 $300 \mathrm{g/m^2}$ 无纺土工布）。

② 边坡防渗系统一般设计结构如下：

a. $600 \mathrm{g/m^2}$ 无纺土工布；

b. 2.0mm 厚 HDPE 单面粗糙膜；

c. 6mm 厚复合土工排水席垫（自带外包 $200 \mathrm{g/m^2}$ 土工布）；

d. 1.5mm 厚 HDPE 双面粗糙膜；

e. $600 \mathrm{g/m^2}$ 无纺土工布；

f. 500mm×400mm 速排龙片材。

4.4.3.3   地下水暗渠收集系统

地下水暗渠收集系统是设计用来从危险废物填埋场的基底下收集与抽出地下水。这需要避免在危险废物填埋场衬层系统之下的地下水正压力升高。

在防渗层下面沿库底设置树枝状地下水导排主沟和支沟疏导场区地下水。支沟断面尺寸为 $B(宽) \times H(深) = 1.0 \mathrm{m} \times 1.0 \mathrm{m}$，内填碎石，中间埋设一根 $DN200 \mathrm{HDPE}$ 花管；主沟断面尺寸为 $B(宽) \times H(深) = 1.5 \mathrm{m} \times 1.5 \mathrm{m}$，内填碎石，中间埋设两根 $DN280 \mathrm{HDPE}$ 花管。支沟汇水入主沟。主、支沟均采用土工布包裹反滤，防止泥沙堵塞。地下水导排沟设计坡度

$i \geqslant 0.02$，地下水主沟最终从主坝、调节池底部穿出，排入地表水系。在坡面上的防渗层下面设有复合土工排水席垫，用来导排坡面少量的地下水。

地下水暗渠收集系统也用于探查危险废物填埋场衬层漏洞。通过检验暗渠水质，任何渗滤液如果可能发生泄漏都能被发现。

4.4.3.4 渗滤液收集

将穿孔高密度聚乙烯渗滤液集水管安装在基础排水层，收集和排泄渗滤液至渗滤液调节池，调节池的位置低于填埋场底部，渗滤液通过自流进入调节池。

由于在大雨后渗滤液快速和完全排除对于理想的渗滤液品质十分重要，必须经常性检查水下集水坑的性能。

如果渗滤液并未完全自流进入调节池，并且有大量的渗滤液在填埋场场底停留过长时间，将会在定量浓度下通过厌氧分解产生副产物（尤其是氨氮）或者导致损失（尤其是硫化氢）。

4.4.4 危险废物安全填埋场运行管理

4.4.4.1 废物验收

（1）预验收

预验收程序的目的是保证所有准备填埋的废物均处于安全环保状态，符合现有法律法规、公司政策，同时符合设备处理能力。每一批废物都有特定的编号，这些废物编号将应用于所有的文件中。技术部门负责判断每一批废物是否进行预验收，公司领导负责审批。废物是否进行预验收要在废物送至设备进行处理前做决定，根据其相关资料、来源、成分及分析报告进行判断。

（2）最终验收

送达现场的废物及进行填埋处理前的废物，均需进行最终验收，主要目的是验证初步验收所确定的废物是否正确，及是否可按预验收的处理方案进行处理。最终验收程序包括视觉检查、样品检查或执行一些快速的检查，如扫描或指纹检查，以确认某些重要的性质或废物中存在的重要成分。对于日常运输的一些大批量废物，最终验收采用抽样检查的方式。预验收时应决定废物是否执行最终验收，对于待填埋废物，废物验收的操作员在将废物运输往填埋场填埋前，必须执行废物最终验收程序。

> 废物入场应根据 GB 5086 和 GB/T 15555.1—2012 进行检测，测得的废物浸出液 pH 值在 7.0～12.0 之间的危险废物可入场填埋。含水率高于 85% 的危险废物须预处理后可入场填埋。危险废物浸出液中有害成分浓度在 GB 18598 控制限值之内的可入场填埋。

（3）废物追踪

对于每一批到达现场或待填埋处理的废物都必须执行废物追踪程序。废物追踪程序的目的是记录所有有用信息，包括废物到达的时间、每一处理步骤所执行的检查，以保证废物按照预验收程序所确定的处理方案正确处理。基于此目的，采用"废物追踪表"以记录以下信息：

① 废物到达现场的日期及时间；

② 废物产生方及运输方的名称；

③ 废物批量；

④ 运输的废物量（满车及空车的质量）；

⑤ 最终验收结果；

⑥ 预处理信息，如什么时候、在哪里、进行什么预处理（如适用的话）；

⑦ 中间或临时储存地点，如暂存库或其它（如适用的话）；

⑧ 填埋处理的时间及日期；

⑨ 废物处理填埋的坐标位置。

废物追踪表必须填写正确，交由司机并经相应的填埋操作员检查正确后，才允许将待填埋废物卸载。

4.4.4.2　废物运输路径

待填埋的废物按下列路径进行操作：

① 到达现场后直接处理；

② 将暂存库中的废物转移到填埋场；

③ 经预处理后的废物，大部分是经稳定化/固化后的废物；

④ 所有处理的废物均必须称重。所有运输车辆在将废物运输往填埋场处理前或后均必须经过地磅进行称重。

4.4.4.3　废物处理

（1）单元填埋计划

单元填埋计划将给出废物处理的顺序及范围的大纲，并记录每个单元斜坡的信息。单元填埋计划至少应包括各单元填埋方案的描述、填埋次数图，主要给各相应填埋操作员以基本的操作指示。必须按照单元填埋计划编写进场道路操作指示及指定废物在哪个单元进行填埋或放置，以保证整个填埋设计得以正确实施，保证填埋的长期稳定性及合适的渗滤液管理。填埋场操作主管必须监控单元填埋计划得到正确执行，并将之作为日常工作。单元填埋计划的进展情况必须每天记录，并作为日常操作报告的一部分。

（2）废物处理及布置

① 防渗系统的保护及第一处理层　通常情况下，第一处理层均无须压实。废物都是松散地堆放，只将表面层压实，以便填埋操作设备或其它车辆可在上面操作而对防渗层或渗滤液收集系统不造成破坏。运输通道及处理平台应建在防渗层上面的排水层，以保证可正确地通向工作地点或进出填埋区域。运输通道或处理平台应建在填埋的废物或泥土特质外面，或者使用钢板或钢平台（只供参考）。填埋所用的推土机、挖掘机或其它设备、车辆不允许在防渗层的排水层上直接操作。

② 边坡保护　放置在边坡上的废物必须确保边坡是稳固的，废物不会滑动或倒塌。只有特定的废物类型才可放置到填埋单元或防渗系统的边坡上，以便边坡保护层得到正确的安装。废泥、砂或相类似的散装废物均可使用在边坡保护层上，如果合适的废物不足的话，可使用沉积的泥土。

③ 工作面　工作面即活动处理区域，或者是填埋单元中作为日常固体废物处理或放置的区域部分。在工作面上进行卸载或放置废物，必须时刻遵守以下原则：保证安全的工作环境，减少卡车在现场行走或操作的时间，防止灰尘散播，减少废物淋雨或雨水渗透进已填埋的废物里。

④ 废物压实 某些散装的废物需要被压实，压实也只是简单地让推土机在其上行走。废物是通过一层一层压实的，每层的厚度是 0.5m，推土机至少要在上边行走 3 个来回。某些废物是不允许压实的，此类废物将有单独的流程编号。

⑤ 废物的覆盖 为减少渗滤液及渗滤液污染物的总量，减少废物淋雨或雨水流入已处理的废物中是极其重要的。为减少雨水流入已填埋的废物或渗滤液的产生，所有已填埋的废物应尽可能覆盖，无论是临时还是长久。非活动区域，即没有进行废物处理的区域，应与活动填埋区域隔离开来，并覆盖人造膜。如果可能并可行的话，要将储蓄在膜上边的雨水用泵抽至排水沟中。在活动区域，即正进行填埋操作的区域，已处理的废物应尽可能通过临时或永久膜覆盖。应安装一些临时的沟渠，将活动区域工作面的雨水抽走，以尽可能减少雨水流入活动区域的总量。应防止地表水与工作面上未覆盖的废物接触，可将地表水引进地表水收集系统或转流到渗滤液收集池里。

⑥ 临时覆盖 在每天运营操作结束时，应在已处理的废物上面覆盖可移动膜，如HDPE 膜，目的在于减少粉尘的散播及雨水流入废物中。同时，如果填埋活动因暴雨而终止时，应马上将暴露的废物覆盖。填埋废物层或水平面应尽可能保持平衡，以避免雨水积累在可移动覆盖膜上。已填埋的废物，其放置位置及水平面必须使得雨水可流入收集区域而不会渗透入填埋堆或积累在填埋区域的任何位置。

⑦ 长久覆盖 如果某个单元的任何一面填埋已达到最终填埋的设计标准时，此面应安装最终填埋覆盖系统。

⑧ 废物的填埋及放置 所有的废物均必须在工作面的卸载区域进行处理，并由填埋场设备将其移到最终填埋位置。所使用的填埋设备的类型取决于现场情况及待移动的废物类型。典型地，前端装载机用于协助保持操作平台及入场路的干净，防止废物堵塞；前端装载机及挖掘机可用于废物的放置，在活动区域内移动废物，及将废物堆固定；推土机用于松散或压实处理的废物，典型的填埋层一般是 0.5～0.6m 的厚度。

（3）特殊废物的处理

处理、卸载及放置以下废物时要特别注意：

① 稳固化后的废物 大部分用于填埋处理的废物均经过稳定化/固化的预处理，并运输往填埋场。到达填埋场的废物，经稳定化/固化后仍然未完全稳定，处理后会固化（硬化），可预知，此废物难以移动或放平，处理位置及废物的水平面也应立即得到处理，某些稳定化/固化废物处理后仍很松软，无法固定。另外，有些稳定化/固化后的废物很快就能被稳定化/固化完成，在运输到填埋场前已在转移箱中硬化，此稳定化/固化废物有可能从转移箱中掉出一块或两块硬块（如有此情况，可借助于填埋设备），经过完全稳定化/固化的废物（呈大块状）应特别注意避免有空隙在里边而危及填埋的稳定性。稳定化/固化后的废物不可直接放在填埋场防渗系统的排水层上（无论是底部还是边坡上），除非有填埋场主管的特别指示。

② 包装废物 某些包装废物可接收做填埋处理，如圆桶、提桶、箱、袋、硬纸箱等。大部分此类废物都会先运到暂存库，再从暂存库暂移到填埋场。包装废物填埋时务必检查是否有自由液体。如果待处理的废物含有自由液体，禁止做填埋处理，除非此自由液体是在运输或处理过程中积累在卡车中的雨水。具体的包装废物操作指示中提供了许多例子，作为是否接收废物的部分条件。原则上，包装废物填埋时是无须破坏外包装的，除非有另外的指示。在放置包装废物时，要特别注意避免在填埋堆中有空隙，以免危及填埋稳定性，特别是

离坡面近的地方。

③ 松散的、粉尘状的或低密度的废物　对于松散、粉尘状或低密度的废物，处理时要特别注意，因为废物容易扩散到周围的环境中，如果接触到人体的皮肤或被人体吸入体内，就会对人体有害。松散或粉尘状的废物处理时要特别注意避免扩散，处理后要尽量盖上其它废物或盖上其它临时可移动盖。有些粉尘状的废物在卸载时或后可立即洒水喷湿。松散、粉尘状或低密度的废物对填埋团的稳定性有着潜在的危害（如果接近坡面的话），所以禁止此类材料在坡面附近处理。

④ 其它特殊废物　对于某些特殊类型的废物，在接收时就应提供具体的处理方案。具体的处理方案包括如下：卸载时或后，喷湿废物；暴雨时禁止卸载；其它在卸载前、后、期间的处理方法；对于此类特殊的废物，其流程编码；所有填埋操作工必须清楚编码的废物需要做特别处理，所以在卸载前处理人员确认具体的处理操作指示。

4.4.4.4　填埋操作标准工作方法

（1）工作面的控制

工作面指固体废弃物在其上铺展和压实的未完成单元。实际操作中，工作面应尽可能保持狭窄，因此，需要使得设备运移和覆盖料占地最小。最优的工作面设计宽度取决于运送固废的车辆数目以及铺展和压实固废的机器占地。

（2）设备运转

应当使用危险废物收集车将固体废弃物倾倒在工作面前缘，并且提高倾斜度。从安全角度考虑，卡车和履带式推土机之间至少有 2.5～3m 的间距。设法保持卸载场水平且没有废料。

（3）填埋地点铺展和压实固体废物

初始填埋区域的位置，填埋从靠近主坝的场底开始，按初始填埋计划进行。

通过在其间填充软质固废或土壤来保持坚硬和锋利的固体废弃物远离防渗系统（即场底，边坡）。

为最大限度压实，并提供最佳的机械质量分配，应将固废在 1～2m 的层内以 3：1 的斜率铺展。将松散固废填充入所有工作面的孔隙中。

当固废铺展到靠近临时分隔堤时，为了进一步施工，应保证固废的边缘和分隔堤之间有 2m 的间距。

（4）粉状固废

粉状固废如各种粉尘，需要特殊处理。这些固废由于经过了设备的搅动和风力的吹脱，因此对其进行处理是个难题。粉状固废一旦存在于空气中被工作人员吸入或接触到，很可能对人体有害。工作在粉尘地区的人员应穿防护衣，戴呼吸器。一些粉状固废很可能经洒水车冲洗，直接覆盖于土壤或普通危险废物上，这一过程可以帮助减少粉状固废的污染。如果没有足够的水冲洗，可以将土壤和普通废弃物覆盖于粉状固废上以减少它们的有害性。

4.4.4.5　封场后维护管理

填埋场达到设计容量后，应按《危险废物填埋污染控制标准》（GB 18598—2019）进行封场。填埋场应设置监测系统，以满足运行期和封场期对渗滤液、地下水、地表水和大气的监测要求，并应在封场后连续监测 30 年。封场后需维护最终覆盖层的完整性和有效性；维护和监测检漏系统；继续进行渗滤液的收集和处理；继续监测地下水水质的变化。

4.4.5　危险废物固化实验

> ▊ 来做一做

> **任务要求**：危险废物固化实验，运用固体废物水泥固化的方法，掌握控制影响固化体制备的因素。
>
> **实施过程**：以小组为单位，按照配料、制块、风干等实训操作步骤，对危险废物进行固化处理，并测定抗压强度，编写实验报告。
>
> **成果提交**：提交实验报告。

知识拓展

柔性填埋场与刚性填埋场的要求

按照《危险废物填埋污染控制标准》（GB 18598—2019），柔性填埋场和刚性填埋场的要求如下。

一、柔性填埋场的要求

柔性填埋场是采用双人工复合衬层作为防渗层的填埋处置设施。其设计和施工要求有：

① 柔性填埋场应设置渗滤液收集和导排系统，包括渗滤液导排层、导排管道和集水井。渗滤液导排层的坡度不宜小于2%。渗滤液导排系统的导排效果要保证人工衬层之上的渗滤液深度不大于30cm，并应满足下列条件：

a. 渗滤液导排层采用石料时应采用卵石，初始渗透系数应不小于0.1cm/s，碳酸钙含量应不大于5%；

b. 渗滤液导排层与填埋废物之间应设置反滤层，防止导排层淤堵；

c. 渗滤液导排管出口应设置端头井等反冲洗装置，定期冲洗管道，维持管道通畅；

d. 渗滤液收集与导排设施应分区设置。

② 柔性填埋场应采用双人工复合衬层作为防渗层。双人工复合衬层中的人工合成材料采用高密度聚乙烯膜时应满足CJ/T 234规定的技术指标要求，并且厚度不小于2.0mm。双人工复合衬层中的黏土衬层应满足下列条件：

a. 主衬层应具有厚度不小于0.3m，且被压实、人工改性等的饱和渗透系数小于1.0×10^{-7}cm/s的黏土衬层；

b. 次衬层应具有厚度不小于0.5m，且被压实、人工改性等的饱和渗透系数小于1.0×10^{-7}cm/s的黏土衬层。

③ 黏土衬层施工过程应充分考虑压实度与含水率对其饱和渗透系数的影响，并满足下列条件：

a. 每平方米黏土层高度差不得大于2cm；

b. 黏土的细粒含量（粒径小于0.075mm）应大于20%，塑性指数大于10%，不应含有粒径大于5mm的尖锐颗粒物；

c. 黏土衬层的施工不应对渗滤液收集和导排系统、人工合成材料衬层、渗漏检测层造成破坏。

④ 柔性填埋场应设置两层人工复合衬层之间的渗漏检测层，它包括双人工复合衬层之

间的导排介质、集排水管道和集水井，并应分区设置。检测层渗透系数应大于 0.1cm/s。

二、刚性填埋场的要求

刚性填埋场是指采用钢筋混凝土作为防渗阻隔结构的填埋处置设施。其设计和施工要求有：

① 刚性填埋场钢筋混凝土的设计应符合 GB 50010 的相关规定，防水等级应符合 GB 50108 一级防水标准；

② 钢筋混凝土与废物接触的面上应覆有防渗、防腐材料；

③ 钢筋混凝土抗压强度不低于 25N/mm^2，厚度不小于 35cm；

④ 应设计成若干独立对称的填埋单元，每个填埋单元面积不得超过 50m^2，且容积不得超过 250m^3；

⑤ 填埋结构应设置雨棚，杜绝雨水进入；

⑥ 在人工目视条件下能观察到填埋单元的破损和渗漏情况，并能及时进行修补。

课后训练

1. 什么是危险废物？危险废物具有哪些危险特性？

2. 危险废物鉴别方法有哪些？鉴别程序是什么？

3. 对危险废物的收集、贮存、运输有哪些要求？

4. 为什么要对危险废物进行规范化管理？

5. 危险废物规范化管理的指标体系是怎样的？对产生单位和经营单位有什么异同？

6. 怎样对含铜蚀刻液进行利用处置？

7. 怎样对废有机溶剂进行利用处置？

8. 怎样对高浓度废液进行利用处置？

9. 危险废物焚烧处理的工艺是怎样的？与生活垃圾焚烧工艺有什么不同？

10. 危险废物的焚烧处理有哪些要求？与生活垃圾焚烧处理要求有哪些不同？

11. 危险废物焚烧前应如何进行物料配伍和预处理？

12. 危险废物焚烧时防止炉内结焦的措施主要有哪些？

13. 如何对危险废物焚烧设备进行保养与维护？

14. 如何控制危险废物焚烧过程中产生的二次污染？

15. 危险废物填埋前应如何进行预处理？

16. 如何对危险废物进行安全填埋？

17. 危险废物安全填埋工艺流程是什么？与卫生填埋有什么不同？

18. 危险废物安全填埋场防渗系统主要由哪几部分构成？与卫生填埋有什么不同？

19. 安全填埋和卫生填埋有什么不同？

20. 如何对卫生填埋场进行运行管理？

参考文献

[1] 张勇，余良谋. 固体废物处理与处置技术. 武汉：武汉理工大学出版社，2014.

[2] 沈华. 固体废物资源化利用与处理处置. 北京：科学出版社，2011.

[3] 唐雪娇，沈伯雄. 固体废物处理与处置. 北京：化学工业出版社，2017.

[4] 张雷. 固体废物处理及资源化应用. 北京：化学工业出版社，2014.

[5] 李倦生，曾桂华. 环境工程基础. 武汉：武汉理工大学出版社，2014.

[6] 聂永丰. 三废处理工程技术手册. 北京：化学工业出版社，2000.

[7] 聂永丰. 三废处理工程技术手册-固体废物卷. 北京：化学工业出版社，2003.

[8] 中国环境保护产业协会，中国城市建设研究院有限公司. 固体废物处理设施运行管理（培训讲义）.

[9] 住房和城乡建设部标准定额研究所. 生活垃圾卫生填埋场技术导则. 北京：中国建筑工业出版社，2012.

[10] 李颖，郭爱军. 城市生活垃圾卫生填埋场设计指南. 北京：中国环境科学出版社，2005.

[11] GB 34330—2017 固体废物鉴别标准　通则.

[12] GB/T 190950—2019 生活垃圾分类标志.

[13] HJ 2035—2013 固体废物处理处置工程技术导则.

[14] GB 18485—2014 生活垃圾焚烧污染控制标准.

[15] CJJ 90—2009 生活垃圾焚烧处理工程技术规范.

[16] CJJ 128—2017 生活垃圾焚烧厂运行维护与安全技术标准.

[17] CJJ/T 212—2015 生活垃圾焚烧厂运行监管标准.

[18] DBJ/T 15—174—2019 广东省生活垃圾焚烧厂运营管理规范.

[19] HJ 1039—2019. 排污许可证申请与核发技术规范　生活垃圾焚烧.

[20] CJJ 113—2007 生活垃圾卫生填埋场防渗系统工程技术规范.

[21] GB 50869—2013 生活垃圾卫生填埋处理技术规范.

[22] HJ 564—2010 生活垃圾填埋场渗滤液处理工程技术规范（试行）.

[23] CJJ 133—2009 生活垃圾填埋场填埋气体收集处理及利用工程技术规范.

[24] GB 51220—2017 生活垃圾卫生填埋场封场技术规范.

[25] GB 16889—2008 生活垃圾填埋场污染控制标准.

[26] GJJ 113—2007 生活垃圾填埋场防渗系统工程技术规范.

[27] DB11/T 270—2014 生活垃圾卫生填埋场运行管理规范.

[28] CJJ 60—2011 城市污水处理厂运行、维护及其安全技术规程.

[29] CJJ 52—2014 生活垃圾堆肥处理技术规范.

[30] CJJ/T 86—2000 城市生活垃圾堆肥处理厂运行、维护及其安全技术规程.

[31] CJJ 86—2014 生活垃圾堆肥处理厂运行维护技术规程.

[32] CJJ 184—2012 餐厨垃圾处理技术规范.

[33] CJJ/T 172—2011 生活垃圾堆肥厂评价标准.

[34] GB 5085—2019 危险废物鉴别标准　通则.

[35] HJ 298—2019 危险废物鉴别技术规范.

[36] GB 18597—2001 危险废物贮存污染控制标准.

[37] GB 18484—2001 危险废物焚烧污染控制标准.

[38] GB 18598—2019 危险废物填埋污染控制标准.

[39] HJ/T 176—2005 危险废物集中焚烧处置工程建设技术规范.